人生艺术化与当代生活

金雅 著

南京大学出版社

图书在版编目(CIP)数据

人生艺术化与当代生活 / 金雅著. —— 南京：南京大学出版社，2023.6
ISBN 978-7-305-26406-1

Ⅰ.①人… Ⅱ.①金… Ⅲ.①美学思想－研究－中国－近现代 Ⅳ.①B83-092

中国版本图书馆 CIP 数据核字(2022)第 244613 号

出版发行	南京大学出版社		
社　　址	南京市汉口路 22 号	邮　编	210093
出 版 人	金鑫荣		

书　　名 人生艺术化与当代生活
著　　者 金　雅
责任编辑 施　敏

照　　排	南京南琳图文制作有限公司
印　　刷	南京玉河印刷厂
开　　本	635 mm×965 mm　1/16　印张 23.75　字数 309 千
版　　次	2023 年 6 月第 1 版　2023 年 6 月第 1 次印刷
ISBN 978-7-305-26406-1	
定　　价	88.00 元

网　　址	http://www.njupco.com
官方微博	http://weibo.com/njupco
官方微信	njupress
销售热线	(025) 83594756

* 版权所有，侵权必究
* 凡购买南大版图书，如有印装质量问题，请与所购
　图书销售部门联系调换

目 录

001　　绪论　为什么重提"人生艺术化"

017　　**上编　资源：中国现代"人生艺术化"四家**
019　　　第一章　梁启超之趣味人生
044　　　第二章　朱光潜之情趣人生
073　　　第三章　丰子恺之真率人生
097　　　第四章　宗白华之哲诗人生

121　　**中编　观照：中国现代"人生艺术化"三论**
123　　　第五章　孕生："人生艺术化"的社会历史背景和中西思想资源
156　　　第六章　特质："人生艺术化"的基本内容和价值旨趣
184　　　第七章　比较："人生艺术化"·"生活艺术化"·"日常生活审美化"

211　　**下编　重构：人生艺术化与当代生活**
213　　　第八章　艺术性的三个层面和人生艺术化
239　　　第九章　人生艺术化与生命之归真
262　　　第十章　人生艺术化与生命之和谐
278　　　第十一章　人生艺术化与生命之翔舞

298	结语	艺术"双刃剑"与人生艺术化
345	主要参考文献	
354	附录1	中国现代"人生艺术化"重要文献简目
360	附录2	初版序一/汝信
363	附录3	初版序二/钱中文
366	附录4	初版序三/凌继尧
369	附录5	初版后记
373	再版后记	

绪论　为什么重提"人生艺术化"

所谓"人生艺术化"就是以美的艺术精神来涵养人格与心灵,促使生命的审美建构与人生的诗性创化。"人生艺术化"在本质上是一种远功利而入世的审美人生精神。它要求主体践履审美、艺术、人生之统一,追求建构以无为精神来创构体味有为生活的审美化人生旨趣,其实质是崇尚超越小我纵身大化的审美人格情韵和生命过程的诗性自由升华。

"人生艺术化"的理论资源主要来自中国现代美学、文艺、文化的有关思想学说。它是民族美学精神、艺术品格、文化传统在20世纪上半叶现代中国的一种创造性建构。

从理论史来看,中国现代"人生艺术化"的相关思想初萌于20世纪20年代前后。1920年,田汉在给郭沫若的信中较早提出了"生活艺术化"的口号。[1] 20世纪20年代初,宗白华在多篇文章中多次提及了"艺术人生观"、"艺术式人生"、"艺术的人生态度"、"艺术的生活"等概念。[2] 田汉强调超越现实生活之痛苦,宗白华弘扬建构艺术的人生观和人生态度,他们都体现出将艺术之美、艺术精神和人生、生活相联系,力图使后者获得超越、提升和美化的思想倾向。这些表述虽缺乏翔实丰满的论证,但从其精神倾向看,可说是中国现代"人生艺术化"思想的最初萌芽。

"人生艺术化"命题的核心精神奠基于后期梁启超。[3] 20世纪20年代初,梁启超由前期对文学社会功能的探讨转向对艺术和美的价值意义的追询。他在《"知不可而为"主义与"为而不有"主义》、《为学与做人》等文中不仅提出了"生活的艺术化"的命题,还将其精神明确定位为不有之为的"趣味主义"。[4]应该承认,趣味的范畴非梁启超首创,但梁启超是中西美学史上第一个明确地将趣味从中国传统文论的艺术范畴和西方美学的纯审美范畴拓展到人生领域的美学思想家。他不仅从哲学层面建构了趣味的范畴和趣味主义的原则,又从艺术、为学、教育、劳动、生活等具体的实践层面剖析了如何贯彻趣味原则从而建构趣味化(即艺术化)生活的具体方式与途径。梁启超提出,趣味具有"生命"、"情感"、"创造"三要素。"把人类计较利害的观念,变为艺术的、情感的","喜欢做便做",这种"为劳动而劳动,为生活而生活"的生命创造境界就是"知不可而为"主义与"为而不有"主义相统一的"无所为而为"主义,也即不有之为的"有味的"、"艺术化"的境界。[5]它的要旨是"责任"与"兴味"的统一。所谓"责任"是宇宙众生运化的大境界。所谓"兴味"则是个体情感的激扬勃发。梁启超认为,只有秉持不有之为的生命实践精神,才能实现生命之"责任"与"兴味"的统一、生命主体和外部环境的和媾。它倡导实践主体由情而动,有真性情,有大情怀,能将小我生命之兴味与众生宇宙之运化相融通,最终超越小我之成败得失而体会不有之为的大生命创化之"春意"。这种人格情怀与生命境界在本质上是一种崇高的人格精神与壮美的生命境界,是在激扬情感、精神至上、消融小我中使生命从烦闷至清凉,由平淡显灿烂。其精神作为一种生命与美的极致,弘扬的是生命创造的激情与信念。因此,梁启超的"生活的艺术化"非逃避责任,也非游戏人生,而是要求个体从生命最根本处建立纯粹的情感与人格,实现生命创化的大境界大价值,并从中体会到生命活动的美与诗意。因此,这种"趣味主义",我个人认为其实质非不为或无为,而是不有之为,落脚点还是"为",追求的是"为"之"不有"的品格与境界。可以说,梁启超在中国现代美学史上第一个明确开启了融哲思与意趣为一体的趣味生活的实践方向,由此也奠定了中国现代人生艺术化精神的核心旨趣,即以无为品格来实践与体味有为生活,追求融身生活与精神超拔的统一。这种融审美与人生为一体、强调有为与无为的对立统一的远功利而入世人生艺术化精神可以说是中国现代美学最具特色的精神传统之一,它在苦难的现代中国获得了热烈的反响,特别是在当时的知识群体中。

"人生艺术化"命题的理论表述成型于朱光潜。1932年,朱光潜在《谈美》中专列了一节"慢慢走,欣赏啊——人生的艺术化"。他较为集中而具体地发挥丰富了有为无为的对立统一命题及其审美超越精神,并第一次明确将这一命题表述为"人生的艺术化"。这一提法日后产生了广泛的影响并逐渐定型为中国现代美学与文艺思想中的一个重要命题。朱光潜着重从艺术切入,他把"无所为而为"的审美精神视为艺术精神的要旨,强调我们的学问、事业、人生都要像创造艺术品一样贯彻美的艺术精神。朱光潜对艺术的审美本质及其美感要素作了具体的阐释。他提出,"人生的艺术化"既是"人生的情趣化",也是"人生的严肃主义"。[6]朱光潜的思想承续了20世纪20年代前半叶尤其是梁启超的致思方向,他改梁启超的"趣味"为"情趣"、"生活的艺术化"为"人生的艺术化",这不仅是文字的变化与承续,更是在内在旨趣上承续了梁启超以不有之为的趣味精神来觉醒人性改造社会的精神意向。当然,朱光潜也有自己的特点。梁启超的"趣味"强调的是情感在生命美创造中的意义,主张提情为趣,强调生命应在不有之为的创造中超越小我体味"春意"。朱光潜的"情趣"则主张在生命实践中融创造与欣赏为一体,不仅要践履"无所为而为"的创造精神,还要彻行"无所为而为的玩索"精神,从而化情入趣。可以说,梁启超更侧重于在创造中实现与体味生命的趣味。朱光潜则更钟情于在玩索中品味与提升生命的情趣。但他们所体现的关注人生、崇尚艺术、在精神上追求超越的人生美学意向则是一致的。

"人生艺术化"是一个集体的成果，它在历时性的发展、丰富、完善的过程中与共时性的冲突、互补、交融的状态中，逐渐丰富并明晰了自己的核心精神与主导品格。20世纪30至40年代，这一命题曾引起了诸多学人与艺术家的关注，包括丰子恺、宗白华等在内，均从不同侧面不同程度地涉及了此命题，并共同丰富拓深了这一命题的理论内涵与精神特质。丰子恺被誉为"现代中国最像艺术家的艺术家"。他强调艺术的生命在于趣味，倡导生活乃大艺术品。丰子恺主张审美应以童心为根本，以绝缘为前提，以同情为要旨。童心的本质在于真率。因此，在丰子恺看来，真正的艺术家应该是拥有真率人格的人，而理想的人生就是以真率的艺术态度与精神来建设的艺术化的人生。丰子恺的人生艺术化思想承续了梁启超开创的趣味论人生美学传统，同时他又围绕着艺术、美、人生，通过对"童心"、"绝缘"、"同情"等范畴的阐释，着重从美育角度切入并创建了中国现代人生艺术化之"真率"人生的范式。丰子恺身体力行，理论实践并进，在中国现代审美、艺术、文化史上产生了独特而深远的影响。宗白华一往情深于艺术和美的体悟与诠释。他将"意境"的范畴纳入人与世界的整体关系格局中，提升到人生观、宇宙观的形上层面予以诠释。在中国审美与艺术史上，宗白华第一次深刻地窥见了艺术意境的生命底蕴与诗性本真。他指出意境的底蕴就在于"天地诗心"和"宇宙诗心"，它有直观感相、活跃生命、最高灵境三个层次，也就是从"情"到"气"到"格"，从"写实"到"传神"到"妙悟"。飞动的生命和深沉的观照的统一，至动和韵律的和谐，缠绵悱恻和超旷空灵的迹化，成就了最活跃最深沉、最丰沛最空灵的自由生命境界，使每一个具体的生命都可以通向最高的天地诗心，自由诗意地翔舞。由此，宗白华的意境论不仅是对中国艺术精神的深刻发掘，也是对诗意的审美人格和诗性的审美人生的现代标举。宗白华的意境论不仅强调了至动而有韵律的生命之美，实际上也是对生命的诗性自由超越的一种中国式建构与想象。宗白华的思想与成就是中国现代美学诗性精神绽放的巅峰之一，也是中国现代"人生艺术化"命题中的绚烂华章。

以梁启超、朱光潜、丰子恺、宗白华四家为突出代表的中国现代"人生艺术化"命题与思想，有着自己鲜明的特色。它的实质就是出世与入世的关系问题，它的途径就是如何在入世（生活）中实现出世（超越）的问题。在对这些核心问题的回答中，中国现代"人生艺术化"思想呈现了一种热爱生命、讲求责任的积极的人生倾向，注重情感（趣味、情趣）、重视理想（意境、境界）的浪漫的审美品格，弘扬生命、追寻意义的诗性的哲学精神。它是关注现实的，它要求生命有艺术一样激扬的热情、舒展的感性、执着的理想；它又是超越的，它企望生命如艺术一般不执着于现实功利，而去追寻自我的意义与精神的自由。它期待主体以人格精神的艺术化提升来追求生命境界和生命意义的积极实现。在中国现代文化语境中，它并非纯粹的审美，而是融审美与启蒙为一体，重在关注艺术之美对人的精神与人格的濡染、唤醒与提升。

从人类历史实践看，对于生活和人生的艺术化、艺术性方面的追求，中西都不乏其例，但在内在旨趣与精神实质上有着差异，其关键就在于对艺术美、艺术性、艺术精神的理解与把握有着差别。这些思潮与学说大体可分三类。一是对生活形式的艺术化（性）追求。这一类把艺术美、艺术性主要理解为形式上的东西，追求装饰性、新奇性、感官享受等外在的东西。因此其艺术化主要表现为对生活用品、生活环境、人体等的艺术化装饰与修饰等。这类艺术化在一定意义上有助于提升日常生活的品味与情趣，但对于外形式和官能享受的过分重视亦可能流衍为奢靡、颓废、媚俗等生活情状。二是对生活技巧与社会关系的艺术化（性）追求。这一类把艺术美、艺术性主要理解为艺术创造、艺术表现的具体技巧。其在生活中的艺术化实践则表现为对生存技巧、生活情状、人际关系等的处理艺术。这种艺术化化衍得当，确实有助于人际关系的润泽，但过分雕饰则可能流衍为精神的退化和圆滑的生存哲学。三是人格与心灵的艺术化（性）追求。相对于前两类把艺术美、艺术性归结为艺术的某些局部性、外在性、技巧性要素，这一类关注的是艺术的内在精神与整体品格。因此，这个艺术化（性）倡导的是人对于整个自我人格与生命境界的美的追求，它的本质是人格与心灵的艺术化。上述以梁启超、朱光潜等为代表的中国现代"人生艺术化"一脉主要体现为第三类情致。这个艺术化建立在对美和艺术精神的深度理解上，它要求把艺术的美从形式与技巧的层面提升起来，导向内在的美丽情感与高洁情致；也要求把人与生命的品格从个别的外在的技巧性的要素中提升起来，导向整个人格情致与生命境界的美化。与前两类相比，第三类艺术化（性）追求突出了人的艺术生成的精神性要素，更富有理想主义的色彩。但若把这一类艺术化追求与前两类艺术化追求完全割裂开来，则可能出现把人完全理解为精神的人的偏颇，陷入乌托邦与精英化的立场。事实上，如马斯洛所言，人的需要是由低向高不断攀升的，高层次需要是在低层次需要实现的前提上发展起来并可以涵容低层次的需要。人的艺术化（性）追求也有相类似而不完全相同的情况。人的艺术化（性）追求的形式层面与技巧层面不一定能通致人的艺术化（性）追求的人格层面与境界层面，但人格层面与境界层面可以涵容形式层面与技巧层面，它们之间并不存在绝对对立和水火不容的情状。相反，一个真正具有艺术化人格与生命境界的人，不仅自己的心灵达到了这种美境，他也一定会将这种艺术化的风范与风采，呈现于生命的方方面面、点点滴滴，使他自己的整个生命丰满、鲜明而生动，使周围的人和环境为之所感发所濡染所美化。人格与心灵的艺术化（性）追求，确立了人与艺术关系的价值性维度，由此也为人的生命从生存的合理性与效用性尺度衍向人生的超越性与诗意性空间拓展了可能。

在中国现代文化与审美实践中，关注艺术、美、人生之间联系的，还有以林语堂、张竞生等为代表的"生活的艺术"思潮。所谓"生活的艺术"，按林语堂自己的说法是"半玩世"的"中庸生活"，"名字半隐半显,经济适度宽裕,生活逍遥自在"。[7]在这种前提下,不无幽默地谈谈"生命的享受"、"生活的享受"、"性的美学"和"文化的享受",谈谈眠床、茶、淡巴菇、酒令、药物和室内布置等等,回味回味古人空斋独坐、饭后无事、朝眠初觉的种种逸情闲趣。沉浸在这种"最健全的理想生活"中,仿佛现实的一切矛盾痛苦的情状都不复存在。这在20世纪30至40年代的中国无疑只是想象,离最广大的大众距离甚远。即使在今天,它所确立的"中等阶级生活"的生活基础,恐怕也不是大多数国人已经或所能具备的。这种"生活的艺术"的哲学把目光放到了"个人便是人生的最后事实"的最具体最私人的生活场景中,关注的重心是如何适度地开垦"自己的园地",担忧的是在舒适的生活中纵欲过度,因此"生活之艺术只在禁欲与纵欲的调和"。[8]由此,上述所谓"生活之艺术"实质上已偏向了对生活技巧与生活形式的极度追逐,其突出的个人主义、享乐主义、中庸主义的精神旨趣与以梁启超、朱光潜们为代表的以人格和心灵的艺术化(性)为要旨的一脉呈现了某种价值取向的差异。相较之下,后一脉也是在中国现代"人生艺术化"思想与理论发展中人数更众、理论更丰、观点影响更大,在今天看来也更具积极价值和意义的。为此,我们有理由把后一脉视为中国现代"人生艺术化"理论的主脉。本书以这一主脉及其梁启超、朱光潜、宗白华、丰子恺等代表人物的核心思想学说作为主要理论资源和观照基点展开研究、辨析和理论总结、提升,并试图以此出发观照当代生活语境中"人生艺术化"重构与践行之必要与可能。

回首中国文化传统,把人生和艺术相联系,以艺术作为人格培育的重要手段,也正是中国文化"诗"教、"乐"教的悠久传统之一。而把艺术境界作为理想人生的重要尺度,崇尚艺术化的生存方式和人生境界,更是中国传统士大夫富有代表性的人生理想。从孔子的颜回乐处、曾点气象到"从心所欲,不逾矩",所向往的就是一种将道德内化为情感的艺术化生命境界。庄子更是中国文化中艺术化人格的典型代表之一。庖丁解牛之自由,羽化蝴蝶之畅神,鲲鹏展翅之潇洒,深切艺术精神之韵致。而魏晋名士的风流生活,将艺术的自由精神、个性气度、生命意识、情感原则展现得淋漓尽致。乘兴而来,兴尽而归。魏晋名士着眼于生活的过程、着眼于生命的本身,不在意于结局、不刻意于所得的人生态度,确实内蕴了艺术化生活的重要精神。但是,在中国传统社会中,追求艺术化生活理想者主要是在野或具有在野意向的文人士大夫,他们是一群在现实生活中被边缘化的、失意的而在精神上又对自我有所要求的主体,按照中国文化"学而优则仕"的原则,他们在内心情感上是充斥了失落和忧愤的,艺术化生活于他们更多的是内心痛苦的一种释放形式和寄托方式。随着封建社会走向晚期,先秦儒道对人生境界的壮阔追求,魏晋士人对生命情怀的淋漓挥洒,逐渐内敛为一种精致优雅、闲适洒脱的生活情趣,它虽然保留了对于人格精神的向往,但对外在生活方式的追求逐渐成为更为令人瞩目的重心。这些被边缘化的主体以与世俗化生活疏离的艺术化生存形态,来表明自己高洁的人格情趣与价值旨趣,同时也予自己无所作为的生存事实以精神的自我安抚。"有道则现,无道则隐。"[9]"隐"也要隐得高雅而有格调,这就是中国文人的内心情结,是内在的精英主义意识和实际上的边缘化事实的一种调和方式。在这种精神形态下,中国传统文人士大夫的艺术化生活有时也不免蜕化为弱小的个体为了在强大的现实前寻求自保而实践的某种生存的技巧。封建社会晚期文人士大夫的这种艺术化生存技巧与中国现代"人生艺术化"精神之主脉也有着内在的差别,严格而论,它应归入三类艺术化追求中的第二类。

在西方文化发展中,现代唯美主义"生活艺术化"思潮和后现代"日常生活审美化"思潮也是推崇生活与艺术之联系、追求生活的艺术化和审美化的。西方现代唯美主义"生活艺术化"思潮的弄潮者主要追求的是一种新奇时尚的生活,他们面对的是西方现代社会日趋机械、物质的生命,在内心情感上愤怒大于痛苦,更多的是以对自己身体、生活环境等的新奇装饰来实现对现实的讽刺与反动。但在唯美主义者眼里,艺术才是其真正的归宿地。其所有艺术化的生活方式与行为最终是为了向艺术靠拢,是为了艺术而生活。西方后现代"日常生活审美化"思潮的实践者则在直接追求一种感性至上的生活,他们直面的是西方后现代社会的商业背景、逐利目的,主体在消费主义原则下欲望化,被直接的感官享乐所浸没。由此,前者是由理想始而激愤终,除了以外在的新异夺人眼球外,更多的还是对现实之世俗的无奈与苟同。因此,"生活艺术化"虽是唯美主义手中对抗世俗生活的武器,但最终在生活的形式和物质性上与生活妥协了。像王尔德、莫里斯等唯美主义的倡导者和力行者的行径言止,更多地表现为对生活形式、生活享受的奢靡趣味,以至于人们认为唯美主义也正蔓衍出颓废主义的气息。假如说唯美主义对于人生的美化有所贡献的话,那么他们提升的主要是大众对于生活的形式观感。不过,唯美主义在骨子里还是源自理想的。而"日常生活审美化"的拥趸者,则是欣欣然悠游于生活中的主体,沃尔夫冈·韦尔施把他们戏称为"美学人"(homo aestheticus),是"身体、灵魂和心智"都具有"时尚设计",却"抛弃了寻根问底的幻想,潇潇洒洒站在一边,享受着生活的一切机遇"的"自恋主义"者。[10]生活就是艺术,存在就是美好。在"日常生活审美化"的语境中,艺术可以说是有史以来最普众的艺术,也是有史以来最不是艺术的艺术。艺术超越于生活的内在诗意,已被滚滚的生活洪流所挟裹。从现代唯美主义"生活艺术化"思潮到后现代"日常生活审美化"思潮,西方文化看似以艺术和审美作为生活的一种普适方向,但在实际的生活实践和人生实践中,人生的审美情致和生命的艺术情致正在经受着巨大的冲击与挑战。如果说唯美主义"生活艺术化"思潮对资本及其逻辑所可能导致的人性戕害尚保持了一定的警醒并试图寻找到某种相抗衡的武器,后现代"日常生活审美化"大潮则正契合着当代消费主义的文化情趣并乐享其中。从其主导倾向看,这两种思潮都应归入三类艺术化追求中的第一类。

与中西古今种种生活艺术化、人生审美化的思潮、倾向、学说相比较，中国现代"人生艺术化"思想与命题是有自己的特色、特质的。首先，其命题的终极指向是人生而不是艺术。它通过对何谓美的艺术的思考，通过对美的艺术品格和艺术精神的界定，提出了美的人生建设的理想目标。其次，它针对美的人生建设的目标，提出了美的人格养成的问题，并具体辐射了生存态度、生活方式、生命境界、人生理想诸方面。它以美的艺术作为人格建构与提升的范本，强调了生命至高、精神至上、情感为本等价值向度，倡导人格的审美建构和审美超越，倡导把自由、真率、热情、生动、圆满、完整、和谐、秩序、创造等美的艺术精神与品格融会到人格修养和人格境界中。再次，它在美的人格培育问题上，突出强调了以情感、精神为人格之本，强调人格的本真生成、和谐建构、诗意超越。由此，也对人性中粗鄙、麻木、虚伪、庸俗、功利等品质予以了否定和批判。在理论上，"人生艺术化"命题主要从哲学、审美、艺术三个互为联系的维度展开并给予了回答。在哲学维度上，它主要表现为对生命存在与生命诗意的追询。在审美维度上，它主要表现为对美的本质、理想及其价值的思考。在艺术维度上，它主要表现为对趣味（情趣）与意境（境界）的标举。"人生艺术化"命题的致思之路就是以艺术介入人生，以审美提升人生，要求主体以美的艺术精神来观照与重构自己，在超越小我、大化化我的张力超越和自由升华中，实现并体味人生之诗意情韵和诗性本真。也就是说，"人生艺术化"命题的实质是要把生命安顿提升于审美的自由升华中！

作为一条在忧患中追寻生命诗性建构的精神致思之路，"人生艺术化"的命题对于20世纪上半叶的现代中国而言，显然理想多于现实。列强的侵辱和中西文明的激烈撞击，民族的危难和国家的命运，人格的委顿和生命的萎靡，是当时先进知识分子最为关注的现实问题与文化问题。他们从思想文化入手，试图唤醒民众、重铸人格，以此来切入现实与社会的改造。他们的学术话语与文化建构带有内在的启蒙意向和实践指向。

"人生艺术化"精神的奠基人梁启超是从社会改造转向精神改造的。他对鸦片战争后至20世纪20年代中国社会变革的道路作过精辟的总结,提出了从器物革命到制度革新到精神心理(国民)改造的三阶段论。1898年,戊戌变法作为中国近代历史上制度革新的尝试很快落下帷幕而以失败告终。领导人之一梁启超避难日本,旋赴美国。他对失败的原因进行了反思。20世纪初年,梁启超发表了重要著作《新民说》,第一个在中国现代思想史上提出了国民性改造的问题。虽然,他主张要"淬历其所本有而新之"、"采补其所本无而新之",但从他所描绘的"新民"形象来看,他更注重的是主体理性的自觉,是一种具有责任感的社会与国家改造的主人。这种具有公德心与国家思想、进取与冒险精神、权利与义务观念、自由与自尊意识、合群与自治能力、生利与分利追求、进步与政治理念的新人,更多地已不是中国传统文化所崇尚的温柔敦厚耻以言利的君子或圣人,而是注重实效虎虎有生气的鲁滨逊式的改革家与实践家,更多地带有西方现代文化的烙印。但是,梁启超没有停留于此。"一战"结束后,1919年至1920年初,梁启超携学生赴欧洲主要国家二十几个名城考察。作为中国现代较早主张文化开放的先驱者之一,梁启超曾主张要对不同文化作无制限的输入。但是,这次欧洲之旅使他看到了西方现代文化中物质主义和工具理性所潜藏的弊端,虽然他把中西文化分为物质文明与精神文明有某种简单化的倾向,但他极其敏锐且不无超前地在20世纪20年代初即提出了现代社会中精神文化与价值理想对于整个人类的意义问题,提出了情感与人格建设在整个人类生活中的价值问题。回国后,他即提出了"趣味"这个重要的哲学与美学范畴,阐释建构了不有之为的趣味主义哲学与"生活的艺术化"的人生美学理想。20世纪20至40年代,"人生艺术化"的命题得到了当时大批文化人士的热烈响应。与梁启超一样,朱光潜、丰子恺、宗白华等也都是融通古今的饱学之士,同时也都有域外游历或求学的经历,对于西方文化有丰富的接触与切身的体会。他们通过对中西文明的切身体验与比对,同样较早敏感地意识到片面发展科技文明所内隐的实用主义和机械理性等种种弊端。同时,他们广阔的中西文化视野及其所接触的丰富的中西思想资源,包括西方现代康德席勒美学、尼采审美主义哲学、欧洲浪漫派诗学、柏格森生命哲学等,使得他们在20世纪上半叶民族命运最为严峻、民族矛盾与阶级矛盾空前激烈的历史背景中,以"人生(生活)艺术化"的理论表述重新提出了先秦儒学和老庄就已发端的对于生命境界和人生意义的追寻问题,并鲜明地表达了与20世纪上半叶整个世界文化的科学主义思潮有所不同的理想主义情怀。他们所发出的"人生艺术化"的高蹈之音,正是这些人文知识分子对于现实的一种真挚发言。他们的理想之处在于,他们已自觉不自觉地超越了中华民族的现实困境,有意无意地触及了人类所面对或将要面对的某些共同困境。因此,他们对"人生艺术化"命题的建构,也承载了人格启蒙与审美提升、现代性启蒙与审美启蒙的双重内涵,一方面希望借助对人的精神世界和人格理想的重塑来改造现实的人与现实的社会,另一方面又希望通过情感独立和精神自由的审美启蒙来解决中国乃至人类的某些根本性问题。

中国现代"人生艺术化"理论实质上是一种启蒙主义、人文主义和审美主义的糅合,它以启蒙主义对抗封建伦理、以人文主义对抗工具理性、以审美主义对抗实用哲学,从而为20世纪上半叶苦难中的国人提供了一帖温暖独特的精神药方。对于中国现代"人生艺术化"理论这样一份独特的文化遗产,我们需要的是批判继承的理性态度与积极重构的现实精神。中国现代"人生艺术化"的命题及其致思路径,从理论上看具备一定的自足性,但要在现实中去践行,不仅就当时的社会状况来说难以实现,即使在今天来看,也有其突出的缺陷,那就是过于强调精神的作用与审美救世的功效。以艺术、审美来救世,无疑具有浓郁的"乌托邦"性质。"人生艺术化"理论的建构可以成为精神寄托的一种家园,但"人生艺术化"理想的践行却只有也必须要落实到现实的生命活动中。"人生艺术化"不仅仅要建构人生的审美"乌托邦",更应该以人格的艺术化为重要路径,在人性的真善美统一中践行生命之入世实践,实现并体味生命自身的自由与诗意。也可以说,我们今天继承中国现代"人生艺术化"思想这份宝贵的文化资源,不仅要挖掘其追求人生超越与精神提升的积极内涵,也要研讨辨析其过于夸大精神作用与审美救赎的消极一面,在当代生活实践中重构科学与艺术、现实与理想相统一的自由生命向度。

20世纪下半叶特别是21世纪以来,我们所直接面临的社会问题已经发生了巨大的变化。当前,随着全球化的进程,各民族国家间的经济、技术、文化的联系空前加强。虽然我们的经济和社会基础还远未达到发达国家的水平,但随着全球化的进程,西方资本文化的商业原则、大众口味、科技指征等正随着现代商业运作模式和资本机制迅速扩散,人的生命情趣和格调、人的生存方式和姿态正在大幅度地被改造,我们所面临的生活正以前所未有的变化速度呈现出令人眼花缭乱的各种新景象、新态势。其中不乏现代性的觉醒、主体意识的强化所催生的对于生命和感性生活的高度重视、对于自我个性和主体精神的高度张扬、对于科学与新技术的巨大热情。但是,与此相伴随的种种物质主义、技术主义、个体主义、游世主义等生活思潮,以及衍生的种种欲望追逐、感官享乐、讲求实用、追求自我、消解意义等价值导向,构建出中国当代生活中颇具代表性的种种新景象,也使得人性中的某些低、俗、粗、丑的欲望获得了滋长放纵的土壤。正是在这样的背景中,情感、理想、诗意的出场,艺术、美的出场,具有了新的重要而独特的意义;也正是在这样的生存场景和生活现实中,"人生艺术化"的命题与思想仍然具有其阐释之价值和重构之必要。"人生艺术化"以对情感、理想、诗意这些富有价值而又常常自觉不自觉被遗忘的维度的张扬,突出了人及其现实生存中与求真(知)向善(意)相统一的对美(情)的期待和憧憬。这种艺术化的对诗性生命、和谐人生、本真自我的追寻,是对世俗物欲与功利主义的一种反动,也是对工具理性与机械理性的一种超越。

真、善与美是人类价值追求的三种基本形态。完善的人与完美的社会在这三个方面应该是和谐均衡的。但实际上,自古至今,在人类历史发展的各个不同阶段,我们对这三种基本价值的追求往往会有所偏倚。几千年封闭的封建社会,我们更多地注重伦理的标准。19世纪中叶以后,我们在落后挨打的现实面前,逐渐把目光更多地投射到现代科技的发展与经济实效的追求上,更多关注真的问题。事实上,穷究宇宙的奥秘,科学与美并非不可通约。穷极人生的究竟,伦理与美也非互不关联。不管是朱光潜提出的纯粹的真、至高的善与美之间是没有隔阂的,还是宗白华提出的至美的最深基础在于真,在人生艺术化的理想境界中,生命的真善美应该都是和谐融通的、诗意本真的。由此,我们今天倡导"人生艺术化"及其价值重构,倡扬的不仅是其美与诗性的光芒,也是其对于真善的超越和本真回归的理想!是以对美(情)的弘扬,肯定了对于生命和谐生成的期待;以对实践功利的超拔,肯定了对于生命诗意的追寻;并最终突出了回归、体味、践行生命最深之至(大)美和真(化)我的价值意向。

"人生艺术化"的追求是一种现世的诗性超拔!它不是宗教的出世,它的立足点就在此岸,就在于对生命对世情对真我的关注与热爱。扬弃"无我"之绝对超越,建构"化我"之张力超拔,让生命重归于深情、高尚、生动与诗意,让生命复归于本真、从容与和谐。在这个过程中,我们的生命也将超越一切的个体局限和现实局限,归真、谐和、翔舞,并最终化入永恒的自由诗境,以生命与生命、以有限自我和无限整体之诗意共舞实现生命的审美—现实性之生成!

客观言,作为推动人类进步的两大精神支柱,科学理性的精神和人文艺术的精神缺一不可。而对于我们这样的后发经济国家来说,科学技术创新与经济社会发展的现实任务仍然非常艰巨与迫切。如果说,工业革命以来,科学技术和物质效能已经成为人类生活中的重要砝码与尺度,由此也带来了人类价值追求的某种偏颇与一定的现代性问题。而今天,我们若以精神来否弃物质、以艺术来否弃科学,同样会陷入另一种偏颇。科学精神代表了人类务实前行的理性,艺术精神代表了人类理想诗意的渴望。把科学理性绝对化,就会机械僵化过于受动。而把艺术诗性无限放大,也会盲目玄想难切实际。唯此,艺术这把"双刃剑",既可拭亮我们生命的诗意与自由,也可能使我们的生命迷溺于精神的 Utopia(乌托邦)。历史还在生成中,人仍在路上! 人生艺术化对生命的诗性践行与生活的诗化创构,不应也不能悬搁人类丰富全面的历史实践,对于外部世界的美的创化和对于主体自我的美的塑造是辩证的现实的历史统一,既是物质的也是精神的,既是感性的也是理性的,既是个体的也是群体的,既是创造的也是欣赏的,既是入世的也是超越的,既是自然的也是人性的。唯此,不管是科学化还是艺术化,都将不再是人与自然的对立,不再是人性的分裂。

在当代生活中践履人生艺术化,就是要让多彩的生命自身与丰富的生命过程涵成人生艺术的种种具体进程和现实状态,既非抽象冥想也非僵死结果,既是精神悦乐也是实践开拓,永远是"实然"与"应然"的交错、转换、统一、超越的自由生成时和诗性实践态!

人生艺术化从传统到当下,从理论到践履,是时代给予我们的课题与挑战,也是生命和人性追寻美之必然。

注释:

〔1〕田汉 1920 年 2 月 29 日致郭沫若信,见《三叶集》,安徽教育出版社,2006 年,第 68 页。

〔2〕见《青年麻烦的解救法》、《新人生观问题的我见》、《艺术生活》等文,《宗白华全集》第 1 卷,安徽教育出版社,1994 年。

〔3〕我个人把梁启超美学思想活动以 1918 年欧游为界,主要划分为 1896 至 1917 的萌芽期和 1918 至 1923 年的成型期,即前期与后期。前期重在"力"与"移人"的范畴,关注艺术和审美的现实功能。后期突出了"趣味"和"情

感"的范畴,关注艺术和审美的人生价值。相关内容详参拙著《梁启超美学思想研究》(商务印书馆,2005年)第一章第二节。

〔4〕"不有之为"是我个人对梁启超所阐发的趣味主义人生论美学精神的一种概括,主要是为了与中国现代其他美学家所使用的"无所为而为"的内涵特征区别开来。一般所说的"无所为而为"主要关注的是为与用的关系,突出了审美活动的性质,即审美的功利与非功利的问题,其核心是审美的用与非用的问题。梁启超的趣味精神也用了"无所为而为"来表述,其实质是不有之为,主要关注的是为与有的关系,突出了审美主体的品格,它不讲不用,而是讲大用,是在超越小有的基础上达成大有也即大用,并由此将重心由对审美活动性质的关注引向对审美活动价值的探讨,也由此成为既承续西方现代美学精神又凸显民族审美精神传统的中国现代人生论审美精神的核心始源。相关内容详参拙著《梁启超美学思想研究》(商务印书馆,2005年)第一章第三节、第二章第一节。后文相同问题不再加注。

〔5〕梁启超《"知不可而为"主义与"为而不有"主义》:《饮冰室合集》第4册文集之三十七,中华书局,1989年,第66—67页。

〔6〕朱光潜《谈美》:《朱光潜全集》第2卷,安徽教育出版社,1987年,第93页。

〔7〕林语堂《生活的艺术》,陕西师范大学出版社,2006年,第124页。

〔8〕周作人《周作人散文选集》,百花文艺出版社,1987年,第109页。

〔9〕陈成国点校《四书五经》上册,岳麓书社,2002年,第32页。

〔10〕(德)沃尔夫冈·韦尔施著,陆扬、张岩冰译《重构美学》,上海译文出版社,2002年,第11页。

上 编

资源:中国现代"人生艺术化"四家

第一章　梁启超之趣味人生

梁启超(1873—1929),字卓如,一字任甫,号任公,别号沧江,以饮冰室主人名于世。梁启超不仅在中国近代政治史上产生了重要的作用与影响,也在中国近现代思想文化的转型与演进过程中发挥了重要的作用,产生了深刻的影响。过去,对于梁启超的研究,过多地从政治着眼,并侧重于他前期学说,以致他在思想文化建设上的许多重要成果和独特贡献未被深入地挖掘,特别是因为他失败的政治生涯和多变的政治倾向在一定程度上影响了对其思想文化成就的客观评价。事实上,梁启超是中国近现代学术文化思想史上的一座昆仑,其洋洋1400余万字的著述涉及哲学、史学、美学、文学、教育、经学、经济、法律、新闻、宗教、考古、金石、文献以及地理、算学诸领域。梁启超虽然不是一个专门的美学家与文论家,但他在美学与文艺思想上的创构,使其成为中国美学与文论由古典向现代演进进程中一座不可逾越的界碑。尤须注意的是,任公是个性情中人。后期的他辞去财政总长的高位,以"兴味"和"责任心"为"资粮",融学问与生活为一体,身体力行"趣味主义"的审美人生。20世纪20年代,任公通过《"知不可而为"主义与"为而不有"主义》、《趣味教育与教育趣味》、《美术与生活》、《美术与科学》、《学问之趣味》、《为学与做人》、《敬业与乐业》、《人生观与科学》、《知命与努力》、《晚清两大家诗钞题辞》等专题论文与演讲稿,较为具体地阐释了趣味主义的人生哲学和美学理想。其"趣味"范畴与"趣味主义"人生美学对中国现代美学与文艺思想产生了重要而深刻的影响,也成为中国现代"人生艺术化"理论直接而重要的精神渊源。

一、生活的艺术化:趣味人生的基本内涵

"趣味"是梁启超美学思想的本体范畴和价值范畴。梁启超不仅将趣味视为审美的要义,也将趣味视为生命的本质和生活的意义。由此趣味人生也构成了梁启超理想人生的最高范型。在《趣味教育与教育趣味》一文的开篇,梁启超说:"假如有人问我:'你信仰的什么主义?'我便答道:'我信仰的是趣味主义。'有人问我:'你的人生观拿什么做根柢?'我便答道:'拿趣味做根柢。'"[1]他明确表示自己"是个主张趣味主义的人"[2]。他认为:"凡人必常常生活于趣味之中,生活才有价值";[3]人类"生活于趣味",才"真是理想生活"。[4] 20世纪20年代,梁启超在《"知不可而为"主义与"为而不有"主义》、《学问之趣味》、《趣味教育与教育趣味》、《美术与生活》、《敬业与乐业》、《知命与努力》等一批文章中,明确提出了"趣味主义最重要的条件就是'无所为而为'",并将"无所为而为"界定为"知不可而为"与"为而不有"的统一。这种"无所为而为"主义的要点不是讲不为,而是讲不有。因此,这种趣味主义或曰无所为而为主义,更准确的表述就是不有之为,其生命境界在梁启超看来就是"劳动的艺术化"与"生活的艺术化"。

从广义的生活领域来说,梁启超认为人可建构三种趣味生活。

一是人与自然相契。梁启超认为,每一个人不管他从事的是何等卑下的职业,处于何种令人烦劳的境地,如果他有机会面对水流花放、云卷月明的自然之美,都会心情愉快。只要一个人在一刹那间领略了自然之美,他就可以把一天的疲劳恢复,多时的烦恼抛却。假如这个人还能把自然的影像存放在脑子里头不时地复现,那么,他每复现一回,都能领略到和初次领略时同等的效果或仅差一点而已。梁

启超将这种趣味人生的模态称为"对境之赏会与复现"。

二是人心与人心相契。梁启超认为,每一个人,把遇到的快乐事情集中起来品味或者别人替你指点出来,快乐的程度都会增加。遇到痛苦的事情,把痛苦全部倾吐出来,或者别人看出你的痛苦替你说出,也会减少痛苦的程度。因为每个人的心里都有个微妙的所在,"只要搔着痒处,便把微妙之门打开了"。[5]梁启超把它称为"开心"。这种趣味人生的模态就是"心态之抽出与印契"。

三是精神与理想相契。梁启超指出,对于当下的现实环境不满,是人类的普遍心理。正因为此,人类才能不断进化。而即使没有什么不满,在一个生活环境中久了,也会厌倦。然而,尽管你不满或者厌倦,你却无法脱离它。这便是人类苦恼的根源。但是,对于人来说,肉体的生活受制于现实的环境,精神的生活却可以超越环境而独立。你可以想象未来,可以想象另外一个世界,从而由"现实界闯入理想界",获得精神的"自由天地"。梁启超把这种趣味人生的模态称为"他界之冥构与蓦进"。

从具体的生活实践来说,梁启超认为在劳作、学问、艺术与游戏中均可建构趣味的生活。除了游戏,梁启超对其他三类趣味生活如何建构都有具体的论述。

劳作的趣味:梁启超认为,对于人类来说,最重要的首先就是人人都要有一个正当职业,人人都要不断地劳作,这是人生的基本职责和生命状态。因此,劳作的趣味在人类的趣味生活中占据非常重要而基础的地位。梁启超说:"万恶懒为首","劳作便是功德,不劳作便是罪恶"。[6]劳作即人因自己的才能和地位认定一件事去做。至于做什么事?梁启超认为,凡职业没有不是神圣的,没有不是可敬的。一个木匠做好一张桌子和一个政治家建设成一个共和国家,在俗人眼里或许有高下之别,但实质上,只要尽自己的心力把一件劳作做到圆满,就是高尚的,其价值就是相等的。因此,一个总统实实在在把总统当作一件正经事来做,一个黄包车夫实实在在把拉车当作一件正经事来做，都是人生合理的生活。"人类一面为生活而劳动，一面也是为劳动而生活"[7]，因此，人类不是上帝特地制来充当消化面包的机器的，聪明的人，他能够从事职业，能够全心全意把所从事的职业做到圆满，也能够从这种职业生活中享受到乐趣。梁启超认为，天下第一等苦人就是无业游民，他们终日闲游浪荡，不知把自己的身子和心灵摆在哪里才好？天下第二等苦人就是厌恶自己本业的人，这件事分明不能不做，却满肚子不愿意做，但又逃不了，结果是皱着眉头哭丧着脸去做。这两种人都是自己和自己过不去。梁启超指出："凡职业都是有趣味的，只要你肯继续做下去，趣味自然会发生。"[8]他把职业的趣味概括为四个层面：第一，凡一件职业，总有许多层累曲折，倘能身入其中，看它变化进展的状态，最为亲切有味。第二，每一职业的成就，离不了奋斗，一步一步的奋斗前去，从刻苦中得快乐，快乐的分量就会加剧。第三，职业的性质，常常要和同业的人比较骈进，好像赛球一般，因竞胜而得快乐。第四，专心做一职业时，把许多游思妄想杜绝了，省却无限闲烦恼，因此而乐在其中。在梁启超这里，职业的趣味就在于既以职业为职业，十分认真而负责地工作，同时又超越职业的生存状态，以职业为生命的本质需求，从而把职业活动视为生命活动的基本形态，珍视并享受职业的生活。因此，梁启超说，"人生能从自己的职业中领略出趣味，生活才有价值"，"这种生活，真算得人类理想的生活了"。[9]

学问的趣味：从广义言，做学问自然亦是劳作之一种，但学问是一种精神的劳作。梁启超认为"学问的本质能够以趣味始以趣味终"，最合于"趣味主义条件"。[10]梁启超概括了体味学问之趣味的四种境界。第一境是"为学问而学问"。梁启超指出，手段与目的的不统一，目的的达到，手段必然被抛弃。如学生为毕业证书而做学问，著者为版权而做学问。这类做学问都是以学问为手段。为学问而学问则是以学问自身为目的，是"无所为而为"的学问之道。尽管"有所为"有时也可能成为引起趣味的一种条件，但趣味真的发生时，必然要与

"所为者"脱离关系。梁启超把为学问而学问视为学问之趣味人生的第一境。第二境是"不息"。梁启超把人类视为理性的动物,因此他认为"学问欲"是人类固有的本能之一。只要天天坚持做一点学问,学问的胃口就给调养起来了。但人类的本能若长久搁置不用,它也会麻木生锈。一个人"如果出了学校便和学问告辞,把所有经管学问的器官一齐打落冷宫",就会"把学问的胃弄坏了"。[11]梁启超提出,一个人"每日除本业正当劳作之外,最少总要腾出一点钟,研究你所嗜好的学问"。[12]一个人不管从事何种职业,每天坚持抽出一点时间研究自己所嗜好的学问,这是"人类应享之特权"。[13]第三境是"深入的研究"。梁启超认为:"趣味总是藏在深处,你想得着,便要入去。"假如一个人他每天都有一点钟时间去做学问,但他不带有研究精神,纯是拿来消遣,趣味便无从体味。或者这个人这个门穿一穿,那个窗户望一望,他是不可能看见"宗庙之美,百官之富"的,也是不可能体味到学问的趣味的。梁启超指出,一个人受过一定的教育之后,他总有一两门学问和自己脾胃相合,并且已经大概懂得可作进一步加工研究的基础。在这样的情况下,从事学术生涯的人可选定其中一门作为自己的终身正业,从事其他职业的人也可选定其中一门作为本业以外的副业。不要怕一门学问范围窄了,越窄越便于聚精神;也不要怕这门学问问题难了,越难越便于鼓勇气。梁启超坚信,一个人只要肯一层一层地往一门学问里面追,他一定会被引到欲罢不能的地步,尽享学问的乐趣。第四境是"找朋友"。梁启超认为,共事的朋友是以事业为纽带的,共学与共玩的朋友是以趣味为纽带的。如果能够找到和自己同一种学问嗜好的朋友,便可和他打伙研究。如果找不到这样的朋友,他有他的嗜好,你有你的嗜好,但只要彼此都有研究的精神,也一样可以常常在一起或互相通信,在不知不觉中把彼此的趣味都摩擦出来了。人生若能找到一两位这样的朋友,应算是一大幸福。他坚信,只要肯去找,一定能找到这样的朋友。梁启超是一个非常享受学问趣味的人。他把学问的趣味比作冬天晒太阳的滋味,认为学问的趣味生活是一种"不假外求不会蚀本不会出毛病的趣味世界"。[14]

艺术的趣味:梁启超对艺术的趣味生活及其作用有很高的评价。他认为人要享受趣味生活,首先要有无所为而为的价值理念,其次还要有诱发趣味的实践机缘和感受趣味的感觉器官。他说"感觉器官敏则趣味增,感觉器官钝则趣味减;诱发机缘多则趣味强,诱发机缘少则趣味弱"。[15]他特别强调"专从事诱发而使各人器官不使钝的有三种利器:一是文学,二是音乐,三是美术"。[16]可见,艺术在梁启超看来是享受趣味和培养趣味机能的重要演练场。梁启超具体分析了美术激发趣味机能给予人们趣味享受的三种境界。第一种是描写自然的美术作品。人们欣赏过的自然之美随着时间的推移在脑中会慢慢地淡下去,而当初欣赏时的趣味享受也会渐渐消失。一幅描摹自然之美的画作,我们欣赏一次,美景就复现一次,趣味的享受也便永远存在。而且它还能把我们过去不注意的、赏会不出的,也都描摹出来,指导给我们。我们多欣赏几次,也就懂得了赏会的方法。第二种是刻画心态的美术作品。这类作品把人的心理看穿了。喜怒哀乐都活跳在纸上。本来是日常习见的事,但因为刻画得惟妙惟肖,不知不觉中就把人的心弦拨动。我快乐时看他,"快乐程度也增加";我苦痛时看他,"苦痛程度反会减少"。[17]第三种是构造理想的美术作品。这类作品通过虚构我们所想象不到的理想高尚的优美境界,把我们日常的"卑下平凡的境界压下去"。这种境界有一种魔力,"能引我们跟着他走,闯进他所到之地。我们看他的作品时,便和他同住一个超越的自由天地"。[18]梁启超感叹美术家的趣味感觉比一般人锐敏若干倍,因此,他们的生活是充满趣味的理想生活。

二、不有之为:趣味人生的根本原则

何谓"趣味"? 梁启超有自己的界定。他认为"趣味"是"内发的情感和外受的环境"的交媾,是通过情感的活跃激发生命的活力而实现的创造自由的生命境界。这种境界既是主体之目的达成,也是主客之感性契合,是独特而蕴溢春意的生命胜境。在趣味境界中,主体秉持不有之为的实践原则,达成了与客体关系的和谐自由。主体因为客体的完美契合而使自己的情感、生命与创造获得了最佳状态的释放和实现,从而进入到充满意趣的"劳动的艺术化"和"生活的艺术化"的境界[19]。

从理论史来看,趣味这个概念非梁启超首创,在中西文化中古已有之。中国文化中的"趣味",主要是一个艺术学中的词汇,具有比较感性的实践性意蕴。它主要是指艺术鉴赏中的美感趣好,即欣赏者品评艺术作品时的个体取向。"味"从文字学的意义上说,本指食物的口感。先秦儒道两家均已谈到过"味",并将"味"字的意义限定在直接的感官欲望满足上,认为"味"作为口腹之欲的满足不同于艺术欣赏的快感;但同时他们又多少窥见了"味"与美感之间的某种可比性,因此又把"味"与欣赏音乐获得的快感相联系。如《论语·述而》:"子在齐闻《韶》,三月不知肉味,曰:'不图为乐之至于斯也。'"[20]"味"字超越感官层面明确地与精神感觉相联系,用于品评艺术给予人的美感享受,始于魏晋。魏晋时期,出现了"滋味"、"可味"、"余味"、"遗味"、"道味"、"辞味"、"义味"等味,并运用于品评音乐诗文等艺术作品的美感。如嵇康《声无哀乐论》:"夫曲用每殊,而情之处变,犹滋味异美,而口辄识之也。五味万殊,而大同于美;曲变虽众,亦大同于和。"[21]而陆机、钟嵘等则以"味"来论诗。魏晋时代,"趣"亦进入文论之中。"趣"在中国文论中一出现,就比"味"有了更多的精神指向和审美意蕴。如《晋书·王献之传》:"献之骨力远不及父,而颇有媚趣。"[22]"媚趣"概括了王献之书法阴柔的美感,"趣"在此被直接用来指称美感风格。而直接将"趣"与"味"组合在一起,用于品评诗文之美感,则可能以司空图为最早。司空图《与王驾评诗书》:"右丞、苏州趣味澄夐,若清沇之贯达。"[23]"趣味"在这里指的是作家创作的一种美感风格,一种情趣指向。这里的趣味范畴已较为接近以后在审美领域中所普遍使用的作为审美判断标准的趣味了。

在西方美学史上，第一个从理论上明确提出"趣味"概念并充分肯定其在审美活动中的价值与意义的美学家，是18世纪英国经验主义美学家休谟。在康德之前，西方美学主要问的是"美是什么"的问题。不管是古希腊人追问美的本质，还是鲍姆嘉登讨论感性认识的完善，美学家们最终试图把握的就是客观的美的本来面貌。这一点，实质上在休谟这里也不例外。休谟的美学主要讨论了两个问题，一个是美的本质问题，另一个就是审美趣味问题。美的本质是什么，休谟认为它不是对象的一种性质，而是主体的一种感觉，这种感觉不是我们所说的五官感觉，而是心里的情感感受，即快感（美）和痛感（丑）。休谟认为要寻找"客观的美"和"客观的丑"完全是徒劳的，我们只需要关注这些感觉。感觉就是一种切实的经验。休谟把自然科学中的经验主义原则运用到审美的领域中。与理性主义美学家相比，休谟强调了审美中的感性状态。但他仍然没有脱离传统美学的认识论立场。因此，他的美学具有深刻的内在矛盾。这一点在关于审美趣味的讨论中体现得最为明显。根据休谟的美论，美完全不在客体，而在主体。这样对于同一对象，主体的感觉如果是不同的，那么对象究竟美不美呢？这种关于感觉的趣味判断是真实的吗？应该如何评判？休谟自然地由美通向了美的趣味的问题。在休谟这里，趣味首先是一种审美能力，即审美鉴赏力或审美判断力。趣味无共同标准，但有相通规则。休谟说："理智传达真和伪的知识，趣味产生美与丑的及善与恶的情感。"[24] 理智与真相联系，"是冷静的超脱的"；趣味与情感相联系，"形成了一种新的创造"。这种新的创造在休谟看来，就是"用从内在情感借来的色彩来渲染一切自然事物"。那么事物本来的面貌究竟是怎样的呢？休谟认为只能从经验或感觉中去判断。因此，休谟关于美或审美趣味的探讨陷入了这样的内在矛盾之中，一方面他承认美的个体性与差异性，另一方面休谟又并不否定客观的美的存在。只是从他的方法论立场来看，这个客观的美无从把握，所能把握的只有经验层面上的美感。休谟的美学冲击了理性主义的美学，但他并未能够彻底超越理性主义的机械论。实际上，休谟美学的理论成就正在于他的矛盾性中。正是在休谟的矛盾中，西方传统美学的认识论方法受到了怀疑。在这个意义上，休谟是通向康德的一座桥梁。但是，我们必须承认，作为休谟美学的重要范畴的趣味，虽然是一个与情感、创造联系在一起的概念，具有变化性、不确定性，但它仍然是一个认识论范畴中的概念。趣味作为审美判断，休谟通过它想揭示的仍然是美的普遍性问题，即把美还原为客观对象。所以，休谟所探讨的并不是趣味在美学中的本体性意义，而是审美趣味的标准问题。休谟之后，康德从反思判断出发，以情感与体验为旗帜，探讨了审美中的趣味判断问题，确立了审美判断作为纯粹趣味判断的准则。在康德这里，审美判断也称反思判断。反思判断不同于一般的规定判断，康德认为作为反思判断的审美判断是"从特殊出发寻求普遍"。这个特殊不是休谟意义上来自外部世界但又无从把握其本源的情感，而是能够通向普遍的情感。康德的反思判断首先是情感判断，它既不同于以概念为基础的认识判断，也不同于以善为基础的道德判断。康德主张从体验通向反思。因此，康德的反思之"思"不是对象性的，而是要让内在情感直接走出遮蔽状态而显现出来。反思是返回情感的手段。对于康德来说，物体本身不可能成为审美的对象，审美对象只能被审美活动创造出来。康德在谈到崇高美时就认为崇高并不是对象的崇高，而是主体自我的崇高，是主体在鉴赏活动中对自我崇高精神与人格的情感体认。因此，情感是康德美学的旗帜，判断力是康德美学的核心。康德说："没有关于美的科学，只有关于美的评判。"[25]为此，康德美学超越了客观主义的认识论和道德主义的利害论，把审美判断直接提升到纯粹趣味判断的层面。在康德美学中，趣味既是具体的审美判断力，又具有形而上的批判意蕴。休谟与康德的趣味理论虽具有本体论立场上的差异，但他们作为通向现代的重要桥梁，对西方美学的演化产生了重要的影响。由休谟到康德，正是西方美学由认识论向体验论的迈进。在休谟与康德之后，趣味成为西方美学中的一个重要理论范畴。如19世纪的美国作家、批评家爱伦·坡就说："如果把精神世界分成一目了然、三种不同的东西，我们就有智力、趣味和道德感。"爱伦·坡明确地将"趣味"与精神世界中的感性成分与美相联系，指出"趣味使我们知道美"。[26]

把趣味作为美学的哲学基础与核心范畴来建构，是梁启超美学思想的基本特色与突出特征。可以说，中国文化中艺术论的趣味论和西方文化中审美论的趣味论在梁启超的美学思想中都留下了一定的痕迹。同时，梁启超的趣味美论还具有自身的特色。

在梁启超这里，趣味既不是单纯的艺术品味，也不是单纯的审美判断。在本质上，梁启超的"趣味"是一种潜蕴审美精神的广义的生命意趣，具有鲜明的人生实践向度与精神理想向度。

所谓"趣味主义"，在梁启超这里，有几种不同的语言表述方式：一是"知不可可为"主义与"为而不有"主义的统一；一是"无所为而为"主义；一是"责任心"与"趣味"的调和。这些表述，形异而实同，其中讨论的核心问题，就是"为"与"不有"的关系问题。在《学问之趣味》中，梁启超明确提出了"趣味主义最重要的条件就是'无所为而为'"。"无所为而为"就是"知不可可为"和"为而不有"的统一。"知不可而为"就是"做事时候，把成功与失败的念头都撇开一边，一味埋头埋脑的去做"。"为而不有"就是"不以所有观念作标准，不因为所有观念始劳动"。梁启超认为人生是无边无际的宇（空间）宙（时间）中的"微尘"与"断片"。人与宇宙有两个基本关系：一，宇宙不断进化，基于人类创造；二，宇宙永不圆满，须人类不断创造。人作为一种动物，动是人的本能。那么如何处理好人之动与宇宙运化的关系？梁启超认为关键就是处理好"有"与"为"的关系。在梁启超这里，"为"与"无所为"相对，具有目的性意义，从而与"用"具有相通性；同时，"为"也与"不可为"相对，是一种实践性范畴。"为"的基本意义就是"动",就是"做事"。"要想不做事,除非不做人"。梁启超认为,"为"是人的本质存在,但"为"不是每个人都能做到的,"为"的实现必须"破妄"与"去妄"。"破妄"是破除成败之执。对于成败的关系,梁启超有两个基本的观点。其一,梁启超从相对论出发,认为成功与失败是相对的名词。"一般人所说的成功不见得便是成功,一般人所说的失败不见得便是失败。天下事有许多从此一方面看说是成功,从别一方面看也可说是失败。从目前看可说是成功,从将来看也可说是失败。"[27]其二,梁启超从大宇宙观出发,认为"宇宙间的事绝对没有成功,只有失败"。因为"成功这个名词,是表示圆满的观念。失败这个名词,是表示缺陷的观念。圆满就是宇宙进化的终点。到了进化终点,进化便休止"。[28]因此,无论就宇宙整体运化来说,还是就宇宙"小断片"的人生来说,都始终在进行的过程中。若执着于成败,势必患得患失。人类只不过在无穷无尽的宇宙运化中,发脚蹒跚而行,这就是人类历史的现实。个人所"为",相对于众生所成,相对于宇宙运化,总是不圆满的。这就是破成功之妄。破成功之妄并非要人消极失望,丧失做事的勇气。恰恰相反,梁启超把破成功之妄视为"为"的第一个前提,即"知不可而为"。这个"知不可而为"大有置之死地而后生的意思,是因为超越了个体的成败之执,而在宏阔的宇宙视阈上来认识事理。"许多的'不可'加起来却是一个'可',许多的'失败'加起来却是一个'大成功'。"[29]当个体与众生与宇宙"进合"为一时,他的"为"就融进了宇宙的整体运化中,从而使自身之"为"成为宇宙运化的一级级阶梯。"知不可而为"者由于超越了"为"的成败之执,从而使自身之"为"可能成就"有味的生活"。"为"的第二个前提是"去妄"。"去妄"也就是去"得失之计"。"得失之计"即利害的计较,也就是"为"与"用"的关系。但梁启超不用"用"的范畴,而用"有"的范畴。"用"突出的是对象的性质。"有"突出的则是主体的品质。梁启超说:"常人每做一事,必要报酬,常把劳动当作利益的交换品,这种交换品只准自己独有,不许他人同有,这就叫做'为而有'。"[30]"为而有"就是主体的实践性占有冲动。只有"有",才去"为"。因此,他在"为"前必然要问"为什么?"若问"为什么"? 那么"什么事都不能做了"。因为许多"为"是不须也不能问"为什么"的。"为"虽有"为一身"、"为一家"、"为一国"之别,但以梁启超的观点,若将这一切上升到宇宙运化的整体上,则都只能既"知不可而为"又"为而不有"。因此,"为"与"有"的关系,既是主体的一种道德修养,即主体如何对待个人得失的问题;同时,也是主体的一种人生态度,即主体如何从本质上直面成败之执与利害之计,直面自身的占有冲动与创造冲动的问题。梁启超反对的是"为而有"的人生态度。他说"为而有""不是劳动的真目的"。"知不可而为"和"为而不有","都是要把人类无聊的计较一扫而空,喜欢做便做",这就是人生的纯粹境界,也就是"无所为而为"的境界,这样的生活就是"为劳动而劳动,为生活而生活",才"可以说是劳动的艺术化,生活的艺术化"。[31]

值得注意的是,梁启超的"无所为而为"主义有着自己特定的内涵与精神。我认为确切地说,可以称作"不有之为"[32]。它所讨论的问题的焦点并非"为"的"有用"与"无用"的问题,即不是"为"的目的性问题;而是"为"的"有"与"不有",即"为"的根本姿态与基本原则问题。两者的区别在于,前一个是问"为什么"? 后一个是问"如何为"? 当然,"如何为"是不可能脱离"为什么"的。但"如何为"最终不以"用"与"非用"作为终极界定,而是在肯定"用"的前提下追问如何超越"用"而进入"有"与"不有"的境界。因此梁启超的"不有"并非不用,而是强调对有限(个体)之"有"的超越来实现无限(众生宇宙)之"有",即"做事的自由的解放"。这种自由的解放不仅是个体酣畅淋漓的"兴味",更是一种"有责任"的"兴味",是个体与众生与宇宙"进合"之"春意"。在中国美学思想史上,王国维向来被公认为是中国现代美学思想的奠基人。其中很重要的就在于他转化康德观点所提出的美乃"可爱玩不可利用者"的观点。[33]这一对美的本质和价值意义的认识与中国古典美学"美善相济"的主流意识构成了鲜明的差别。

王国维所阐发的对美的性质的这一认识确实是对美的功利观或者说是中国传统美学的政治、道德论倾向的否定与批判。无疑,王国维美学思想在中国美学思想的发展进程中尤其是现代性转型中是有其重要而突出的意义的。与王国维相较,梁启超美学思想也体现出中国美学思想现代性转型的一些共同特征,那就是对西方现代审美理念的吸纳和对中国传统美学思想的超越。梁启超的"趣味主义"以"不有之为"的价值原则和实践向度确立了"如何为"的生命姿态。这与王国维把美学批判的锋芒指向传统审美观不同,梁启超的趣味主义美学理想直指新的现实人生的创构。

对于梁启超而言,趣味与美具有内在的同一性。这种同一不是艺术鉴赏与审美判断意义上的同一,而是一种生命实践与价值追求的本源性同一。在梁启超这里,"不有之为"乃"趣味人生"的前提。通过将趣味精神提升到人生哲学与生命哲学的意味上来阐发,梁启超使趣味和人的生命实践和审美实践实现了直接而具体的同一。在梁启超的趣味美学中,人生与艺术的关系始终是其思考的一个中心问题。或者说,两者的关系正是趣味实现的重要基础。梁启超主张人生与艺术的同一。他提出有价值的生活就是"有味的生活","有味的生活"就是"生活的艺术化"。"生活的艺术化"就是践履"知不可而为"主义和"为而不有"主义的统一,使生活"变为艺术的情感的"[34]。这就是梁启超"生活的艺术化"理论建构的基本逻辑,其前提就是不有之为的趣味主义人生哲学。

在坚持不有之为的趣味主义人生哲学的基础上,梁启超还对生活实践中趣味主义原则的践履作了如下一些具体的补充:一,以趣味始以趣味终。其考察的标准就是:"凡一件事做下去不会生出和趣味相反的结果的,这件事便可以为趣味的主体。"[35] 二,切身体验与领略。其要领就是:"凡趣味,总要自己领略。自己未曾领略得到时,旁人没有法子告诉你。"[36] 三,慢慢咀嚼与品味。其特点为:"趣味总是慢慢的来,越引越多,像那吃甘蔗,越往下越得好处。"[37]

三、生命的春意:趣味人生的理想至境

"人必常常生活于趣味之中",[38]这是梁启超所憧憬的理想人生的基本尺度,也是梁启超所憧憬的理想人生的最高至境。在梁启超看来,趣味人生的理想至境就是"为学问而学问,为劳动而劳动,并不是拿学问劳动等等做手段来达到某种目的——可以为我们'所得'的"。[39]这是一种"生而不有,为而不恃"的境界,是一种"天地与我并生,而万物与我为一"的境界,是"无入而不自得"的境界,这就是一种"趣味化艺术化"的生活[40],是饱含春意的生活。在这种状态下,只嫌每天"二十四点不能扩充到四十八点"[41],因为生活就是享受。

值得注意的是,梁启超的趣味人生从不逃避生活及其生活的责任。他认为趣味人生的实质就是"怎么样能够令我的思想行为和我的生命融合为一,怎么样能够令我的生命和宇宙融合为一"[42]?他认为这个问题是中国哲学中最重要的问题之一,也是儒、道、释三家共同思考的问题之一。在这个问题上,梁启超可谓儒、道、释三家并吸,但又显然更倾向于儒家的立场。他赞同孔子"生生之谓易"的思想[43],赞同"能尽其性,则能尽人之性;能尽人之性,则能尽物之性;能尽物之性,则可以赞天地之化育;可以赞天地之化育,则可以与天地参矣"[44]。那么究竟如何能尽其性而与天地参呢?梁启超提出了"体验"论,主张自己的生命要自己去体验,即"各人自己去做",这决不是凭语言就能传达的。梁启超提出了"体验"中的三个关键问题:第一,体验是领略。在体验中,生命与生命是平等的。他举了人与自然的关系为例。在体验中,人的生命和自然的生命融为一体,自然是被欣赏赞美的对象。只要领略得自然的妙味,也便领略了自我生命的妙味。第二,体验是行动。体验不是冥索,而是行动。只有生命的活动,才有活生生的体验。宇宙就是生生相续的动相。活动一旦停止,人也就无从与天地参了。第三,体验不是求知。体验中也需要观察,但其目的不是为了增加知识。体验的目的是要领略真生命,这和

知识的增减并无直接的关系。体验的终极目标就是自我真生命之领略，即"自得"。自得是人与宇宙和谐为一，宇宙的运行法则和人的生命节律和谐并行。生命以"坦荡荡的胸怀"和"活泼泼的精力"[45]尽己之性。这样的趣味人生是"责任"与"兴味"的融合，以责任为基础又超越了责任，以兴味为目的又融含了责任。因此，趣味人生是通过具体的生命活动过程把外在的责任要求转化为内在的情感需求，使个体对于人生的责任真正融化到趣味的体验之中，从而使责任成为兴味，使人生满溢春意，使生命成为享受。

因此，梁启超的趣味哲学最关键的还是行动，即生命的具体实践。他举了种花的例子。他说，自然界的美，如山水风月等，一般人都知晓，但落实到一个具体的人，他和自然并无特殊密切的关系，那自然的美妙之处，他也不一定就领略到了。而一个人假如亲手种了一株花，那么花的生命和这个人的生命就联系在一起了。他每日用一份心力，花就每日有一分长进。这时，种花人的生命和花的生命简直"併合"为一，对着花的生命绽放，他自然会领略到说不出来的无上妙味。

梁启超的趣味人生融合了中国儒、道、释三家的传统，又吸纳了西方现代生命哲学的理念。他以儒家的行动和责任为核心，融合了道家的超越与释家的终极观，同时，他又巧妙地化入了西方现代生命哲学的理念，以生命之绵延动相为人生境界营构之根基，强调生命的现实过程与具体体验。

生命的春意就在生命的绵延之中，就在生命的活动之中。生命的绵延和生命的活动不是冥想，而是实实在在的生命实践。生命实践是具体的个人化的，但又践履人生责任和宇宙法则。这就是梁启超建构的趣味人生的理想至境，也就是人生艺术化的至境。

人生艺术化的至境在不同历史时期和不同的文化背景下，可以有不同的具体体现。梁启超的时代，是民族命运危难、国民素质靡颓的时代。梁启超对人生至境的憧憬和想象，集中表现为现实审美中的英雄主义意向,追求一种纯粹的实践精神和崇高的献身精神;表现为艺术审美中的崇高趣味与悲剧趣味,追求作家人格和人物品格的高尚性。在梁启超笔下,不仅讴歌了谭嗣同、蔡松坡、罗兰夫人、玛志尼等中外历史志士,也力荐达尔文、培根、笛卡尔、康德等思想先驱学术先锋。同时,他还力荐小说中的刺提之作,韵文中的奔迸之作。梁启超弘扬了诗歌中"深邃宏远"的崇高风格[46];高度肯定了屈原"All or nothing"的悲剧精神和崇高人格[47];提出了杜诗之美是带着"痛楚"的"真美"[48];而陶渊明最动人的不是他的"冷面"和"清高",而是有所不为的"冲远"[49]。屈原、杜甫、陶渊明在梁启超的审美世界中都是在与现实的冲突中获得提升和超越的。屈原是梁启超欣赏的最具个性的中国作家之一。屈原对于众芳污秽之社会不是看不开,而是舍不得,就像对于心爱的恋人,是"又爱又憎,又憎又爱",却始终不肯放手。屈原"最后觉悟到他可以死而且不能不死",他最终只能拿自己悬着极高寒理想的生命去殉那单相思的热烈爱情。梁启超最后的结论是研究屈原,必须拿他的自杀做出发点,因为只有这一跳,才"把他的作品添出几倍权威,成就万劫不磨的生命"[50],而屈原的艺术化个性也得到了淋漓尽致的呈现。对于杜甫,与历来将其誉为"诗圣"不同,梁启超慧眼独具赞其为"情圣"。他认为杜甫是一个具有丰富、真实、深刻情感的多情之人,如果说屈原的情在国家社会,杜甫的情就在普通大众。杜甫总是把下层大众的痛苦当作自己的痛苦,体认真切精微。因此,屈原美在崇高,杜甫美在深沉。陶渊明则历来是中国文人崇尚的典范。不过,中国传统文人属意的主要是陶渊明所谓的旷达不仕,似乎陶渊明天生就不喜欢做官。梁启超却认为陶渊明并不是一个天生就能免俗的人。他也"曾转念头想做官混饭吃",但他始求官而终弃官,"精神上很经过一番交战,结果觉得做官混饭吃的苦痛,比捱饿的苦痛还厉害,他才决然弃彼取此"[51],这与那些"古今名士,多半眼巴巴盯着富贵利禄,却扭扭捏捏说不愿意"的丑态相比,与丢了官不做本"不算什么希奇的事,被那些名士自己标榜起来,说如何如何的清高"的鬼话相比,实在要算操养纯熟拥有人生真趣了。梁启超对历史人物和文学艺术的独到解读与个性评判,可以说是为他的"趣味人生"哲学和"生活的艺术化"理想作了生动具体的诠释。

四、情感教育与趣味教育:学做现代人的趣味践履途径

梁启超的文艺与美学思想活动约从1897年至1928年。这一阶段,既是中华民族文化在中西古今的交汇中寻求新生与重构的历史转折期,也是中国文论与美学直接接受西方文论与美学理论的影响,而初步开拓与建设自己的现代学科体系的奠基期。作为中国现代美学这一初创期的代表性人物之一,梁启超与其他中国现代美学先驱一样,把美的思考与中国现代社会建设与国民素质启蒙紧紧地联系在一起。梁启超的美学思想主要思考了这样几个问题:什么是美?如何建构审美的人格与审美的人生观?如何开展审美实践与审美教育?如何实现审美的生存与现实的生存的统一?可以说,梁启超美学思想的核心命题就是美、艺术、人生之间的关系问题,它把美学的目标直指现实的人生与人格的建设。梁启超以哲学人生观为根基,把人生精神、美学精神、艺术精神的探讨内在地联系在一起,他的美学思想是一种人生大美学。宙美的问题最终回到了人的建设上。这是中国现代美学的鲜明理论指向和精神传统。

梁启超对康德推崇备至,把康德称为"近世第一大哲"。他赞同康德的理论把人类心理分为知、情、意三部分,认为"总要三件具备才能成一个人"。[52] 如何才能三件具备?那就要通过教育。梁启超提出:"智育要教到人不惑,情育要教到人不忧,意育要教到人不惧。教育家教学生,应该以这三件为究竟。我们自动的自己教育自己,也应该以这三件为究竟。"[53] 同时,他提出教育就是"教人学做人——学做现代人"的基本思想。[54] 即知、情、意三部分的教育要协同起作用,首要的问题是立人。他说:"你如果做成一个人,智识自然是越多越好;你如果做不成一个人,智识却是越多越坏。"[55]在梁启超这里,趣味人格的确立成为教育中的核心问题,是"现代人"建设的人格基础。

"趣味化艺术化"的人生观教育,就是"最高的情感教育",其"目的是教人做到仁者不忧"。[56]梁启超提出:"大凡忧之所从来,不外两端。一曰忧成败。一曰忧得失。"[57]因此,成功的情育就是使人格美化,令其从成败之忧与得失之忧中超拔出来,而其关键就是不有之为的趣味人格的确立。

关于情感的性质和特点,梁启超在多篇文章中做过探讨。他对于情感在人类生命和人类活动中的作用,给予了很高的地位,其中有些观点未免夸张,有些观点有所矛盾,但总的来说,他是现代中国文论和美学中的主情派。

梁启超提出,情感是"人类一切动作的原动力"。情感是现在与超现在、本能与超本能的统一。情感是"宇宙间一个大秘密",是"人到生命之奥,把我的思想行为和我的生命迸合为一,把我的生命和宇宙和众生迸合为一"的唯一"关门"。[58]情感与理性的区别在于:"理性只能叫人知道某件事该做某件事该怎样做法,却不能叫人去做事,能叫人去做事的,只有情感。"情感与理性的关系在于:"一个人做按部就班的事,或是一件事已经做下去的时候,其间固然容得许多理性作用,若是发心着手做一件顶天立地的大事业,那时候,情感便是威德巍巍的一位皇帝,理性完全立在臣仆的地位,情感烧到白热度,事业才会做出来";"情感这样东西具有秘密性,想要用理性来解剖他,是不可能的";"只有情感能变异情感,理性绝对的不能变异情感"。[59]情感与理性在人类生活中的意义是:"人类生活,固然离不了理智,但不能说理智包括尽人类生活的全内容。此外还有极重要一部分——或者可以说是生活的原动力,就是'情感'。"[60]基于对情感特点及重要性的认识,梁启超认为在"现代人"教育中,最为重要而关键的是健全情感的教育,它是趣味人格建设的关键。

在中国现代文艺、美学与教育思想史上,梁启超是较早明确提出

"情感教育"口号的思想家。他认为情感本身虽神圣,却美善并存,好恶互见。因此,必须对情感进行陶养。情感陶养的重要途径就是情感教育。"古来大宗教家大教育家,都最注意情感的陶养","把情感教育放在第一位"。[61]情感教育的目的,有两个层面。基础的层面,是陶养美的善的情感,"将情感善的美的方面尽量发挥,把那恶的丑的方面渐渐压伏淘汰"。[62]最高的层面,是确立趣味化艺术化的审美人生观和审美人格,在生活和劳作中不忧成败得失,物我为一,敬业乐业。[63]梁启超指出,知情意是人性的三大根本要素,情感教育对人具有独立的价值,有时比知识与道德更具深刻的意义。因为情感发自内心,是生命中最深沉最本质的东西。情感教育的"工夫做得一分,便是人类一分的进步"。[64]

  如何有效地实施情感教育,达成情感教育的最高目标——趣味人格的建构?梁启超提出了以艺术教育为手段、以趣味教育为原则的教育思想。梁启超提出"艺术是情感的表现",[65]艺术把"情感秘密"的钥匙掌住了,因此"情感教育最大的利器,就是艺术"[66]。艺术的本质是情感,艺术表现的重要内容是情感,艺术在情感表现上具有丰富而独到的技能,艺术作品具有强烈的情感感染力。梁启超认为艺术审美的具体过程就是艺术功能发挥的基本过程,即"力"和"移人"的过程,而这也正是情感教育的主要方式。具体来说,艺术可以把生活中转瞬即逝的情感,用艺术形象捕捉住,令它随时在欣赏者的心中再现。艺术欣赏可以使艺术家"个性"化的情感在若干时期内占领他人的心灵。艺术可借熏、浸、刺、提"四力"来移人之情。艺术可用奔迸、回荡、含蓄蕴藉等多种表情手法来极尽情态。艺术可描摹予人震撼的真情,亦可描摹醇化想象的美情,从而给人以多种的情感体验,激活人的感受和感觉。梁启超尤其推崇文学、音乐和美术,把这三种艺术形式誉为刺激审美感官的三大利器。在艺术教育问题上,梁启超还提出了艺术家的责任和情感修养的问题,他指出:"艺术家的责任很重,为功为罪,间不容发。艺术家认清楚自己的地位,就该知道,最要紧的工夫,是要修养自己的情感,极力往高洁纯挚的方面,向上提絜,向里体验。自己腔子里那一团优美的感情养足了,再用美妙的技术把他表现出来,这才不辱没了艺术的价值。"[67]艺术审美活动的开展首先基于艺术家的创作。只有高质量的艺术作品,才能确保艺术情感教育的顺利实施。梁启超如此重视情感教育,肯定艺术在情感教育中的作用,关注艺术家的责任与修养,当然是与他的启蒙理想密不可分的,他更深层的目的还在于借助艺术情感宜深入人心的作用机理,来培养人的健康积极的情感取向,激发人对于生活的激情与热爱,保持求真求善的人生理念,从而实现积极进取、乐生爱美的人生理想。因此,梁启超的情感教育并非要人陷于一己私情之中,也不是让人用情感来排斥理性,更不是要人沉入艺术耽于玄想。他的情感教育实质上也就是人生教育生命教育,是从情感通向人生,从艺术与美通向生命。

在梁启超的美学思想体系中,趣味和情感是两个出现频率很高、也是非常关键的范畴。有些研究者认为梁启超没有明确区分这两个范畴。但如果仔细研读梁启超的相关文本,可以发现,梁启超在使用这两个概念时,是有一定的区分的。它们在梁启超美学思想体系中所处的地位不同,所界定的内涵也各有侧重点。趣味是核心与枢纽,情感则是趣味实现的基础与条件。梁启超更多地在生活、人生、审美的意义上使用趣味,而在生命、行为、活动的意义上使用情感。简单地说,情感是通向趣味的主体基础。因此,情感教育的最终目的是通向趣味,通向趣味人格的建构与趣味人生的建设。

在中国现代美育思想家中,梁启超不仅较早明确提出了"情感教育"的口号,也第一个明确提出了"趣味教育"的口号,这是非常富有特色的。梁启超认为,在现实生活中,并不是人人都享有趣味。因此可以通过对趣味的载体——美的审美实践来开展趣味教育。总的来看,梁启超的趣味教育思想主要涉及了教育目标、教育方式、教育原则等三个方面的问题。首先,梁启超把趣味主义人生态度的建构作为"趣味教育"的根本目标。他说:"'趣味教育'这个名词,并不是我所创造。近代欧美教育界早已通行了,但他们还是拿趣味当手段。我想进一步,拿趣味当目的。"[68]梁启超指出趣味教育的目的,就是倡导一种趣味主义的人生观。这种人生观秉持趣味主义的人格精神,既能在根本上以不有之为的态度超越功利得失,也能在与他人的具体关系中从善求真,实现这种理想态度。他说:"我所做的事,常常失败——严格的可以说没有一件不失败——然而我总是一面失败一面做。因为我不但在成功里头感觉趣味,就在失败里头也感觉趣味。我每天除了睡觉外,没有一分钟一秒钟不是积极的活动,然而我绝不觉得疲倦,而且很少生病。因为我每天的活动有趣得很,精神上的快乐,补得过物质上的消耗而有余。"[69]这种不计得失、只求做事的热情就是一种对待现实人生的趣味主义态度。它抛开成败之忧与得失之计,远离悲观厌世与颓唐消沉,永远津津有味、兴会淋漓。同时,真正的趣味又不只是一种热情与兴会。梁启超说:"凡一种趣味事项,倘或是要瞒人的,或是拿别人的苦痛换自己的快乐,或是快乐和烦恼相间相续的,这等统名为下等趣味。严格说起来,他就根本不能做趣味的主体。因为认这类事当趣味的人,常常遇着败兴,而且结果必至于俗语说的'没兴一齐来'而后已,所以我们讲趣味主义的人,绝不承认此等为趣味。"[70]梁启超指出趣味教育的目的,就是倡导一种趣味主义的人生观。这种趣味主义的人生观包括两个层面,一是好的纯正的趣味的培养;二是人生的趣味态度的养成。梁启超认为真正纯粹的趣味应该从直接的物质功利得失中超越出来,又始终保持对感性具体生活的热情与对崇高精神理想的追求,实现手段与目的、过程与结果的同一。只有这样的"趣味",才能"以趣味始以趣味终",才是可以"令人终身受用的趣味"。梁启超主张应该从幼年、青年期,就实施这样的趣味教育。纯正的趣味须终生保持,使其内化为自我的人格态度。而教育家最要紧的就是教"学生能领会得这个见解"。[71]其次,梁启超提出艺术是趣味教育的主要内容与形式。他主张通过文学艺术活动来开展审美教育,培养高尚趣味。他指出,艺术品作为精神文化的一种形态,就是美感"落到字句上成一首诗落到颜色上成一幅画",它们体现的就是人类爱美的要求和精神活力,是人类寻求精神价值、追求精神解放的重要途径。中国人却把美与艺术视为奢侈品,这正是生活"不能向上"的重要原因。由于缺乏艺术与审美实践,致使人人都有的"审美本能"趋于"麻木"。梁启超指出恢复审美感觉的途径只能是审美实践。审美实践把人"从麻木状态恢复过来,令没趣变成有趣","把那渐渐坏掉了的爱美胃口,替他复原,令他常常吸受趣味的营养,以维持增进自己的生活康健"。他强调:"专从事诱发以刺戟各人感官不使钝的有三种利器。一是文学,二是音乐,三是美术。"[72]他尤其关注文学的功能,认为"文学的本质和作用,最主要的就是'趣味'","文学是人生最高尚的嗜好"[73],主张通过文学审美来培养纯正的美感与趣味。此外,梁启超强调实施趣味教育必须坚持趣味主义的原则。他认为教育摧残趣味有几条路,一是"注射式"的教育,二是课目太多、走马观花式的教育,三是把学问当手段的教育,结果都是将趣味完全丧掉。梁启超认为无论有多大能力的教育家,都不可能把某种学问教通了学生,其关键在于引起学生对某种学问的兴趣,或者学生对某种学问原有兴趣,教育家将他引深引浓。前者是直奔掌握知识的功利目的而去,后者则是培养趣味主义的态度。只有这样,教育家自身在教育中才能享受到趣味。梁启超的趣味教育原则,充分体现了对于教育对象主体性的尊重。对于趣味教育的这一原则,梁启超可谓身体力行。他的五女儿梁思庄早年在欧洲留学,梁启超曾写信建议她选学生物学,但梁思庄不感兴趣。梁启超从儿子处得知这一情况后,立即给思庄去信让其"以自己体察为主","不必泥定爹爹的话"。后来梁思庄听从父亲的劝告,选学了图书馆学,成为我国著名的图书馆学专家。这可说是梁启超"趣味教育"的一个成功实例。

趣味教育主要不是一种教育的方法与手段,而是教育的本质。

梁启超倡导趣味教育,是要培养一种饱满的生活态度与健康的完善人格,保持对生活的激情、进取心与审美态度,在现实的生命实践活动中获得人生的乐趣,达成人生的完美。这样的趣味教育理论在中国现代美育思想史中可谓独树一帜。

通过情感和趣味教育,来实现趣味人格的建设和趣味主义人生观的建构,是梁启超趣味人生理论的终极指向。这样的思想路径也充分体现出梁启超启蒙主义思想家的基本特色。他为中国现代国民设计了一条人格改造的理想路径。相对于当时的社会情状,这样的设想不乏乌托邦色彩,但对其后中国美学和文艺思想的发展产生了深刻的影响。这种以艺术美为根基、以艺术教育来激扬情感、完善人性与人格、实践并体行一种有味生活的融人生、艺术、美为一体的大美学观、艺术观、人生观,逐渐由"生活的艺术化"、"劳动的艺术化"等不确定表述演化为"人生的艺术化"的成熟表述,构成了20世纪30至40年代中国现代美学和文艺思想中具有重要影响和地位的理论命题,其相关的概念运用在梁启超之前就有,而其重要的精神内核和较为清晰的精神特征则成于20年代的梁启超。

注释:

[1][68][69][70][71] 梁启超《趣味教育与教育趣味》:《饮冰室合集》第5册文集之三十八,中华书局,1989年,第12页;第13页;第12页;第14页;第15页。

[2][3][10][11][12][13][14][35][36][37][38][41] 梁启超《学问之趣味》:《饮冰室合集》第5册文集之三十九,中华书局,1989年,第15页;第15页;第16页;第17页;第17页;第17页;第18页;第15页;第16页;第17页;第15页;第15页。

[4][5][15][16][17][18][72] 梁启超《美术与生活》:《饮冰室合集》第5册文集之三十九,中华书局,1989年,第22页;第23页;第23页;第23页;第23页;第24页;第23页。

[6][7][8][9]梁启超《敬业与乐业》:《饮冰室合集》第5册文集之三十九,中华

书局,1989年,第26—27页;第26页;第28页;第28页。

〔19〕〔27〕〔28〕〔29〕〔30〕〔31〕〔34〕梁启超《"知不可而为"主义与"为而不有"主义》:《饮冰室合集》第4册文集之三十七,中华书局,1989年,第67页;第61页;第61页;第63页;第66页;第67页;第68页。

〔20〕〔43〕〔44〕陈戍国点校《四书五经》上册,岳麓书社,2002年,第29页;第197页;第11页。

〔21〕嵇康《声无哀乐论》:于民主编《中国美学史资料选编》,复旦大学出版社,2008年,第123页。

〔22〕房玄龄等撰,吴士鉴、刘承干注《晋书斠注》:民国十七年(1928)刻本,卷八十第21页。

〔23〕司空图《司空表圣文集》,商务印书馆,民国二十五年(1936),卷一第8页。

〔24〕北大哲学系美学教研室编著《西方美学家论美与美感》,商务印书馆,1980年,第111页。

〔25〕(德)康德著,宗白华译《判断力批判》上卷,商务印书馆,1964年,第150页。

〔26〕伍蠡甫《西方文论选》下册,上海文艺出版社,1963年,第499页。

〔32〕参见本书绪论注释3。

〔33〕王国维《古雅之在美学上之位置》:《王国维文集》第三卷,中国文史出版社,1997年,第31页。

〔39〕〔40〕〔52〕〔53〕〔55〕〔56〕〔57〕梁启超《为学与做人》:《饮冰室合集》第5册文集之三十九,中华书局,1989年,第107页;第108页;第105页;第105页;第109页;第108页;第107页。

〔42〕〔45〕梁启超《评胡适之中国哲学史大纲》:《饮冰室合集》第5册文集之三十八,中华书局,1989年,第60页;第61页。

〔46〕梁启超《诗话》:《饮冰室合集》第5册文集之四十五(上),中华书局,1989年,第22页。

〔47〕〔50〕梁启超《屈原研究》:《饮冰室合集》第5册文集之三十九,中华书局,1989年,第62页;第67页。

〔48〕〔65〕梁启超《情圣杜甫》:《饮冰室合集》第5册文集之三十八,中华书局,1989年,第50页;第37页。

〔49〕〔51〕梁启超《陶渊明》:《饮冰室合集》第 12 册专集之九十六,中华书局,1989 年,第 5—6 页;第 10 页。

〔54〕梁启超《教育与政治》:《饮冰室合集》第 5 册文集之三十八,中华书局,1989 年,第 68 页。

〔58〕〔61〕〔62〕〔64〕〔66〕〔67〕梁启超《中国韵文里头所表现的情感》:《饮冰室合集》第 4 册文集之三十七,中华书局,1989 年,第 71 页;第 71 页;第 71—72 页;第 72 页;第 72 页;第 72 页。

〔59〕梁启超《评非宗教同盟》:《饮冰室合集》第 5 册文集之三十八,中华书局,1989 年,第 20—22 页。

〔60〕梁启超《人生观与科学》:《饮冰室合集》第 5 册文集之四十,中华书局,1989 年,第 26 页。

〔63〕详见《为学与做人》、《敬业与乐业》:《饮冰室合集》第 5 册文集之三十九,中华书局,1989 年。

〔73〕梁启超《晚清两大家诗钞题辞》:《饮冰室合集》第 5 册文集之四十三,中华书局,1989 年,第 70 页。

第二章　朱光潜之情趣人生

朱光潜(1897—1986),字孟实,中国现代美学大师,中国现代美学体系最为重要的理论建设者之一。与梁启超涉略颇广、更注重于观点创新的思想家特点相比,朱光潜不仅着意于对美的体认,也钟爱沉潜于美学理论及其学科体系建设,其丰硕的美学论著、译作为中国现代美学建设打下了极为重要而扎实的学科基础,积累了丰富的学科资源。20世纪50至80年代,朱光潜写作了中国美学学术史上第一部全面系统的西方美学史专著《西方美学史》,翻译了一大批西方美学大家的名作,如柏拉图《文艺对话集》、黑格尔《美学》、克罗齐《美学原理》、莱辛《拉奥孔》、爱克曼《歌德谈话录》、维柯《新科学》等,这批著作和译作受到了广泛的关注。而实际上,这批著作主要是翻译和介绍。朱自清先生曾指出,"人生的艺术化"是"孟实先生自己最重要的理论"。[1]而情趣人生思想又是朱氏"人生艺术化"理论的聚焦点。[2]早在20世纪20年代,朱光潜就在自己的第一部公开出版的著作《给青年的十二封信》中谈了自己对美与人生的基本看法,而后他又在30至40年代的《谈美》、《诗论》、《乐的精神与礼的精神》、《音乐与教育》等一大批论著中,主要通过对中国艺术和文化的研究,建立了自己的美的艺术形上学。他明确确立了"人生艺术化"的理论表述,丰富诠释了"情趣"的范畴和"情趣人生"的命题。朱光潜的"人生艺术化"理论,以情趣人生为核心,既明显受到梁启超趣味人生精神的影响，也吸纳了中西美学尤其是西方现代美学的滋养。从情趣出发，朱光潜也有自己的发展和特点，对"人生艺术化"理论的成型、演化和中国现代美学思想的发展产生了重要的影响。

一、"情趣"范畴与"人生艺术化"命题的确立

1929年，开明书店出版了朱光潜的第一部著作《给青年的十二封信》，朱光潜以与一个中学生通信的形式谈了自己对美的人生建设的基本看法。30至40年代，朱光潜又先后出版与发表了《谈美》、《文艺心理学》、《乐的精神与礼的精神》、《诗论》、《谈修养》、《我与文学及其他》、《音乐与教育》、《谈文学》、《诗的意象与情趣》等论著，这批论著通过对中国艺术、文学、文化的研究，在学理中时时闪烁着思想的锋芒，在论美谈艺的同时，也旗帜鲜明地树起了人生论美学的大旗。

《给青年的十二封信》是朱光潜的成名作。在此之前，1923年，朱光潜发表过《消除烦闷与超脱现实》一文，提出理想的人生就是欣赏和享受精神创造之乐，而宗教、美术、童心是三种具体途径。1924年，朱光潜发表了第一篇公认的美学论文《无言之美》[3]。在这篇论文里，朱光潜把对理想人生的探讨直接而集中地与艺术联系起来。他主要通过对以美术和文学为代表的艺术审美特征的分析，提出艺术之美就在于意在言外的无言之美，从而给不同的欣赏者提供了欣赏的无穷趣味。由艺术出发，朱光潜又进而提出人类生活的无言之美就在于不断奋斗的活动过程与无限的可能性及其感受。可以说，朱光潜在踏上美学之路之初就已体现出人生论美学的基本趋向，同时，这也是他前期美学思想的鲜明特色。[4]《无言之美》呈现出将艺术、审美、人生相联系的基本理路，并在《给青年的十二封信》和《谈美》中有了更具体深入的阐释，也产生了更大的影响。

《给青年的十二封信》写于留英期间，曾于1926年11月至1928年3月分期发表于《一般》杂志上，1929年由开明书局正式结集出

版。在这十二封信中,朱光潜已大略描摹了审美人生的粗略图景。其中有以下几个要点:一,理想人生的关键词是:"活动"、"创造"、"生活"、"趣味"、"领略"。二,在理想人生中,生活就是人生的全部目的。他说,"生活自身就是方法,生活自身就是目的","生活就是为著生活,别无其它目的"[5];"做学问,做事业,在人生中都只能算是第二桩事。人生的第一桩事是生活。"[6]他给生活下的定义是:"我所谓'生活'是'享受',是'领略',是'培养生机'。"[7]三,在理想人生中,情胜于理。朱光潜提出"纯信理智的人天天都打计算,有许多不利于己的事他决不肯去做",因此理智的生活是"片面的"、"狭隘的"、"冷酷的"。"人是有情感的动物",因此我们在人生中行事"一大半全是由于有情感在后面驱谴",正是因为"有了情感,这个世界便是另一个世界"。在这里,朱光潜还提出了"情感的生活"与"理智的生活"、"问心的道德"和"问理的道德"的范畴,指出"问心的道德胜于问理的道德","情感的生活胜于理智的生活"。他强调"人类如要完全信任理智,则不特人生趣味剥削无余,而道德亦必流为下品"。他坚持"生活是多方面的。我们不但要能够'知'(know),我们更要能够'感'(feel)"。[8]四,理想人生以创造为目标,但要取则必要懂得舍。舍即要能够"摆脱得开",只有把"一切都置之度外",才能"认定一个目标,专心致志的向那里走",这样才能摆脱畏首畏尾、徘徊歧路的心灵痛苦和烦恼,享受生活的乐趣。[9]五,理想人生是以活动为本然形态的,但人生的乐趣却得自于对活动的感受与领略。"所谓'感受'是被动的,是容许自然界事物感动我的感官和心灵";"所谓'领略',就是能在生活中寻出趣味"。[10]因此,朱光潜主张人生宜动,而心界宜静,这样方能以心界之空灵而领略人生之至乐。《给青年的十二封信》虽不是严格的美学专著,但其以理想人生建设为核心,把趣味人生视为理想人生的最高形态,具有重要的美学意味,并已呈现出人生论美学的基本学术取向。同时,《给青年的十二封信》也围绕理想人生的建设提出了一系列具体的人生美学命题,这些命题在1932年出版的《谈美》中有了更具体深入的解答。

在写作《给青年的十二封信》之前，1926年5月，朱光潜在伦敦惊闻学生夏孟刚自杀，当夜即作《悼夏孟刚》。在此文中，朱光潜提出应对人生痛苦的几种态度。一是绝世而兼绝我。其典型就是自杀。二是绝世而不绝我。其具体表现主要有两种，即以玩世为绝世和以逃世为绝世。三是绝我而不绝世。朱光潜推崇的是这种人生态度。他说："所谓'绝我'，其精神类自杀，把涉及我的一切忧苦欢乐的观念一刀斩断。所谓'不绝世'，其目的在改造，在革命，在把现在的世界换过面孔，使罪恶苦痛，无自而生。"在这篇文章中，朱光潜还提出："古今许多哲人、宗教家、革命家，如墨子，如耶稣，如甘地，都是从绝我出发到淑世的路上的。""绝我"非为"绝世"而为"淑世"，其关键就是"以出世的精神，做入世的事业"。[11]"以出世的精神，做入世的事业"是朱光潜一生尊奉的人生座右铭，也是其"人生艺术化"理论建构的基本人生哲学前提。

1932年，《谈美》由开明书局推出，在这部被称为"给青年的第十三封信"和"通俗的《文艺心理学》的专著"中，朱光潜以"无所为而为"的精神来诠释"以出世的精神做入世的事业"之人生哲学，提出艺术是意象活动和美感活动，是超乎利害关系而独立的，因此，艺术的精神就是"无所为而为的玩索"的精神。应把这种"无所为而为的玩索"的艺术态度推衍到整个人生之中，以艺术精神从事自由的人生活动，领略人生情趣，建构美丽人生。这就是朱光潜的"人生的艺术化"命题及理论的基本内涵。[12]在《谈美》里，朱光潜也提出了与"人生的艺术化"理论密切相关的核心范畴——"情趣"。可以说，《谈美》的出版是朱光潜人生美学思想确立的重要标志。

"人生的艺术化"这一表述的明晰及其相关命题的正式确立，是朱光潜《谈美》最为重要的理论贡献。在朱光潜以前，包括梁启超、郭沫若在内，都有"生活的艺术化"的提法，而且都对相关精神作了阐发。尤其是梁启超以趣味主义哲学为基础，对"生活的艺术化"精神作出了深刻的阐发。但是,作为一种理论载体,"生活的艺术化"的提法不如"人生的艺术化"之贴切,后者也更易作出理论上的提升。这与"生活"、"人生"这两个汉语词汇本身的内涵外延有一定的关系。[13]

《谈美》一书,朱光潜除了继续使用"趣味"的范畴,也提出了"情趣"这个更具个人特色并成为其整个美学理论体系核心的范畴。与"情趣"相联系的,则有"自由"、"欣赏"、"美感"、"形象"、"直觉"、"创造"、"无所为而为"等一系列出现频率较高的重要范畴,而"情趣"则是其中最为重要的核心范畴。何谓"情趣"?"情趣"是"物我交感共鸣的结果"。[14] 物我如何能够交感?一是物我均具生命之活动。生生不息是物我交感的基本前提。二是物我的和谐。物理和人情的和谐是物我交感的必要条件。前者强调了生命的动相。后者既是我的"进退取予"、"声音笑貌"和全人格的和谐,也是我的人格和我的个性"随时地变迁而生长发展"。因此,情趣即是和谐的生命活动,是生生不息的美满的生命造化。朱光潜说:"在这种生生不息的情趣中我们可以见出生命的造化。把这种生命流露于语言文字,就是好文章;把它流露于言行风采,就是美满的生命史。"[15] 情趣的生命是和"生命的干枯"和"生命的苟且"相对立的。生命的干枯是迷于名利、与世浮沉,是没有源头活水的生活。生命的苟且是道德虚伪、犹如行尸。前者是"俗人",缺乏本色。后者是"伪君子",遮盖本色。朱光潜认为这类无情趣的生命是"不艺术的",只配做"喜剧中的角色",他引用了柏格森"生命的机械化"来作比。在《谈美》中,朱光潜也提出了一个关键性的问题,即在生命活动中如何才能达成物我的和谐?他主张关键是具备"无所为而为"的生命精神。朱光潜提出,"有所为而为"的活动"是受环境需要限制的"。在这种活动中,"人是环境需要的奴隶",而"事物都借着和其他事物发生关系而得到意义,到了孤立绝缘时就都没有意义"。"无所为而为"的活动"是环境不需要他活动而他自己愿意去活动"。在这种活动中,"人是自己心灵的主宰",事物"能孤立绝缘","能在本身现出价值"。因此,"无所为而为"是活动自由的根本保证,"活动愈自由生命也就愈有意义"。[16]朱光潜把人生活动分为实用的活动、科学的活动和美感的活动三种。他提出实际生活只是"整个人生之中的一片段","人生是多方面而却相互和谐的整体"。[17]三种活动虽有分别却并不冲突,于和谐完整的人生而言,三种活动缺一不可。尤其是美感的活动,如果缺乏,就会使人缺失美感修养,从而使人趋"俗",不能在人生活动中达到自由的状态。朱光潜对"俗"作出了自己的解释,他认为"俗"在本质上就是"缺乏美感的修养","象蛆钻粪似地求温饱,不能以'无所为而为'的精神作高尚纯洁的企求"。[18]朱光潜强调"美感起于形象的直觉","美感的世界纯粹是意象世界,超乎利害关系而独立",[19]因此,美感活动既"与实用活动无关",也"不带占有欲"。朱光潜把美感(审美)活动界定为无所为而为的自由欣赏或创造。其结果就是"为而不有,功成而不居"。朱光潜认为老子说的这句话"可以说是美感态度的定义"。[20]朱光潜强调"无所为而为的玩索"是人生唯一自由的活动,是至高的善与真,当然也就是美的,是人生"最上的理想"。那么如何在人生中养成自由的态度,实现真善美相统一的情趣人生呢?朱光潜把目光投向了艺术。他认为人生和艺术具有非常密切的关系,"离开人生便无所谓艺术","离开艺术也便无所谓人生"。"艺术的活动是无所为而为的","艺术是情趣的活动"。而"人生本来就是一种较广义的艺术。每个人的生命史就是他自己的作品"。[21]你在人生中是一个"艺术家",贯彻"无所为而为的玩索"的情趣原则,那么你就能充分地实现人生的自由,时时创造、欣赏和享受人生的美,这样的人生作品当然是艺术的。而你在人生中是一个"俗人",以实用的态度和占有的欲望来对待人生,使人生流于干枯和苟且,那么你的人生也就丧失了情趣和美感,这样的人生作品自然不是艺术的了。

正是通过对"情趣"范畴的阐释及其相关的人生和艺术关系的论析,朱光潜构建了"人生艺术化"的命题。他在《谈美·开场白》中提出:"要求人心净化,先要求人生美化";"我以为无论是讲学问还是做事业的人都要抱有一副'无所为而为'的精神,把自己所做的学问事业当作一件艺术品看待,只求满足理想和情趣,不斤斤计较于利害得失,才可以有一番真正的成就"。[22] 而在《谈美》的最后一章,朱光潜直接用"人生的艺术化"作为副题,明确提出了"人生艺术化"的人生美学命题。

二、情趣人生:人生艺术化的朱氏范式

"情趣"的范畴和"人生艺术化"的理论是朱光潜美学思想的鲜明标志。在朱光潜这里,"情趣"和"艺术"两词显然都有狭义和广义两种用法。狭义的艺术就是指我们通常所说的音乐、美术、雕塑等。而广义的艺术则是指一切富有艺术性质(创造和欣赏)的人生活动。狭义的情趣专指艺术情趣。而广义的情趣则是指艺术化的生命情趣。朱光潜从对狭义的情趣和狭义的艺术特征的探讨入手,引导我们步入广义的艺术和广义的情趣天地,倡导一种"人情化"和"理想化"的人生艺术化范式。

这种以情趣为核心与标志的人生艺术化范式具有以下丰富内涵和个体特色。

其一是充满生机。朱光潜把生机、活力、创造视为情趣人生的基本内涵。

他提出"人生来好动,好发展,好创造。能动,能发展,能创造,便是顺从自然,便能享受快乐,不动,不发展,不创造,便是摧残生机,便不免感觉烦恼"。[23] 他认为"'生命'是与'活动'同义的"。[24] 他赞同柏格森的观点,认为生命的本质就是"时时在变化中即时时在创造中"。[25] 因此,理想的人生应该顺应"生命的造化",体现出"生生不息"的生命情趣。而无情趣的生命就是"生命的干枯",即柏格森所说的"生命的机械化"。这种生命状态"自己没有本色而蹈袭别人的成规旧矩",其非创造而是滥调,其非真诚而是虚伪。因此,这种人生当

然也无美可言。而将生生不息的生命情趣"流露于语言文字,就是好文章;把它流露于言行风采,就是美满的生命史"。[26]

其二是充溢情感。朱光潜提出"情感是心感于物所起的激动",它"是心理中极原始的一种要素。人在理智未发达之前先已有情感;在理智既发达之后,情感仍然是理智的驱遣者"。[27]朱光潜赞同知、情、意为人类心理的三要素,但他认为对于人类活动和精神修养而言,情感比理智更重要。理智只重共性,而情感中"有许多人所共同的成分,也有某个人特有的成分",因此情感"一方面有群性,一方面也有个性"。[28]情趣作为"物我交感共鸣的结果",是"我的个性"和"物的个性"的交融及其"随时地变迁而生长发展"。[29]由此,我们才可以在生生不息的情趣中见出生命的造化与微妙。

情感是情趣的重要内涵。构建情趣美的情感首先是"至性深情"的,它是真生命的深沉流露,不俗不伪;其次是"生生不息"的,它"体物入微",因景生情,变动不居,充满生气;最后是艺术化的,它不是原生态的日常情感,而是经过"客观化"和"反省"的,是情感主体将真实的情感放到一定的距离以外,使自己变为情感的观赏者,以"无所为而为的态度"去观照与重构情感,从而将情感提升为艺术的情感和美的情感。"艺术是情感的返照",[30]但"只有情感不一定就是艺术"。[31]在朱光潜这里,情感的艺术化就是情感的情趣化,反之亦然。

其三是至真至善。真善美的关系是朱光潜美学关注的重要问题。他虽然主张美的本质是无利害关系的玩索,但他从不否定审美与道德与科学的联系。朱光潜提出"就狭义论,伦理的价值是实用的,美感的价值是超实用的;伦理的活动都是有所为而为,美感的活动则是无所为而为";"假如世界上只有一个人,他就不能有道德的活动,因为有父子才有慈孝可言,有朋友才有信义可言。但是这个想象的孤零零的人还可以有艺术的活动,他还可以欣赏他所居住的世界,他还可以创造作品。善有所赖而美无所赖,善的价值是'外在的',美的价值是'内在的'",这就是善与美的区别。朱光潜认为"这种分别究竟是狭义的。就广义说,善就是一种美,恶就是一种丑。因为伦理的活动也可以引起美感的欣赏与嫌恶"。他引用柏拉图和亚里士多德的观点,把善分为一般的善和至高的善两种,认为至高的善就是"无所为而为的玩索"。提出"至高的善还是一种美,最高的伦理的活动还是一种艺术的活动"。而"每个哲学家和科学家对于他自己所见到的一点真理(无论它究竟是不是真理)都觉得有趣味,都用一股热忱去欣赏它。真理在离开实用而成为情趣中心时就已经是美感的对象了","所以科学活动也还是一种艺术的活动,不但善与美是一体,真与美也并没有隔阂"。艺术化的人生也就是真善美"相互和谐的整体"。[32]

其四是取舍自如。取舍自如即法度了然于心。朱光潜在《乐的精神与礼的精神》一文中提出,乐的精神是"和",礼的精神是"序"。他认为"从来欧洲人谈人生幸福,多偏重'自由'一个观念,其实与其说自由,不如说和谐,因为彼此自由可互相冲突,而和谐是化除冲突后的自由";"'和'是个人修养和社会生展的一种胜境,而达到这个胜境的路径是'序'"。朱光潜强调"世间决没有一个无'序'而能'和'的现象";"'序'是'和'的条件";"乐是内涵,礼是外现"。礼乐兼备是人生的理想,也是事物的标准。[33]朱光潜认为相对于一般人,艺术家更懂得"和"与"序"对于艺术的意义。艺术家在判断时,总是以对象"能否纳入和谐的整体为标准","艺术的能事不仅见于知所取,尤其见于知所舍",比如"苏东坡论文,谓如水行山谷中,行于其所不得不行,止于其所不得不止。这就是取舍恰到好处"。取舍恰到好处是以"锻炼作品时常呕心呕肝,一笔一划也不肯苟且"为前提的。朱光潜指出"一般人常认为艺术家是一班最随便的人,其实在艺术范围之内,艺术家是最严肃不过的"。[34]就如王安石改诗,一个字就要改十几次。这种严肃认真的态度既是艺术的也是道德的。而善于生活者也是如此,不论大节小节,都不肯轻易放过。他赞叹吴季札心中已暗许赠剑给徐君,没有实行徐君就已死去,于是吴季札就很郑重地把剑挂在徐君墓旁的树上。"艺术家估定事物的价值","往往出于一般人意料之外。他能看重一般人所看轻的,也能看轻一般人所看重的。在看重一件事物时,他知道执着;在看轻一件事物时,他也知道摆脱"。因此,"艺术家不但能认真,而且能摆脱。在认真时见出他的执着,在摆脱时见出他的豁达"。朱光潜强调:"我们主张人生的艺术化,就是主张对于人生的严肃主义";而"伟大的人生和伟大的艺术都要同时并有严肃与豁达之胜"。[35]

其五是本色自然。艺术的至美就是至性真情,其至境就是自然和谐之呈现。不虚伪,不俗滥,不敷衍。因此,艺术的态度在本质上就是道德的真诚的。朱光潜说:"所谓艺术的生活就是本色的生活。世间有两种人的生活最不艺术,一种是俗人,一种是伪君子。"[36]俗人迷于名利,与世浮沉,丧失了自己的本真,生命已趋干枯。而伪君子则不仅"俗",还"虚伪"。前者是缺乏本色,后者则遮盖本色。两者都已丧失了生活的源头活水,是生活中的苟且者,缺乏艺术创造所应有的良心。"惟大英雄能本色。"他不迎合俗众,不敷衍面子。乘兴而来,兴尽而返,无所缚赖,惟心是从。这就是最高的美。

其六是和谐完整。朱光潜说:"一篇好文章一定是一个完整的有机体,其中全部与部分都息息相关,不能稍有移动或增加。一字一句之中都可以见出全篇精神的贯注","这种艺术的完整性在生活中叫做'人格'。凡是完美的生活都是人格的表现。大而进退取与,小而声音笑貌,都没有一件和全人格相冲突"。[37]朱光潜举了陶渊明和苏格拉底为例。陶渊明不肯为五斗米折腰,苏格拉底下狱不肯脱逃,临刑还嘱咐还邻居一只鸡的债,这就是陶渊明和苏格拉底生命史中所应有的一段文章。"这种生命史才可以使人把它当作一幅图画去惊赞,它就是一种艺术的杰作。"[38]艺术通过情感的潜率将散漫零乱的材料综合成谐和整一的意象。而在生命中,就是人之真情的本色流露,使其言行风采谐和完整。和谐完整的艺术品就是杰作,和谐完整的生命境界也就是艺术的生活。

《谈美》以《慢慢走，欣赏啊！——人生的艺术化》为全书结束。朱光潜提出："所谓人生的艺术化就是人生的情趣化";[39]"所谓艺术化，就是人情化与理想化";[40]"伟大的人生和伟大的艺术都要同时并有严肃与豁达之胜"。"过一世生活就好比做一篇文章。完美的生活都有上品文章所应有的美点";生活上的艺术家，"他不但能认真，而且能摆脱。在认真时见出他的严肃，在摆脱时见出他的豁达";"人生本来就是一种较广义的艺术。每个人的生命史就是他自己的作品"。[41]

朱光潜的"人生艺术化"命题最核心的精神就是"无所为而为的玩索"。"人生艺术化"的最高境界就是"人生的情趣化"。而"人生的情趣化"的要点就在于"慢慢走，欣赏啊！"的人生态度，这种人生态度和由其达成的人生境界在朱光潜看来乃是最理想而近于人性的境界，即"人情化"与"理想化"。朱光潜认为，真正的人生艺术家能够充分地感受、品味、欣赏这样的人生境界，从而将自己的生活涵泳为富有情趣的艺术化人生。

三、趣味与情趣：梁启超朱光潜审美人生的异同

朱光潜深受梁启超的影响。这一点在朱光潜自己的论著中有多处表述。

> 我在私塾里就酷爱梁启超的《饮冰室文集》，颇有些热爱新事物的热望。
> ——《作者自传》[42]

> 梁任公的《饮冰室文集》里有一篇谈"烟士披里纯"，詹姆斯的《与教员学生谈话》(James: *Talks To Teachers and Students*)里面有三篇谈人生观，关于静趣都说得很透辟。
> ——《给青年的十二封信·谈静》[43]

> 我读到《饮冰室文集》。这部书对于我启示一个新天

地,我开始向往"新学",我开始为《意大利三杰传》的情绪所感动。作者那一种酣畅淋漓的文章对于那时的青年人真有极大的魔力,此后有好多年我是梁任公先生的热烈的崇拜者。有一次报纸误传他在上海被难,我这个素昧平生的小子在一个偏僻的乡村里为他伤心痛哭了一场。也就从饮冰室的启示,我开始对于小说戏剧发生兴趣。

——《从我怎样学国文说起》[44]

朱光潜比梁启超小 24 岁。19 世纪末至 20 世纪前 20 年,梁启超在中国政治界与文化界具有重要的影响力,他的"新民"学说和"三界革命"理论几乎无人不晓。"五四"运动后,梁启超在政治上退居后台,在文化与学术上却有很多新的建树。20 世纪 20 年代,是梁启超学术文化的丰硕期,也是其建构与阐释趣味人生理论的阶段。

1923 年,朱光潜从香港大学毕业回到内地,时年 26 岁。这一年,梁启超 50 岁,其关于趣味主义人生哲学的思想已大体成型。

1921 年 12 月 21 日,梁启超应北京哲学社之请,作了题为《"知不可而为"主义与"为而不有"主义》的演讲。此文与其他六篇演说稿一起,于次年 2 月汇集成单行本问世,题为《梁任公先生最近讲演集》。《"知不可而为"主义与"为而不有"主义》初步阐释并确立了趣味主义人生哲学的根本原则——不有之为。1922 年,梁启超又应北京、上海、天津、南京、苏州等地各学校、研究会、青年会等邀请,作了《趣味教育与教育趣味》、《美术与生活》、《美术与科学》、《学问之趣味》、《为学与做人》、《敬业与乐业》、《评非宗教同盟》、《情圣杜甫》、《教育家的自家田地》、《科学精神与东西文化》、《评胡适之中国哲学史大纲》、《中国韵文里头所表现的情感》等演讲。1923 年初,梁启超在南京作了《治国学的两条大路》、《东南大学课毕告别辞》等演讲,3 月完成《陶渊明》一书,春夏间完成《人生观与科学》一文。1922 至 1923 年间的演讲于 1923 年 1 月起结集为《梁任公学术讲演集》,共分三册,陆续出版。这批演讲与论著继《"知不可而为"主义与"为而不有"主义》一文的核心精神,从多个层次与侧面具体阐释了趣味主义人生哲学和美学理想的原则、内涵与特点。

1925年,朱光潜赴英。1923年至1925年间,朱光潜主要在沪、京、浙一带讲学与活动。他是否直接听过梁启超的讲座,尚无材料可证。但以朱光潜自小对梁启超的敬慕与阅览,和梁启超当时丰硕的学术文化成果、相关活动、广泛影响言,这一阶段朱光潜进一步接触到陆续结集出版的梁氏文集或以其他方式接触到梁氏思想言论的可能性很大。

1926至1928年,朱光潜在英国写作了《给青年的十二封信》。这部书被视为朱光潜的第一部美学著作。对比朱、梁的文章,在概念、论题、观点上都可见出某种明显的联系。其中"趣味"、"兴味"、"趣味人生"、"创造"等概念出现频率都相当高,而尤以"趣味"和"趣味人生"为核心范畴与命题。这些均可见出与梁氏的关联。但在《给青年的十二封信》中,朱光潜也肯定了"欣赏"尤其是"静观"对于人生美的意义,初步呈现出自己的某种特点。1932年,朱光潜在法国完成《谈美》一书,由开明书店出版。在《谈美》中,朱光潜继续使用了"趣味"、"生命"、"生活"等梁氏非常喜欢使用的范畴,也阐释了"无所为而为"的人生哲学命题,从而继续见出梁启超的重要影响。同时,在《谈美》中,朱光潜也有两个重要的突破。一是提出了具有自己特色的核心范畴——"情趣",取代了"趣味"原来的核心地位;二是提出"无所为而为的玩索"为最高的人生美学理想,从而有别于梁启超"不有之为"的趣味主义人生美学理想。[45]

下面我们对朱光潜的"情趣人生"理想与梁启超的"趣味人生"理想作具体的比较,可以更清晰地看出两者之间的承续、发展与异同。

首先,我们来看一看朱、梁理论的共通点。

第一,在美对人的意义上,两人都赞同美是人类最高追求。

其一,他们都主张真善美是人类心理三要素,认为凡人须三者兼备和谐。如1922年,梁启超在演讲稿《为学与做人》中提到"人类心理,有知情意三部分",须"三件具备才能成一个人";[46]1932年,朱光潜在《谈美》第一篇《我们对于一棵古松的三种态度》中也提出"真善美三者具备才可以算是完全的人"。[47]将人的心理分为知情意三要素,并强调三者的和谐,这是康德以来西方人本主义哲学的基本立场。康德第一次赋予情以独立的地位,为现代美学确立了自己的理论根基。梁朱在这个问题都接受了康德的基本观念。

其二,他们都强调爱美是人类的天性,是人类有别于动物的重要尺度。20年代,梁启超曾指出:"爱美是人类的天性",[48]"吾侪确信'人之所以异于禽兽者'在其有精神生活"[49];40年代,朱光潜也强调:"爱美是人类天性",[50]"人所以异于其他动物的就是于饮食男女之外还有更高尚的企求,美就是其中之一"[51]。可见,梁朱二人均从生命本体切入审美,重视审美对于人性提升的人文意义。

其三,他们都认定美是人类最高追求。梁启超说:"'美'是人类生活一要素——或者还是各种要素中之最要者,倘若在生活全内容中,把'美'的成分抽出,恐怕便活得不自在甚至活不成";[52]朱光潜则说:"美是事物的最有价值的一面,美感的经验是人生中最有价值的一面。"[53]在对美的价值的认识上,梁朱均有审美至上的倾向,给予美以至高的地位。

第二,在情感对审美的意义上,两人都赞同情感是人类生活的原动力,是审美人生建构的关键要素之一。

梁启超把情感视为生命最内在最本真的东西,是人类一切行为的内驱力。同时,情感具有感性与理性相融通的特点,是提引人从"现在"到"超现在"境界的"关门"。在梁启超看来,要达成趣味的境界,实现体味个体与众生与宇宙进合的不有之为的春意,就必须有情感发动与涵养美化的基础。"人类生活,固然离不了理智;但不能说理智包括尽人类生活的全内容。此外还有极重要一部分——或者可以说是生活的原动力,就是'情感'";[54]理性只能"叫人知道那件事应该做,那件事怎样做法"[55],却不能叫人去做事,能叫人去做事的,只有情感。情感作为行为的原动力,是趣味实现的主体心理基础和必要前提。但是,梁启超认为,情感"有善的美的方面"和"恶的丑的方面",因此需要以趣味精神去涵养与提升。

朱光潜的"情趣"概念,与"趣味"相比在字面上就强化了"情"的地位。他认为物理和人情的和谐是美与艺术的基础,情趣的本质就是"物我交感共鸣"的和谐生命活动,而情感又是情趣的核心。"情感是心理中极原始的一种要素。人在理智未发达之前先已有情感;在理智既发达之后,情感仍然是理智的驱遣者";[56]"理智指示我们应该做的事甚多,而我们实在做到的还不及百分之一。所做到的那百分之一大半全是由于有情感在后面驱遣"。[57]自然情感"至性深情"而"生生不息",但还需经过"无所为而为的玩索"的艺术态度的观照与重构,才能升华为美的情感。在朱光潜这里,情感的情趣化也即情感的艺术化和美化。

在情感的本质及其对于生命和美的意义上,朱光潜显然受到了梁启超的影响,两人都是主情派。他们都充分肯定了情感的动力意义、美学价值及其提升空间,从而与中国传统文化重礼抑情的基本倾向具有显著的差别。但是,他们又不是纯感性论者,而是倡导涵情美情,提倡情感的蕴真向善,把情感美化视为美的艺术和审美人生建构的关键之一。

第三,两人都赞同审美人生应该充满生机,以动为本。

梁启超把"为"视为人的本质存在。"为"就是"动",就是"做事",就是"创造"。他的"趣味"说实质上就是探讨如何创化体味生命之为的价值与意义。他说:为"趣味"而忙碌,是"人生最合理的生活"。[58]而情感作为趣味实现的主体心理基础,必须在主体趣味生命状态的达成中,才能真正转化为激活生命活力和自由创造的内在动因。"趣味干竭,活动便跟着停止","趣味丧掉,生活便成了无意义","趣味的反面,是干瘪,是萧索"[59];"厌倦是人生第一件罪恶,也是人生第一件苦痛。"[60]

朱光潜也把生机、活力、创造视为情趣美的基本内涵,认为理想人生应以活动为本然形态,应顺应"生命的造化",体现出"生生不息的情趣"。[61]"'生命'是与'活动'同义的"[62];"人生来好动,好发展,好创造。能动,能发展,能创造,便是顺从自然,便能享受快乐,不动,不发展,不创造,便是摧残生机,便不免感觉烦恼"[63];"我所谓'生活'是'享受',是'领略',是'培养生机'"。[64]无情趣的生命就是"生命的干枯",是"自己没有本色而蹈袭别人的成规旧矩",非创造而是滥调,非真诚而是虚伪。而生生不息的生命情趣"流露于语言文字,就是好文章","流露于言行风采,就是美满的生命史"。[65]

如果说在美与人、与情感的关联上,梁朱明显接受了康德的影响;而在美与生命、与创造的关联上,梁朱则都接受了柏格森。崇尚创造,提倡在生命活动中去享受体味快乐,使得梁朱二人的美学思想呈现出积极乐观的风貌。

第四,两人都把重过程不重结果的"无所为而为"的精神视为美的内核和审美人生精神的要旨。

无论是梁启超的趣味人生,还是朱光潜的情趣人生,其根本都在于确立"无所为而为"的精神准则。梁启超将其阐释为破"成败"之执和去"得失"之计,朱光潜将其阐释为"从实用世界跳开",[66]其意思都是一样,就是超越物欲功利,追求精神自由,其集中体现为把人生的至美建立在生命创化的过程本身及其诗意升华中。

朱光潜的情趣人生理论与梁启超的趣味人生理论既有明显的承续关系,也有重要的区别。其主要不同点在于:

第一,从论证方法与领域来看,朱光潜侧重从艺术来观照情趣人生的问题;梁启超铺展于哲学、艺术、文化等多个方面来谈趣味人生的问题。

第二,从论证角度来看,梁启超更侧重"为"与"不有"的关系,朱光潜更侧重"为"与"玩索"的关系。梁启超更强调"不有"的生命姿态,试图调和人生的目的论和价值论。朱光潜更强调"玩索"的生命境界,更侧重于价值论与体验论。

第三,从论证中心与审美旨趣来看,梁启超强调动为本,动入则活则美,其最高理想是主体(个体)生命创化和宇宙(众生)运化融为一体,从而实现生命的自由升华并体味其美,更趋创造和阳刚之美。朱光潜也不舍弃动,认为生活之美的创造是以生命与生趣为本的,但对生活之美的玩索(领略)却需要距离与静出,即主体生命须在静出中超脱实用世界之苦恼,去玩索(领略)丰富的人生情趣。相对于梁启超,朱光潜更趋欣赏和静柔之美。

在梁启超,不有之为的创造活动本身即美的实现,而不管活动的结果如何。他说,趣味的性质就是"以趣味始,以趣味终"。趣味主义最重要的条件是"无所为而为"。[67]趣味主义者"不但在成功里头感觉趣味,就在失败里头也感觉趣味"。[68]这种倡导彻底超越成败得失的美学旨趣颇具崇高的意向,给长期以来偏于和谐柔美的中国古典美学情趣带来了刚健清新的新风,也使得梁启超的人生美学思想呈现出某种大气悲壮的英雄主义色彩。那些"探虎穴"、"和天斗"、"沙场死"、"向天笑"的无畏英雄,成为梁氏激赏的20世纪开幕的新男儿形象。而对于中国古典作家作品,梁启超也作出了自己的个性解读。如他认为屈原的美就在"All or nothing"的生命精神,是那种带血带泪的刺痛决绝和含笑赴死的从容洒脱。没有悲壮的毁灭,就没有壮美的新生。在某种意义上,这也呼应了凤凰涅槃的"五四"精神。由此,梁启超也赋予了个体生命创化以根本的和永恒的价值,那就是个体与众生宇宙进合而获得的终极意义,即融身宇宙运化而成为其中的阶梯,这才是梁启超所建构阐发的趣味生命和趣味美。

而在朱光潜,他虽然也主张美来自无所为而为的生命活动与创造,但他又主张"无所为而为的欣赏",即生命活动中创造与欣赏的和谐与统一才是美的最高实现。他说:生命活动的目的就是"要创造,要欣赏","欣赏之中都寓有创造,创造之中也都寓有欣赏";[69]"人生乐趣一半得之于活动，也还有一半得之于感受"；"世界上最快活的人不仅是最活动的人，也是最能领略的人"[70]。领略需要静出。关于"静"(出)与"距离"的建构，朱光潜最初受到了梁启超、詹姆斯等人的启发，后来又受到布洛等审美距离说的直接影响。但他关于创造与欣赏的关系及其美的实现，并不像西方距离说纯从审美心理立论，而将审美活动与人生活动相贯通，在美感心理中融入了真与善的尺度。他说："我所谓'静'，便是指心界的空灵"，"一般人不能感受趣味，大半因为心地太忙，不空所以不灵"。[71]静不是寂（物界之寂），静也不是闲（生命之闲）。心静则不觉物界沉寂，也不觉物界喧嚣。因此，心静则不必一定要逃离物界，而自然能够建立与物界的距离。在生命之活动和尘市之喧嚷中，静（止）一方面"使人从实际生活牵绊中解放出来，一方面也要使人能了解、能欣赏，'距离'不及，容易使人回到实用世界，距离太远，又容易使人无法了解欣赏"。[72]艺术如此，人生也是如此。静（出）使人在人生的永动中，畅然领略人生之情趣。"一篇生命史就是一种作品。"[73]创造和欣赏的最终目的"都是要见出一种意境，造出一种形象"。[74]尽管朱光潜主张看戏与演戏各有各的美，但他最终还是从情趣到意象、以知悟看戏之美为高。也正是在这个意义上，朱光潜把"穷到究竟"的科学活动和"最高的伦理的活动"视为"一种艺术的活动"；并提出"无所为而为的玩索"（disinterested contemplation）是"唯一的自由活动，所以成为最上的理想"。[75]

由此，我们可以看到，朱光潜的情趣人生既承续了梁启超趣味人生的基本旨趣，但也有自己的特点和发展。而朱光潜的演化与丰富，集中表现在既互相关联又有侧重的两个方面。

第一，朱光潜通过"情趣"范畴的构建从欣赏与观照的角度丰富了梁启超的"趣味"精神。

从理论史来看，"趣味"与"情趣"都不是中国现代美学或现代文论首创的范畴。"味"、"趣"、"情"在中国古代文论中最初均单独使用。"趣味"合用可能首见于唐代诗论。司空图《与王驾评诗书》最早明确运用"趣味"范畴来品评诗家风格。"趣味"范畴后来常见于诗论和曲论。"情趣"则主要见于小说理论。尤其在晚清王摩西等人的小说理论中多有运用。王摩西用"情趣"来概括小说的审美特质。而在西方美学中,"趣味"是一个重要的美学理论范畴。休谟与康德均以"趣味"来指称审美活动中的审美判断力。在中国现代美学史上,梁启超第一个创造性地运用了"趣味"的范畴,[76]突破了中国式的纯艺术视角或西方式的纯审美界定。梁启超将"趣味"引入人生实践领域,使"趣味"成为一种广义的生命意趣。通过"趣味"范畴的建构,梁启超赋予生命通过不有之为的创化超越形下束缚的诗性道路,从而实现了人生与审美的贯通。这种远功利而入世、在生命创化中实现理想人生体味生命之美的道路,在朱光潜的"情趣"范畴中则从欣赏与观照的角度得到了丰富。

如果说梁启超是在中西文化交融的背景上创化了"趣味"的范畴,比较而言,"情趣"则是一个更具民族话语特点的范畴。中国是一个诗的国度,中国艺术在本质上是主情的。《毛诗序》提出诗歌乃"情动于衷而形于言",确立了情感本质论的艺术观。先秦诸子中,荀子较早自觉地从心理角度对"情"作出理论分析,他把"情"分为好、恶、喜、怒、哀、乐六种。但荀子又把"情"与"欲"理解为一体化的东西,从而提出了"节情""导欲"论。后《中庸》将情的理想境界用"中和"作了概括:"喜怒哀乐之未发,谓之中。发而皆中节,谓之和。中也者,天下之大本也;和也者,天下之达道也。致中和,天地位焉,万物育焉。"[77]儒家各派论情大都主张"节情",强调情感的中和状态。值得注意的是,相对于儒家的"节情论",早在先秦时代,庄子就在其文《山木》中提出了"形莫若缘,情莫若率"的主张。[78]他在《渔父》中对"情"作了精彩的分析:"真者,精诚之至也。不精不诚,不能动人。故强哭者虽悲不哀,强怒者虽严不威,强亲者虽笑不和。真悲无声而哀,真怒未发而威,真亲未笑而和。真在内者,神动于外,是所以贵真也。……礼者,世俗之所为也;真者,所以受于天地,自然不可易也。故圣人法天贵真,不拘于俗。"[79]实际上,在这里,庄子提出了世俗之情与圣人之情的区别。世俗之情,为礼所制,牵强造作。圣人之情,受之天地,发自内心,精诚自然。庄子倡导的是"法天贵真"的圣人之情。庄子以"天地""圣人"为情张目,提出了"率情说",为人的现实真实感情的张扬开辟了通道。自此以后,人性的张扬总是与人情的鼓吹联系在一起,魏晋、明清无不如此。特别是明代以后,李贽、汤显祖、王夫之、叶燮、袁枚等重要文论家都主张诗文要抒真情实感。龚自珍是近代情感解放的先锋。他在《长短句自序》中提出情乃人之本性,反对锄情,倡导宥情、尊情,成为中国古代艺术情感论与中国近现代情感解放思潮之间的一座桥梁。朱光潜的"情趣"范畴内在地蕴涵了对于中国传统情感理论的承续,其立足点就是真情与率情。他提出:"一首诗或是一篇美文一定是至性深情的流露,存于中然后形于外,不容有丝毫假借";"文章忌俗滥,生活也忌俗滥","滥调起于生命的干枯,也就是虚伪的表现","'虚伪的表现'就是'丑'"。[80]在承续中国传统情感理论倡导人之真情率性流露这一重要立场的基础上,朱光潜的"情趣"理论还从情感客观化与距离建构角度丰富了情感美化即情感艺术化的问题。他指出:"艺术都是主情的,都是作者情感的流露,但是它一定要经过几分客观化。艺术都要有情感,但是只有情感不一定就是艺术。"[81]他举例说,蔡琰在丢开亲子回国时决写不出《悲愤诗》,杜甫在"入门闻号咷,幼子饥已卒"时也写不出《自京赴奉先县咏怀五百字》,这两首诗都是"痛定思痛"的结果。因为,"艺术所用的情感并不是生糙的而是经过反省的","艺术家在写切身的情感时,都不能同时在这种情感中过活,必定把它加以客观化,必定由站在主位的尝受者退为站在客位的观赏者。一般人不能把切身的经验放在一种距离以外去看,所以情感尽管深刻,经验尽管丰富,终不能创造艺术"。[82]情感艺术化理论是朱光潜"情趣"范畴的重要推进与重要特点之一,情感只有经过艺术化:距离——客观化——反省,才能由真实的升华为情趣的。当然,朱光潜的"情趣"不仅只有情,他说

"情趣"是物我交感共鸣的结果,无物我交感就不能产生真情。物我交感缘于生命之永动。"即景可以生情,因情也可以生景。"[83]情感既是生命的原动力,也是生命的表现。情感生生不息,意象也生生不息。当我们通过诗和艺术领略诗人和艺术家的情感时,也就在"设身处地"地"亲自享受他的生命"。[84]朱光潜提出"艺术不象克罗齐派美学家所说的,只达到'表现'就可以了事,它还要能'传达'","传达"就是通过内容与形式的完美融合,"见出一种意境,造出一种形象",[85]一种完整和谐的意象。"艺术是情趣的活动,艺术的生活也就是情趣丰富的生活";"你是否知道生活,就看你对于许多事物能否知道欣赏"。所以,情趣的实现最终还须领略与观赏。在艺术中是领略与观赏富有情趣美之意象。在生活中是领略与观赏富有情趣美之物象。

"情趣"突出了情感的价值,肯定了感性生命的意义,并且把艺术化的欣赏与观照引入生命过程之中。以情为本,以动为能,以和为旨,以象为凭,以观为要。这就是朱光潜"情趣"范畴的基本逻辑理路与内在旨趣。朱光潜对"情趣"范畴的建构阐释主要为生命的欣赏和观照确立了核心的概念。

梁启超的"趣味"与朱光潜的"情趣",都肯定了情感对于审美活动发生展开的内在基础意义和审美人生建构体味的核心关键作用。两者都以真情为本,美情为旨。但相比之下,前者以个体与众生宇宙的迸合极尽情之率性淋漓之美,后者以"慢慢走,欣赏啊"为情感的审美引入了意象与距离。"趣味"毋庸置疑地肯定了个体生命实践及其每个瞬间的意义,"情趣"则让每个匆匆绽放流逝的生命瞬间变得悠然而富有韵味。由此,"趣味"与"情趣"既确立了审美生命建构体味的共同立场,也确立了审美生命建构体味的不同视角。或者说,在共同主张审美与人生相统一的基本立场上,梁启超更倾心于让审美为人生服务,朱光潜则更倾心于从人生通向审美。

第二,朱光潜通过"无所为而为的玩索"命题的确立,进一步拓展了创造与欣赏、物质与精神、个体与环境、动与静、入与出、有为与无为诸对关系中的后一维度及其张力性。

自梁启超的"趣味"命题始,创造与欣赏、物质与精神、个体与环境、动与静、入与出、有为与无为的关系就成为人生问题的焦点。梁启超强调了为与有之间的对立关系,试图以"无所为而为"即不有之为的生命准则来超越两者的矛盾,通过扬弃小有来达成大有,完成人格精神的升华和人生境界的美化,来最终实现人生美的创化。其思想在现代中国不可谓不深刻,也不可谓没有"乌托邦"的色彩。

朱光潜的"情趣"命题接着梁启超的"趣味"命题往下说。如果说梁启超的趣味境界更具有英雄主义的崇高美色彩;朱光潜的情趣境界则更接近于为普通人立说,更具有古典式的优美情怀。在承续"无所为而为"的基本精神旨趣的基础上,朱光潜试图为"为"与"有"的矛盾找到一个更具普遍性的解决路径。他的答案就是把"有"转化为"玩索",并借艺术之境来获得洞明。

在梁启超这里,"无所为而为"之"为"乃行动、乃活动、乃创造,审美至境的实现是在行动、活动、创造中达成的,两者可以合二为一,可以贯通。而在朱光潜这里,"无所为而为"的命题就转化为"无所为而为的玩索",一方面显示了行动、活动、创造与观照、玩索、欣赏的区别,另一方面又揭示了两者的统一。"玩索"即"contemplation"。朱光潜认为生命之动静互参、人生之入出自如,犹如艺术之创造中寓欣赏,欣赏中见创造,这种融创造与欣赏为一体的艺术化人生境界,动中有静,以出为入,是生命与人生应有之理想状态。唯如此,才不仅能创造人生之至美,也可真正享受到人生之至美。

出世与入世、无为与有为这些困扰中西古今哲学家美学家们的根本性问题,在朱光潜这里借艺术的法眼已悄然转化为审美的创造与欣赏的关系问题,是生命永动而心境自怡的情趣人生的建构问题。

40年代,朱光潜写了《看戏和演戏——两种人生理想》一文,对自己的人生哲学作了一个总结。朱光潜首先提出,在人生的舞台上,"能入与能出,'得其圜中'与'超以象外',是势难兼顾的"。[86]古今中外许多大哲学家、大宗教家、大艺术家都想解决这个问题,答案无非有三:一是看戏;二是演戏;三是试图同时看戏和演戏。以中国古代大哲言,儒家孔子虽能作阿波罗式观照,但人生的最终目的在行,知是行的准备,因此属演戏一派;道家老庄对于宇宙始终持着一个看戏人的态度,强调"抱朴守一"和"心斋",自然是看戏一派。朱光潜认为,西方"古代和中世纪的哲学家大半以为人生最高目的在观照",[87]柏拉图的绝对美,[88]亚里士多德的幸福是理解的活动,都在揭示人生的最高目的是看。而近代德国哲学中,看戏的人生观也占了很重要的分量。他说,叔本华在"看"中找到了苦恼人生的解脱。叔本华把苦恼人生的根源视为永无餍足的意志,唯一的解脱在把它放射为意象,化成看的对象。"意志既化成意象,人就可以由受苦的地位移到艺术观照的地位,于是罪孽苦恼变成庄严幽美。"[89]朱光潜认为,"尼采把叔本华的这个意思发挥成一个更较具体的形式。他认为人类生来有两种不同的精神,一是日神阿波罗的,一是酒神狄俄倪索斯的","日神是观照的象征,酒神是行动的象征。依尼采看,希腊人的最大成就在悲剧,而悲剧就是使酒神的苦痛挣扎投影于日神的慧眼,使灾祸罪孽成为惊心动魄的图画。从希腊悲剧,尼采悟出'从形象得解脱'(redemption through appearance)的道理"。[90]

叔本华和尼采的哲学对朱光潜产生了直接的影响。朱光潜认为,比较柏拉图、亚里士多德的观点和叔本华、尼采的观点,两者在结论上基本相同,就是人生的最高目的在观照,但重点却"微有移动,希腊人的是哲学家的观照,而近代的德国人的是艺术家的观照。哲学家的观照以真为对象,艺术家的观照以美为对象。不过这也是粗略的区分。观照到了极境,真也就是美,美也就是真"。[91]若按照朱光潜自己的结论,那么,他的情趣人生学说应该更接近于叔本华和尼采的视角,主要是持艺术化审美化的观照。

朱光潜强调:"观照是文艺的灵魂。"[92]他说,艺术"是人生世相的返照,离开观照,就不能有它的生存"。[93]那么如何实现艺术的观照？他认为这就需要实现情感与意象的融会。"情感是内在的,属我的,主观的,热烈的,变动不居的,可体验而不可直接描绘的;意象是外在的,属物的,客观的,冷静的,成形即常住,可直接描绘而却不必使任何人都可借以有所体验的","情感是狄俄倪索斯的活动,意象是阿波罗的观照","在一切文艺作品里,我们都可以见出狄俄倪索斯的活动投影于阿波罗的观照,见出两极端冲突的调和,相反者的同一。但是在这种调和与同一中,占有优势与决定性的倒不是狄俄倪索斯而是阿波罗,是狄俄倪索斯沉没到阿波罗里面,而不是阿波罗沉没到狄俄倪索斯里面。所以,我们尽管有丰富的人生经验,有深刻的情感,若是止于此,我们还是站在艺术的门外,要升堂入室,这些经验与情感必须经过阿波罗的光辉照耀,必须成为观照的对象"。[94] 因此,"观照是文艺的灵魂";"诗人和艺术家们也往往以观照为人生的归宿",他们"在静观默玩中得到人生的最高乐趣"。[95]

朱光潜的结论是"看和演都可以成为人生的归宿"。[96] 他举了一个例子。犬儒派哲学家第欧根尼静坐在一个木桶里默想,声名盖世的亚历山大帝慕名去访他,他在桶里坐着不动。亚历山大帝介绍自己说:"我是亚历山大帝。"第欧根尼回答说:"我是犬儒第欧根尼。"亚历山大帝问:"我有什么可以帮助你吗?"第欧根尼回答说:"只请你站开些,不要挡着太阳光。"亚历山大帝回去对人说:"如果我不是亚历山大,我愿意做第欧根尼。"[97] 对于故事里的两个主人公,不同的人完全可能有不同的评价。朱光潜评价说,亚历山大帝不愧为一个了不起的人物,他身为亚历山大而能见出第欧根尼的好处,因此,他比第欧根尼终究要高一些,因为他能拥有观赏第欧根尼的情趣。而第欧根尼让亚历山大不要挡着太阳光,却显出自满、骄傲与偏狭。对于看和演,朱光潜主张就其为人生理想而言,并无高低之分。关键是,不管是看还是演,都要有静出之境界。看固然是观照,但没有演何来看?而光顾着演,不懂得欣赏和玩索之佳妙,亦终究泥于实境,不能开心。

梁启超的趣味人生和朱光潜的情趣人生都主张审美、艺术、人生之统一，追求以无为精神来创构体味有为生活的审美化人生旨趣，并试图借此融通物质与精神、创造与欣赏、个体与群体、有限与无限的关系。但趣味人生更重在以个体和群体、有与为之关系的对立升华来实现精神对物质、创造对欣赏、群体对个体、无限对有限的超越；而情趣人生更重在以动入与静出、创造与观照之关系的审美和谐来实现精神对物质、创造对欣赏、群体对个体、无限对有限的超越。就对待人生的基本态度言，与王国维的悲观主义相映照，梁启超朱光潜确实"都大致以一种积极乐观的精神给予了人生以解答"。[98]但梁朱相较而言，梁启超的趣味人生更具从艺术走向人生的实践精神，朱光潜的情趣人生则更突出了以艺术观照人生的省思姿态。

趣味人生和情趣人生的理想，聚焦为"生活艺术化"（梁启超语）与"人生艺术化"的命题（朱光潜语）。尤其是"人生艺术化"一词，经朱光潜《谈美》一书的论析发挥，在20世纪30至40年代的中国文化界与知识群体中产生了广泛的影响，成为远功利而入世的中国式审美人生精神的一种典型表述。另一方面，梁启超的趣味人生更重"为"与"不有"的关系，更重生命动入之美；朱光潜的情趣人生更重"为"与"玩索"的关系，更重生命静出之美。因此，经朱光潜的中介，梁启超的趣味人生学说在某种意义上并没有完全按照它原定的以人生创化为核心的审美人生轨向发展，[99]而是有所偏向了康德式审美静观为核心的西方现代理论美学的轨迹，从而与王国维钟情的审美无利害命题重新交结在一起。由此，从梁启超到朱光潜，既是中国现代人生艺术化思想发展演进的一种进程，也埋下了20世纪中国现代美学从人生论到科学论转向的一种伏笔。

注释：

[1] 朱自清《〈谈美〉序》：《朱光潜全集》第2卷，安徽教育出版社，1987年，第98页。

〔2〕关于朱光潜前后期美学思想的分期,我个人倾向于以1949年新中国成立前后为界。

〔3〕此文1924年11月发表于《春晖》第35期。1929年《给青年的十二封信》结集出版时将其收为附录。

〔4〕学界一般以1949年为界,将朱光潜美学思想划分为前后两个时期。如劳承万《朱光潜美学论纲》(安徽教育出版社,1998年)、蒯大申《朱光潜后期美学思想述论》(上海社会科学院出版社,2001年)等著均持此论。

〔5〕朱光潜《给青年的十二封信·谈人生与我》:《朱光潜全集》第1卷,安徽教育出版社,1987年,第58页。

〔6〕〔7〕〔64〕朱光潜《给青年的十二封信·谈升学与选课》:《朱光潜全集》第1卷,安徽教育出版社,1987年,第32—33页;第33页;第33页。

〔8〕〔57〕朱光潜《给青年的十二封信·谈情与理》:《朱光潜全集》第1卷,安徽教育出版社,1987年,第44—46页;第44页。

〔9〕朱光潜《给青年的十二封信·谈摆脱》:《朱光潜全集》第1卷,安徽教育出版社,1987年,第50页。

〔10〕〔43〕〔70〕〔71〕朱光潜《给青年的十二封信·谈静》:《朱光潜全集》第1卷,安徽教育出版社,1987年,第14—15页;第16页;第14页;第15页。

〔11〕朱光潜《给青年的十二封信·附录二》:《朱光潜全集》第1卷,安徽教育出版社,1987年,第75—76页。

〔12〕〔18〕〔19〕〔22〕参见朱光潜《谈美·开场话》:《朱光潜全集》第2卷,安徽教育出版社,1987年;第6页;第6页;第6页。

〔13〕《现代汉语词典》(商务印书馆,1978年。)对"生活"与"人生"两词是如下解释的:"生活"指"人与生物为了生存和发展而进行的各种活动";"人生"指"人的生存与生活"。按照这个语义学的解释,"生活"是作为生命活动的具体呈现,可泛指人与动物。可以推想,生活的情境当不排斥动物性,不排斥物欲与本能,它的直接表现就是具体的形下的。"人生"一词则专指人,是指人的生命存在活动及其生活过程的呈现。《说文》(王贵元《〈说文解字〉校笺》,学林出版社,2002年)将"人"解为"天地之性最贵者也"。所谓"最贵者"乃将人与其他生物相区别开来,而且是以"性"这一内在品格为人定位的。因此,"人生"这个语词更多地应与人的生成即人之成人、与

人的意义即人生的价值相联系。因此,人生既是感性个别的,又是可以提升超越的。相对于"人生","生活"更多地呈现为感性、物质、享受性的一面。而相对于"生活","人生"一词则更多地蕴涵着精神的、内在的价值意蕴与人性意蕴。

〔14〕〔15〕〔17〕〔21〕〔26〕〔29〕〔32〕〔34〕〔35〕〔36〕〔37〕〔38〕〔39〕〔41〕〔61〕〔65〕〔73〕〔75〕〔80〕朱光潜《谈美·慢慢走,欣赏啊!》:《朱光潜全集》第2卷,安徽教育出版社,1987年,第91页;第92页;第90页;第91页;第96页;第92页;第96页;第93页;第93页;第92页;第91页;第91页;第96页;第94页;第92页;第92页;第94页;第92页;第92页。

〔16〕〔24〕〔47〕〔51〕〔53〕〔62〕朱光潜《谈美·我们对于一棵古松的三种态度》:《朱光潜全集》第2卷,安徽教育出版社,1987年,第12页;第12页;第12页;第12页;第12页;第12页。

〔20〕〔40〕朱光潜《谈美·情人眼底出西施》:《朱光潜全集》第2卷,安徽教育出版社,1987年;第47页;第47页。

〔23〕〔63〕朱光潜《给青年的十二封信·谈动》:《朱光潜全集》第1卷,安徽教育出版社,1987年,第12页;第12页。

〔25〕〔83〕〔84〕朱光潜《谈美·超以象外,得其环中》:《朱光潜全集》第2卷,安徽教育出版社,1987年,第67页;第67页;第67页。

〔27〕〔28〕〔30〕〔56〕朱光潜《谈美·从心所欲,不逾矩》:《朱光潜全集》第2卷,安徽教育出版社,1987年,第75页;第76页;第76页;第75页。

〔31〕〔66〕〔72〕〔81〕〔82〕朱光潜《谈美·当局者迷,旁观者清》:《朱光潜全集》第2卷,安徽教育出版社,1987年,第19页;第15页;第18页;第19页;第19页。

〔33〕朱光潜《乐的精神与礼的精神》:《朱光潜全集》第9卷,安徽教育出版社,1993年,第97页。

〔42〕朱光潜《作者自传》,朱光潜作于1980年9月。《朱光潜全集》第1卷,安徽教育出版社,1987年,第2页。

〔44〕朱光潜《从我怎样学国文说起》:《朱光潜全集》第3卷,安徽教育出版社,1987年,第442页。

〔45〕关于梁启超"不有之为"的趣味主义人生美学理想可参见:本书第一章第

二部分;金雅《梁启超美学思想研究》(商务印书馆,2005年)第一章第三节。

〔46〕梁启超《为学与做人》:《饮冰室合集》第5册文集之三十九,中华书局,1989年,第105页。

〔48〕梁启超《书法指导》:《饮冰室合集》第12册专集之一百二,中华书局,1989年,第3页。

〔49〕梁启超《先秦政治思想史》:《饮冰室合集》第12册专集之五十,中华书局,1989年,第182页。

〔50〕朱光潜《谈修养·谈美感教育》:《朱光潜全集》第4卷,安徽教育出版社,1988年,第151页。

〔52〕梁启超《美术与生活》:《饮冰室合集》第5册文集之三十九,中华书局,1989年,第22页。

〔54〕梁启超《人生观与科学》:《饮冰室合集》第5册文集之四十,中华书局,1989年,第26页。

〔55〕梁启超《中国韵文里头所表现的情感》:《饮冰室合集》第4册文集之三十七,中华书局,1989年,第71页。

〔58〕〔67〕梁启超《学问之趣味》:《饮冰室合集》第5册文集之三十九,中华书局,1989年,第14页;第15—16页。

〔59〕〔68〕梁启超《趣味教育与教育趣味》:《饮冰室合集》第5册文集之三十八,中华书局,1989年,第13页;第12页。

〔60〕梁启超《教育家的自家田地》:《饮冰室合集》第5册文集之三十九,中华书局,1989年,第10页。

〔69〕〔74〕〔85〕朱光潜《谈美·大人者不失其赤子之心》:《朱光潜全集》第2卷,安徽教育出版社,1987年,第54页;第54页;第54页。

〔76〕"趣味"概念的中西界定与演化,详参拙著《梁启超美学思想研究》(商务印书馆,2005年)第二章第一节。

〔77〕陈戍国点校《四书五经》上册,岳麓书社,2002年,第7页。

〔78〕陈鼓应注译《庄子今译今注》中册,中华书局,1983年,第512页。

〔79〕陈鼓应注译《庄子今译今注》下册,中华书局,1983年,第823页。

〔86〕〔87〕〔89〕〔90〕〔91〕〔92〕〔93〕〔94〕〔95〕〔96〕〔97〕朱光潜《看戏和演戏——两

种人生理想》:《朱光潜全集》第 9 卷,安徽教育出版社,1993 年,第 257 页;第 259 页;第 261 页;第 261 页;第 262 页;第 265 页;第 265 页;第 265 页;第 265 页;第 269 页;第 270 页。
〔88〕朱光潜所说的柏拉图的绝对美,指的就是理念美。笔者注。
〔98〕宛小平《梁启超与朱光潜美学之比较》:金雅主编《中国现代美学与文论的发动》,天津人民出版社,2009 年,第 317 页。
〔99〕我个人认为,中国现代美学的人生精神传统既融中西滋养,又具民族渊源。从孔庄开启的中国古典美学思想的内核即是关怀人生、关注意义的,中国古代美论在一定意义上也是人生境界理论和人格审美理论。梁启超与朱光潜都具中西视野,都融百家之长,也都是从中国传统哲学与美学精神一脉下来的。但骨子里,梁则更著民族情韵。至于两人对中国现代人生美学的创构与贡献,则各具成就,亦相得益彰。

第三章　丰子恺之真率人生

丰子恺(1898—1975)，学名丰润，为李叔同的入室弟子，曾与朱光潜共事，一起在浙江白马湖畔春晖中学任教。他于1925年出版的《子恺漫画》是中国第一本公开出版的漫画集，不仅风行天下，也统一了中国漫画的名称。他的散文也写得很好，以"缘缘堂"命名的散文集，是公认的中国现代散文经典。他被誉为"现代中国最像艺术家的艺术家"。[1]同时，他也身兼理论家、教育家于一身。他从"爱"、"真率与趣味"[2]出发，对艺术对人生提出了独特而丰富的见解。认为：艺术的生命在于趣味，倡导生活乃大艺术品；提出审美以童心为根本，以绝缘为前提，以同情为要旨；真正的艺术家拥有真率的大人格；理想的人生就是以善美统一的真率的艺术态度与精神来建设的艺术化人生。丰子恺强调"事事皆可成艺术，而人人皆得为艺术家"。他的人生艺术化思想承续了梁启超开创的趣味论人生美学传统，同时他又围绕着艺术、审美、人生，通过对"童心"、"绝缘"、"同情"等范畴的阐释，着重从美育角度切入，建构了一个中国现代人生艺术化之"真率"人生的范式，在中国现代审美、艺术与文化思想史上产生了独特的影响。

一、真率人生及其艺术精神

日本学者吉川幸次郎在关于《缘缘堂随笔》的《译者的话》中说：

"我觉得,著者丰子恺,是现代中国最像艺术家的艺术家,这并不是因为他多才多艺,会弹钢琴,作漫画,写随笔的缘故,我所喜欢的,乃是他的像艺术家的真率,对于万物的丰富的爱,和他的气品,气骨。"[3]对于吉川幸次郎的这段评价,丰子恺先生又专门写了一篇读后感,对于人性、人格、人生理想问题提出了自己的见解。他指出,成人大都热衷名利,无暇无力细嚼人生滋味,"即没有做孩子的资格"。而在"大人化"、"虚伪化"、"冷酷化"、"实利化"的社会中,孩子也被"弄得像机器人一样,失却了原有的真率与趣味"。[4]"成人"和"孩子"在丰子恺这里不仅是实指,更是一种比喻。前者指代的就是实用的,功利的,虚伪的。后者则是艺术的,趣味的,真率的。对丰子恺言,回复对于生活的爱和趣味,回归以"童心"为核心的真率而艺术化的人生,实现"事事皆可为艺术,而人人皆得为艺术家"的理想,可以说是他全部创作、理论及其人生实践的中心。

丰子恺的美学建设是从美育起步的。[5] 1920 年,丰子恺在《美育》杂志上发表了《画家之生命》一文。在这篇丰氏较早的艺术理论和美育文章中,丰子恺提出画家之生命不在"表形",其最要者乃"独立之趣味"。何谓"趣味",丰子恺解释为"即画家之感兴也"。他提出"画家之感性为画家最宝贵之物",画家若不识趣味,那就等同于照相机而已。在这篇文章中,丰子恺对趣味的解释尚非常笼统,且主要就艺术审美来论趣味,但已初露大艺术论的审美旨趣。

1922 年,丰子恺在《美育》杂志上又发表了《艺术教育的原理》这篇重要的美育论文。在此文中,丰子恺着重将科学和艺术进行了比较,他提出科学和艺术是根本各异的两样东西,科学是有关系的知的世界,艺术是绝缘的美的世界。他具体概括了科学和艺术的九条异同:"(1)科学是连带关系的,艺术是绝缘的;(2)科学是分析的,艺术是理解的;(3)科学所论的是事物的要素,艺术所论的是事物的意义;(4)科学是创造规则的,艺术是探求价值的;(5)科学是说明的,艺术是鉴赏的;(6)科学是知的,艺术是美的;(7)科学是研究手段的,艺术是研究价值的;(8)科学是实用的,艺术是享乐的;(9)科学是奋斗的,艺术是慰乐的。"丰子恺指出科学与艺术"二者的性质绝对不同",但"同是人生修养上所不可偏废的","中国大部分的人,是科学所养成的机械的人"。在这篇文章中,丰子恺提出了一个重要的范畴——"绝缘"和一个重要的观点——一个人若缺少艺术的精神,就"变成了不完全的残废人,不可称为真正的完全的人"。[6]这个观点非常重要,是丰子恺人生艺术化思想的基本出发点和最终归宿;而这个概念,也成为丰子恺人生艺术化践履不可或缺的一个前提。

1930年,丰子恺选编了《艺术教育》一书,该书于1932年正式出版。书中选载了8篇丰子恺翻译的外国艺术教育论文及丰子恺自己所作的两篇艺术教育论文《关于学校中的艺术科》和《关于儿童教育》。[7]在《关于学校中的艺术科》一文中,丰子恺论释了自己对于美、艺术教育、健全的人、艺术的生活等重要问题的基本看法,并强调了"趣味"这一范畴的重要意义。丰子恺指出,真善美即知、意、情是人的心理的三个方面,三面须一齐发育,才能"造成崇高的人格"。因此,这三个方面的教育,也就是"教育的三大要目"。"倘有一面偏废,就不是健全的教育。""艺术是美的、情的","艺术教育,就是美的教育,就是情的教育。"艺术教育不是教授"局部的小知识、小技能",而是"人的教育",是教人以"'艺术的'心眼",教人以"艺术的生活"。"人生中无论何事,第一必须有'趣味',然后能欢喜地从事。这'趣味'就是艺术的。"而"艺术的生活,就是把创作艺术、鉴赏艺术的态度来应用在人生中,即教人在日常生活中看出艺术的情味来"。丰子恺精辟地指出:"'生活'是大艺术品。绘画与音乐是小艺术品,是生活的大艺术品的副产品。故必有艺术的生活者,方得有真的艺术的作品。"[8]

在《关于儿童教育》一文中,丰子恺则具体提出了"童心"的范畴,并进一步界定与阐释了"绝缘"的范畴。丰子恺指出"绝缘,就是对一种事物的时候,解除事物在世间的一切关系、因果,而孤零地观看",

"这种态度,与艺术的态度是一致的"。而"童心",在孩子就是"本来具有的心","在大人就是一种'趣味'"。"童心"的要点就是以"绝缘"的眼真率地看世界,就是一种"以趣味为本位"的艺术生活态度。而艺术教育"就是教人这种做人的态度","就是教人学做小孩子"。[9]特别值得注意的是,丰子恺的"童心"并不是我们一般生活中所说的儿童的心,而是以趣味涵养过的艺术化的心。我们一般所说的童心只是未谙世事的孩子本然之心,而丰氏的"童心"显然远高于这个境界,是较高形态的人类心灵范式了。我以为只有抓住丰子恺"童心"范畴的实质和独特性,才能准确把握其以真率人生理论为表征的人生艺术化思想。

《关于学校中的艺术科》和《关于儿童教育》两文基本上呈现了丰子恺美学思想的逻辑建构。这个逻辑建构有两个层面。一个是《关于学校中的艺术科》所建立的人生艺术化的大逻辑框架,即由"艺术"到"美"到"艺术(美的、人的)教育"到"艺术的心眼"到"艺术的态度"到"艺术的生活"到"真的艺术的作品"。在丰子恺这里,生活是"大艺术品"。因此,"真的艺术的作品"既是指狭义上的艺术家所创作的美的艺术作品,也是指以艺术的态度生活的艺术化生活者所创造的美的生命状态与人生境界。而另一个层面就是《关于儿童教育》所建立的以童心为本、以绝缘为径、以趣味为旨的真率人生的初步命题。[10]

1930年,丰子恺发表了《美与同情》一文,提出了其真率人生理论的另一重要范畴——同情。他认为艺术家具有深广的同情心,视世间一切生物无生物为平等的有灵魂的活物。同情是儿童的品格,也是艺术的品格。

至此,丰子恺已基本完成了其真率人生思想的逻辑链条,即以童心为本、绝缘为径、同情为要、趣味为旨的艺术化人生实践模式。

20世纪30至40年代,丰子恺写作发表了大量文字,包括论文、散文、讲稿、序跋等,反复阐释了自己对艺术的理解与人生的见地,对童心、绝缘、同情、趣味等基本范畴也进行了更为具体、丰满、深入的阐释。丰子恺倡导以大人格成就真艺术，美的人生就是以艺术精神为最高境界，秉持绝缘的原则，以童心面世，同情于万物，将艺术的态度应用于具体的生活中，建设富有趣味的艺术化人生。

在丰子恺的真率人生理论中，最关键的当是艺术精神（态度）的问题。童心、绝缘、同情、趣味都是丰子恺从不同的角度对于艺术精神的具体阐释，其共同的目标都是指向对艺术精神的体认与建构。

丰子恺说："体得了艺术的精神，而表现此精神于一切思想行为之中。这时候不需要艺术品，因为整个人生已变成艺术品了。"[11]在丰子恺看来，艺术精神有两个根本特点：一就是"远功利"，二就是"归平等"。"远功利"就是"以非功利的心情来对付人世之事"。其结果是"在可能的范围内把人世当作艺术品看"，"在实用之外讲求其美观"，从而"给我们的心眼以无穷的快慰"。"归平等"就是"视外物与我是一体的"，"物与我无隔阂，我视物皆平等"。其结果是"物我敌对之势可去，自私自利之欲可熄，而平等博爱之心可长，一视同仁之德可成"。[12]丰子恺指出，艺术活动中，有艺匠与艺术家之别。艺匠只懂得技巧。艺术家则体得艺术的精神。用技巧只能仿造拙劣的伪艺术。体得艺术的精神，才可创造出真正的艺术品，成就整个人生的美化，最终完成艺术的人生这个大艺术品的创造。前者是直接的艺术创作，而后者便是人生的艺术化。

建构艺术的精神需要涵养"艺术的心"。丰子恺主张"艺术的心"就是使艺术成为艺术的东西。在丰子恺这里，"艺术的心"实质上与另一个词"童心"可以互通。因为在丰子恺看来，"童心"在本质上就是艺术的，"童心"中蕴涵了可贵的艺术精神。因此，丰子恺极力为"童心"唱赞歌，提倡涵养"童心"来培养艺术的心、体认艺术的态度、建构艺术的精神。

涵养"童心"，就是倡导美与爱，就是倡导天真与热诚，就是倡导绝缘与同情，由此而通向美的真率艺术和真率的艺术化人生。

二、童心：真率人生之根本

"童心"在丰子恺的艺术和美学理论中无疑具有非常重要的份量，是丰氏理论的重要标识。

何谓"童心"？丰子恺提出"童心"即不经"世间的造作"的"纯洁无疵，天真烂漫的真心"。[13] 他认为"童心"的本质有二。一是"没有目的，无所为，无所图"；二是"物我无间，一视同仁"。[14] 在前者，就是一种绝缘的态度，即面对事物时能"解除事物在世间的一切因果、关系"，故能"清晰地看见事物的真态"，其实质就是远功利。在后者，就是一种同情的态度，即视一切生物无生物均是平等的、"均是有灵魂能泣能笑的活物"，其实质就是归平等。[15]

在丰子恺这里，"童心"是与"大人化"相对抗的。陈伟曾指出，丰子恺的"'大人化'的内涵便是'虚伪化'、'冷酷化'、'实利化'"，而"'儿童'这个词等于'天真'、'真率'"。[16] 这一见解是切中肯綮的。在丰子恺看来，"童心"是"何等可佩服的真率、自然，与热情"，[17] 因此，它是"人生最有价值的最高贵的心"。[18] 但孩子终究是要长大的，他的这颗"本来的心"渐渐就会失去。丰子恺说"常人抚育孩子，到了渐渐成长，渐渐尽去其痴呆的童心而成为大人模样的时代，父母往往喜慰；实则这是最可悲哀的现状！因为这是尽行放失其赤子之心，而为现世的奴隶了"。[19]

如何涵养与回复"童心"？丰子恺指出"童心"的世界"与'艺术的世界'相交通，与'宗教的世界'相毗连"，因此，由艺术与宗教这两条路径都可通达。丰子恺于佛学有较深精研，他29岁时师从恩师李叔同，皈依三宝，成为佛家居士。丰子恺把人的生活分为三层，一是物质生活，二是精神生活，三是灵魂生活。丰子恺认为艺术居于第二层，宗教居于最高层。艺术的基本功能是去物欲。但只知"吟诗描画，平平仄仄"，只不过是习得"艺术的皮毛"而已。丰子恺以为"艺术的最高点与宗教相通"，即体得"人生的究竟"与"宇宙的根本"，其实质就是去私欲,就平等,见大真。应该承认,丰子恺把宗教置于艺术之上。丰子恺的这一人生观直接受到弘一法师的影响,也源自他自己对生命、对人生、对宇宙的终极追问,更来自他对于现实、对于众生的深切关注。丰子恺的宗教情怀并不是把佛门当作人生的避难所,也不是以向佛来寻求个人的福报。丰子恺说:"真是信佛,应该理解佛陀四大皆空之义,而屏除私利;应该体会佛陀的物我一体,广大慈悲之心,而爱护群生";[20]"人生的一切是无常的!能够看透这个'无常',人便可以抛却'我私我欲'的妄念,而安心立命地、心无挂碍地、勇猛精进地做个好人"。[21]因比,在丰子恺这里,"佛法决不是消极的"![22]事实上,丰子恺向佛既是一种哲学的追寻,更是为了救世立人。或者说,哲学的追寻与救世立人在丰子恺那里是二而一的。丰子恺从宗教中吸取的营养有二:一是宗教的思维方式。即超越具体,直指本质。二是宗教的世界观。即万物平等,物我一体。丰子恺追求的是以宗教的超越来破除我执之私欲,以宗教之慈悲来宏扬众生之平等。因此,向佛并不使丰子恺抛却红尘。丰子恺的独特之处在于,把内在的宗教情结融入了深厚的艺术情怀之中。在艺术中,丰子恺找到了宗教与人生的通道。故此,他不是把现实的人导向了飘渺的天国,而是把出世的宗教拉回了现实的生活之中。"'艺术'这件东西,在一切精神事业中为最高深的一种"[23],"艺术的精神,正是宗教的"。[24]通过对艺术特点与精神的体认,丰子恺为芸芸众生指出了一条追寻人生本真、提升精神生命的现实之路。丰子恺说,世间居第一层的人占大多数,居第二层的也很多,而上第三层的则必须要有大脚力。因此,对绝大多数的人来说,面对的迫切需要不是上到第三层的问题,不是出世的问题而是在提升精神生活的前提下更好地入世的问题。正是本着这样的大关怀,丰子恺倡导艺术是提升人格修养与人生境界的切实而有效的途径。但丰子恺所说的艺术不是指艺术的技巧,而是指艺术的精神。艺术的精神就是艺术的心,也就是丰子恺理论中最核心的范畴——童心。

在丰子恺的话语体系中,"童心"实质上就是"艺术的心"、就是"艺术的精神"的代名词。丰子恺主张"从小教以艺术的趣味",[25]通过艺术来洗刷成人久居物质生活的"心的尘翳"。丰子恺说:"俗人的眼沉淀在这尘世的里巷市井之间,而艺术则高超于尘世之表";"艺术能提人之神于太虚",它让艺术家拥有一个"'全新的'头脑,毫无一点世间的陈见";让艺术家拥有一双"'洁净的'眼,毫无一点世智的尘埃";故艺术家所见的就是"一片全不知名,全无实用,而又庄严灿烂的世界",艺术家所创造出的世界就是"一个全新的世界,美的世界,无为的世界,无用的世界"。[26]丰子恺坚持艺术的精神高于艺术的技巧,因此,对于真正的艺术家来说,有无吟诗作画并不是标志,关键是他是否体得"艺术的精神",并把这"艺术的精神"涵融于广阔的生活之中。如果做到了以上两点,那么他的生活就成为大艺术。而"艺术小技的能不能,在大人格上是毫不足道的"。[27]

"儿童的本质是艺术的。"[28]丰子恺倡导"童心"并不是要人真的回到生理意义上的孩童状态。在他的话语体系中,"童心"实质上已是艺术化、审美化了的人类心灵。丰子恺是以"童心"来指称他理想意义上的心灵状态,是带有其主体评价意义上的"大人格"。因此,丰子恺笔下的"儿童"也是一个与"顽童"与"小人"具有明确不同所指的概念。

先来看一下"顽童"。丰子恺是如此描述的:"一片银世界似的雪地,顽童给它浇上一道小便,是艺术教育上一大问题。一朵鲜嫩的野花,顽童无端给它拔起抛弃,也是艺术教育上一大问题。一只翩翩然的蜻蜓,顽童无端给它捉住,撕去翼膀,又是艺术教育上一大问题。"[29]丰子恺将不懂得欣赏珍爱自然之美的根本原因视为缺乏艺术之心。"顽童"也是"非艺术的",因为他缺乏"艺术的同情心"和"艺术家的博爱心",一味的"无端破坏"和"无端虐杀"。但是,"顽童"不是不可教的,顽童可以通过艺术和审美的熏陶涵养塑造艺术的心灵。在《少年美术故事》中,丰子恺用了较大的篇幅、细腻的笔触详细刻画了一个叫华明的小孩的故事。华明本来是一个"毫无爱美之心,敢用小便去摧残雪景"的顽童,但通过和一对酷爱美术的姐弟的交往,而提升了艺术修养和审美情趣。故事开篇的华明,因为在家中庭院的雪地里小便,被父亲罚在家里写字读书。热爱美术的柳逢春和柳如金姐弟二人去看他。华明的房门背后、橱门背后挂着色彩华丽的时装美女、古装美女月份牌,他还拿出很多红红绿绿的花纸儿让逢春姐弟欣赏。对于这些"花纸儿",逢春觉着"全靠有着红红绿绿的颜色,使人一见似觉华丽。倘没有了颜色,我看比我们的练习画还不如呢"。[30]而对于那些美女月份牌,逢春姐弟更是认为与墙上挂的法国画家米勒的画作《初步》等字画不调和。但华明对于自己的种种行为辩称道:"华丽不是很好的么?把这个和墙上的东西比比看,这个好看得多呢。我爸爸的话,我实在不赞成。他老是喜欢那种粗率的,糊里糊涂的画,破碎的,歪来歪去的字,和一点也不好看的风景,我真不懂。那一天,我在雪地里小便了一下,他就大骂我,说什么'不爱自然美','没有美的修养','白白地学了美术科'……后来要我在寒假里每天写大字,并且叫姆妈到你家借书来罚我看。我那天的行为,自己也知道不对。但我心里想,雪有什么可爱?冰冷的,潮湿的,又不是可吃的米粉?何必这样严重地骂我,又罚我。我天天写字,很没趣。字只要看得清楚就好,何必费许多时间练习?至于那本书,《阳光底下的房子》,我也看不出什么兴味来,不过每天勉强读几页。"[31]可见,这个叫华明的孩子在刚出场时,是很玩劣的,他"毫无爱美之心",是因为此时的他对美的鉴赏能力尚处在非常低俗的阶段,他对艺术和自然的美只知道欣赏外在的华丽不懂得细品内在的神韵,而且他把"可吃"、"清楚"等实用要求摆在最重要的位置。随着故事的展开,华明和柳家姐弟一起进行临摹名作拍照、刻印山芋版画、踏青颂诗、赏景写生等种种艺术实践活动和研读艺术论著,最终成为和柳家姐弟一样爱美惜美的可爱少年。在故事的《竹影》一节中,华明夏夜和柳家姐弟一起纳凉,竟情不自禁为院中水门汀上的参差竹影所吸引,蹲在地上描起了竹叶。当他意识到被柳家爸爸发现时,他"难为情似地站了起来,把拿木炭的手藏在背后,似乎恐防爸爸责备他弄脏了我家的水门汀"。[32]此时,那个顽劣的蛮不讲理的小孩已经不见了,展现给我们的是一个痴迷于美的略为羞怯的内心敏感的少年。在这个故事中,丰子恺试图说明的就是艺术教育的魅力,它可以改造一个顽童。当然,丰子恺实际上也认为艺术教育也是一切人再造"童心"、涵养"童心"的必要途径。

再来看一下"小人"。丰子恺最憎恶的就是"小人"了。在丰子恺看来,"顽童"尚存一丝天真,只不过他那颗爱美体美的"童心"暂时蒙垢,尚未激活。而"小人"则完全失却了天真,是"虚伪化"、"冷酷化"、"实利化"的,[33]其内涵包括了顺从、屈服、消沉、诈伪、险恶、卑怯、傲慢、浅薄、残忍等等。"顽童"是少不更事。"小人"则是自甘沉沦。"小人"在成人的过程中,"或者为各种'欲'所迷,或者为'物质'的困难所压迫",[34]渐渐"钻进这世网而信守奉行","至死不能脱身","是很可怜的、奴隶的"。[35]对"顽童",丰子恺是"惜"之;对"小人",丰子恺则是"憎"之了。"小人"是丰子恺所不齿的。在丰子恺看来,"小人"也是与艺术精神完全相背离的。

丰子恺把艺术家称为"大儿童"。"大儿童"乃以艺术之精神抵御为欲所驱的社会环境和文化压力,而保有"艺术化"的"童心"之质。因此,艺术家这个"大儿童"比起本来意义上的小孩子来说,显然要具有更高的修养、品格与境界。丰子恺提出"最伟大的艺术家"就是"胸怀芬芳悱恻,以全人类为心的大人格者",[36]是"真艺术家"[37]。"真艺术家"即使不画一笔,不吟一字,不唱一句,其人生也早已是伟大的艺术品,"其生活比有名的艺术家的生活更'艺术的'"。[38]

"童心"说为丰子恺的艺术和美学思想打下了重要的理论根基。丰子恺倡导的是以"童心"即艺术精神来行事处世,从而使自己的人生成为蕴涵艺术精神的美的人生。

三、绝缘：真率人生之路径

在丰子恺的思想体系中，"绝缘"作为"童心"之观照路径，是通往艺术与美的胜境的必由之衢。

所谓"绝缘"，"就是对一种事物的时候，解除事物在世间的一切关系、因果，而孤零地观看。使其事物之对于外物，像不良导体的玻璃的对于电流，断绝关系，所以名为绝缘"。[39] 丰子恺认为绝缘是把握事物本相的基本前提。"把事物绝缘之后，其对世间、对我的关系切断了。事物所表示的是其独立的状态，我所见的是这事物自己的相。"[40] 丰子恺举例说："一块洋钱，绝缘地看来，是浑圆的一块浮雕，这正是洋钱的真相。"而"它可以换几升米，换十二角钱，它可以致富，它是银制的，它是我所有的"，这些"都是洋钱的关系物"，"是它本身以外的东西，不是它自己"。但"人生都为生活，洋钱是可以维持生活的最重要的物质的一面的，因此人就视洋钱为间接的生命。孜孜为利的商人，世间的大多数的人，每天的奔走、奋斗，都是只为洋钱。要洋钱是为要生命。但要生命是为要什么，他们就不想了"。于是，人们"没头于洋钱，萦心于洋钱，所以讲起或见了洋钱，就强烈地感动他们的心，立刻在他们心头唤起洋钱的一切关系物——生命、生活、衣、食、住、幸福……这样一来，洋钱的本身就被压抑在这等重大关系物之下，使人没有余暇顾及了"。"无论洋钱的铸造何等美，雕刻何等上品，但在他们的心中只是奋斗竞逐的对象，拼命的冤家，或作威作福的手段。有注意洋钱钞票的花纹式样的，只为防铜洋钱、假钞票，是戒备的、审查的态度，不是欣赏的态度。"[41] 而在绝缘的眼光下，洋钱就是"独立的存在的洋钱"，是"无用的洋钱"，而"不是作为事物的代价、贫富的标准的洋钱"。在绝缘的眼看来，洋钱是"与山水草木花卉虫鸟一样的自然界的现象，与绘画雕刻一样的艺术品"。[42] 这就是欣赏的态度，所见的就是"真的'洋钱'"，就是"我们瞬间所见的浑圆的一块浮雕"，这就是洋钱的本相。

"缘"本是佛家用语,即事物产生的原因。佛教以为,缘生万法。世间的一切事物都互为因果、变化流转、假性空有。而俗人的痛苦就在于试图执空幻无常之万法为真实与永恒。缘起说是佛教理论的基石,但它的最终目标是指向人的精神解脱。痛苦的根源乃缘,超脱的关键就在于明心见性,拨开缘之迷尘,回归我与世界之本真。作为佛家居士的丰子恺受到佛教的影响是显而易见的。但丰子恺的绝缘说受到西方现代美学的影响也是较为显著的。丰子恺在他的著作中多次提到康德,并将其学说称为"无关心说",即"disinterestedness"。现代美学学科的建立自鲍姆嘉登始,但康德可以说是第一个使美学回归自身的现代美学大家。康德确立了审美作为情感判断的价值立场,而无利害性则是康德美学的一个重要概念。康德认为审美不涉及利害,却有类似实践的快感;不涉及概念,却需要想象力与知解力的合作;没有目的,但有合目的性;既是个别的,又可以普遍传达。康德美学的无利害性观念与情感判断立场深刻地影响了西方现代美学的演进。克罗齐的"直觉"表现、布洛的审美"距离"、立普斯的审美"移情"等都与康德的这种无功利的判断具有某种不可割断的联系,而他们在无功利性和情感判断的基础上,也充分地发展了审美的心理观照意味。西方现代美学对于中国现代美学最深刻的影响也恰恰就在无功利性和审美观照。丰子恺的绝缘说受到了上述诸家的影响,但它又不是佛家的人生解脱,也不是康德意义上的纯粹审美观照。在《中国美术的优胜》一文中,丰子恺给出了这样的逻辑链条:"美的态度"即"'纯观照'的态度";"'纯观照'的态度"即"在对象中发现生命的态度";"在对象中发现生命的态度"就是"沉潜于对象中的'主客合一'的境地",即"'无我','物我一体'的境地,亦即'情感移入'的境地。"[43]就这样,丰子恺将康德直接导向了立普斯。在同一篇文章中,他说:"所谓'感情移入',又称'移感',就是投入自己的感情于对象中,与对象融合,与对象共喜共悲,而暂入'无我'或'物我一体'的境地。这与康德所谓'无关心'('disinterestedness')意思大致相同。黎普思,服尔开忒(Volket)等皆竭力主张此说。"[44]由"无我"到"物我一体","绝缘"的宗旨在丰子恺这里最终指向了"同情"。"绝缘"并非是人生的解脱,而是人生爱与美的一个阶梯。这种对于西方学说为我所用的有意无意的改造或误读,是中国现代美学建设者的某种共性。它顽强地体现出了中国现代美学的人生情结:一切思想学说最终都被兼容并包到对于人生问题的解决之中。

绝缘以无功利为起点,以观照为路径,追求的是对真生命的体验,憧憬的是物我一体的同情的艺术世界和童心世界。这就是丰子恺绝缘说的特点与实质。

丰子恺认为,绝缘的态度"与艺术的态度是一致的"。它的前提是无用,它的诀窍是观照,它的结果是真生命的体验。丰子恺说:"画家描写一盆苹果的时候,决不生起苹果可吃或想吃的念头,只是观照苹果的'绝缘'的相。"而美术学校用裸体女子做模特,也"决不是象旧礼教维持者所非难地伤风败俗的",因为在画家的眼中,"模特儿是一个美的自然现象,不是一个有性的女子"。丰子恺以为,在艺术中,人所放下的是那个"现实的"、"理智的"、"因果的"世界,放下了生活中的"一切压迫与负担",解除了"平日处世的苦心",从而可以"作真的自己的生活,认识自己的奔放的生命"。[45]因此,"美秀的稻麦舒展在阳光之下,分明自有其生的使命,何尝是供人充饥的呢?玲珑而洁白的山羊点缀在青草地上,分明是好生好美的神的手迹,何尝是供人杀食的呢?草屋的烟囱里的青烟,自己表现着美丽的曲线,何尝是烧饭的偶然的结果?池塘里的楼台的倒影,原是助成这美丽的风景的,何尝是反映的物理的作用?"[46]丰子恺说,当你以绝缘的眼去观照世界时,它就是一片庄严灿烂的乐土。丰子恺赞同科学与艺术都能"阐明宇宙的真相"。因此,科学实验室里变成氢与氧分子的水是水,画家画布上波状的水的瞬间也是水。前者是"理智的"、"因果的",后者是"直观的"、"慰安的"。但丰子恺提出,真的推究起来,氢与氧分子只是水的关系物,而又何尝就是水呢?倒是画家描出的"波状的水的瞬间","确是'水'自己的'真相'了",[47]因为这一瞬间的水是有生命的独立的水。

丰子恺认为,艺术的态度也"就是小孩子的态度"。"用艺术鉴赏的态度来看画,就是请解除画中物对于世间的一切关系,而认识其物的本身的姿态。"[48]在艺术活动中,主体自我"没入在对象的美中,成'无我'的心状。既已无我,哪里还会想起一切世间的关系呢?"丰子恺以为艺术态度的关键就是无功利性与物我一体性,它是以无功利的态度把对象看作与自己一样的独立平等的生命体,而这正是"小孩子的态度"的特点。在丰子恺的作品里,充满了这类以"小孩子的态度"见出的可爱世界。《花生米老头子吃酒》、《阿宝两只脚,凳子四只脚》、《瞻瞻的车》等漫画都淋漓尽致地展现了这种"绝缘"之眼与"童心"之世界,其中的无穷趣味与情致无法不让观画者怦然心动。"艺术是绝缘的(isolation),这绝缘便是美的境地。"[49]当然,这美的境地也就是丰子恺推崇的爱的胜地了。

无用就是绝缘的前提,观照就是绝缘的法眼,真生命就是绝缘的结果,而同情就是绝缘的宗旨。在丰子恺看来,绝缘的眼,也就是同情的眼,爱的眼,美的眼。绝缘的既是一个无为的世界、无用的世界,又是一个同情的世界、物我一体的世界,当然也是一个全新的世界、美的世界。绝缘正是进入这"艺术的世界,即美的世界里去的门"。[50]

四、同情:真率人生之要旨

"同情"乃"绝缘"之宗旨,是借"绝缘"之眼,"移情"之径,而达万物一体、物我无间之境。

丰子恺的"同情"说受到立普斯"移情"理论的影响。"移情"是19世纪后期西方美学出现的新范畴,经过德国美学家费肖尔、法国美学家立普斯等的阐发,形成了较为完整的"移情说",并成为西方现代心理学美学中影响较大的一种学说。据牛宏宝《汉语语境中的西方美学》一书的研究结论,西方"移情"理论在20世纪初传入中国,尤其在20世纪20年代后在汉语学术界产生了较大影响。[51]中国现代美学的一些代表性思想家,包括梁启超、朱光潜等在内,都受到过移情理论的影响。按照朱光潜的解释,西方"移情"范畴德文原为Einfühlung,由德国美学家费肖尔(R. Vischer)最先采用,其字面意义是"感到里面去",即"把我的情感移注到物里去分享物的生命"。[52]也就是说,西方"移情"的基本内涵是"感入"——移入或移置,它关注的是审美活动的主体心理及过程特征,突出了审美过程中主体精神的能动性。后来,美国心理学家蒂庆纳(Titchener)把它译为empathy[53],一方面继续强调了审美中主体心理的意义,另一方面也揭示了主客交融的审美心理特征。移情说最主要的代表人物和理论建构者是法国美学家立普斯。立普斯这样描述具体的移情现象:"我们不仅进入自然界那个和我们相接近的具有特殊生命情感的领域——进入到歌唱着小鸟欢乐的飞翔中,或者进入到小羚羊优雅的奔驰中;我们不仅把我们精神的触角收缩起来,进入到最微小的生物中,陶醉于一只贻贝狭小的生存天地及其优雅的低垂和摇曳的快乐所形成的婀娜的姿态中;不仅如此,甚至在没有生命的东西中,我们也移入了重量和支撑物转化成许许多多活的肢体,而它们的那种内在的力量也传染到我们自己身上。"[54]他认为,当一个人对某一事物进行审美欣赏时,他所观照的对象只是外于自身的客体的形式,而这种客体形式并非产生审美愉悦的原因,此时,它与观赏者还是对立的。但当这一客体形式一旦与观赏者主体情感发生某种关系后,即审美主体在观照对象的过程中产生了一系列的心理活动,如轻松、自豪、同情、激愤、兴奋、痛苦、企求等,这时,审美主体与对象的对立开始消失,审美主体的内在心理活动开始外射并移注到外于主体的审美对象之中。因此,审美欣赏实质上并不是对客体对象的欣赏,而是对移入到对象之中的自我的欣赏。立普斯的结论是,移情是主体与对象完全融为一体,美感的产生不是由对象的美所决定的,而是由主观的美感所决定的。审美主体把自己的情感渗透到对象中,使毫无意义的对象人格化,由此获得了美感与美。立普斯的理论揭示了主体情感移入、主客交融、对象人格化的美感生成三步曲。在立普斯,情感移入是美感发生的关键。丰子恺接受了移情的观念,但在他的"同情"理论中,美感生成三步曲中他更关注的是主客交融,即物我一体的生命体验。丰子恺这种以主客交融、物我一体为核心的审美"同情"论,除了受到立普斯为代表的西方移情理论的影响外,也植根于中国传统文化的土壤。中国传统文化强调"天人合一",强调主体对外物的体验及其交融。春山含笑,秋水溢情,山水皆有灵性皆著我之色彩,实为中国传统哲学精神与艺术精神之重要特质。这种特质对于丰子恺有着深刻的濡染。丰子恺的"同情说"是中西文化的一种交融,既有西方移情论的心理学要素,又有中国主客交融的传统文化精神的诗意性。

丰子恺说:"艺术心理中有一种叫做'感情移入'(德名 Einfühlung,英名 empathy)。在中国画论中,即所谓'迁想妙得'。就是把我的心移入于对象中,视对象为与我同样的人。于是禽兽,草木,山川,自然现象,皆为情感,皆有生命。所以这看法称为'有情化',又称为'活物主义'。"[55]这种"有情化"和"活物主义"的"移情"是丰子恺"同情"理论的重要基础。在丰子恺这里,"同情"和"移情"是有区别的。"移情"是一种手段与方法,最后是要达致"同情"的境界。丰子恺以为达致"同情"的关键有二:首先是物我关系的处理,其要旨是物我一体。"我们平常的生活的心,与艺术生活的心,其最大的异点,在于物我的关系上。平常生活中,视外物与我是对峙的。艺术生活中,视外物与我是一体的。对峙则视物与我有隔阂,我视物有等级。一体则物与我无隔阂,我视物皆平等。"[56]物我关系的处理是"同情"的必要前提。因为,万事万物若"用物我对峙的眼光看,皆为异类。用物我一体的眼光看,均是同群。故均能体恤人情,可与相见,相看,相送,甚至对饮"。如此,对象就活了起来。"一切生物无生物,犬马花草,在美的世界中均是有灵魂而能泣能笑的活物。"[57]在这种"平等"、"一视同仁"、"物我一体"的境涯中,万物皆备于我的心中。其次需要真情的萌动与移入,其要旨是真切的体验。以平等、一视同仁的世界观融物我于一体,故能与"对象相共鸣共感,共悲共喜,共泣共笑",这是一种深广的同情心,它来源于真切的体验,是将自己萌动的感情"移入于其中,没入于其中"。[58]丰子恺说:"诗人常常听见子规的啼血,秋虫的促织,看见桃花的笑东风,蝴蝶的送春归,用实用的头脑看来,这些都是诗人的疯话","其实我们倘能身入美的世界中","就能切实地感到这些情景了"。因为在画家,他是体得龙马的精神,才去画龙马;是体得松柏的劲秀,才去画松柏。若要描花瓶,"必其心移入于花瓶中,自己化作花瓶,体得花瓶的力,方能表现花瓶的精神"。故要描写朝阳,就必须让"我们的心要能与朝阳的光芒一同放射";要描写海波,就必须要"能与海波的曲线一同跳舞"。[59]这就是真切的体验,是生命与生命的交融。在真情融入、物我一体的生命体验中,"同情"是自然而必然的结果。

丰子恺由"移情"化出了"同情",并由"同情"来表达自己对艺术和审美活动本质的理解。他认为,"同情"在本质上是艺术的。这在丰子恺有两个层次的涵义。其一是指艺术即爱。"普通人的同情只能及于同类的人,或至多及于动物;但艺术家的同情非常深广,与天地造化之心同样深广,能普及于有情非有情的一切物类。"[60]其二是指艺术之心即"同情"的心。'艺术家能看见花笑,听见鸟鸣,举杯邀名月,开门迎白云,能把自然当作人看,能化无情为有情。"同时,丰子恺认为,"同情"也是"艺术上最可贵的一种心境"。[61]艺术家所见的世界,"可说是一视同仁的世界,平等的世界。艺术家的心,对于世间一切事物都给予热诚的同情'。[62]丰子恺以为这种"同情"的世界观正是艺术精神的要点,而"'万物一体'是最高的艺术论"。[63]

"艺术家必须以艺术为生活","必须把艺术活用于生活中",[64]使生活成为美的艺术的生活,这正是丰子恺谈艺术与美的一个不变的终极指向。丰子恺强调,"中国是最艺术的国家";[65]而"同情"的世界观正是中国文化思想的特色所在。他倡导"拿描风景静物的眼光来看人世,普遍同情于一切有情无情",[66]"习惯了这种心境,而酌量应用这态度于日常生活上,则物我对敌之势可去,自私自利之欲可熄,而平等博爱之心可长,一视同仁之德可成"。[67]

丰子恺强调"同情""这种自我没入的行为","在儿童的生活中为最多"。儿童"认真地对猫犬说话,认真地和花接吻,认真地和人像(玩偶,娃娃)玩耍"。[68]儿童对于一切事物都有真切而自然的同情。而世间的大人却因"功利迷心,我欲太深"而丧失了"同情"。故此,丰子恺主张通过学习艺术来"恢复人的天真",来"养成平等观"。[69]

五、真率之趣:从艺术教育到艺术人生

趣味作为美学范畴,在中国现代美学史上,由梁启超所开创。梁启超对于中西艺术和美学领域内趣味范畴的重要突破就是引入了人生论的视角。趣味不仅作为审美判断与艺术鉴赏的标准而存在,也是美的本质规定和价值规定。这样的趣味立场和价值视角对中国现代美学的致思方向产生了重要的影响。

20世纪20年代后半叶起,丰子恺在多篇文章中涉及了"趣味"的范畴。"趣味"在丰子恺这里,具有比较复杂的内涵与所指。

首先,趣味在丰子恺这里,就是指美感。"人类自从发见了'美'的一种东西以来,就对于事物要求适于'实用',同时又必要求有'趣味'了。"[70]在丰子恺看来,人类只求"实用"的心理,"是全然与'美感'无关系的"。而"在美欲发达的社会里,装潢术,图案术,广告术等,必同其他关于实用的方面的工技一样注重。在人们的心理上,'趣味'也必成了一种必要不可缺的要求"。[71]

丰子恺指出,趣味作为美感,只能感到而不能说明。"'趣'之一字,实在只能冷暖自知,而难于言宣。"[72]"所谓美,不是象'多'、'大'地大家可以一望而知的。"[73]趣味是给人的精神以"慰乐"的。丰子

恺说:"我们张开眼来,周围的物品难得有一件能给我们的眼以快感,给我们的精神以慰乐。因为它们都没有'趣味',没有'美感';它们的效用,至多是适于'实用',与我们的精神不发生关涉。"[74] 丰子恺并不否定实用,但他主张趣味作为对物质实用主义的提升是人类精神的基本需求。同时,丰子恺以为趣味也与精神上的浅薄、艺术上的无知是背道而驰的。丰子恺说:"凡人的思想,浅狭的时候,所及的只是切身的,或距身不远的时间与空间;却深长起来,则所及的时间空间的范围越大","幽深的,微妙的心情,往往发而为出色的艺术",由此,"趣味更为深远"。[75] 而艺术上的无知首先就表现为注重耳目感觉的快适,把"漂亮的"、"时髦的"、"希奇的"、"摩登的"等东西都称为艺术。丰子恺以为这种趣味只是"盲从流行"而已,并非纯正的美的趣味。

其次,趣味在丰子恺这里,也是指一种人生态度,是以"童心"为本的"艺术"人生态度。在《关于儿童教育》一文里,丰子恺说:"童心,在大人就是一种'趣味'。培养童心,就是涵养趣味。"[76] 在《关于学校中的艺术科》一文中,丰子恺又说:"人生中无论何事,第一必须有'趣味',然后能欢喜地从事。这'趣味'就是艺术的。我不相信世间有全无'趣味'的机械似的人。"[77] 潜心从平凡的生活体会人生的趣味,这正是丰子恺的童心的艺术的趣味化人生态度的要点。因此,在丰子恺看来,"到处为家,随寓而安,也有一种趣味,也是一种处世的态度"。[78] 因为,它是真率而自然的。

丰子恺在他的诸多极具个人风格的散文、画作中具体描摹传达了这种平凡、诗意、让人心动的生活情趣。看看他的这些散文题目——《颜面》、《楼板》、《梦痕》、《看灯》、《吃瓜子》、《胡桃云片》——等等,无不是我们身边的物事和场景。那些在一般人眼里也不免流俗的生活,丰子恺用他的趣味态度观照之,竟也有了不一般的情韵与味道。如20世纪20年代,丰子恺写过一篇几百字的小文《姓》,兹录如下:"我姓丰。丰这个姓,据我们所晓得,少得很。在我故乡的石门湾里,也'只此一家',跑到外边来,更少听见有姓丰的人。所以人家问了我尊姓之后,总说'难得,难得!'因这原故,我小时候受了这姓的暗示,大有自命不凡的心理。然而并非单为姓丰难得,又因为在石门湾里,姓丰的只有我们一家,而中举人的也只有我父亲一人。在石门湾里,大家似乎以为姓丰必是举人,而举人必是姓丰的。记得我幼时,父亲的佣人褚老五抱我去看戏回来,途中对我说:'石门湾里没有第二个老爷,只有丰家里是老爷,你大起来也做老爷,丰老爷!'科举废了,父亲死了。我十岁的时候,做短工的黄半仙有一天晚上对我的大姊说:'新桥头米店里有一个丰官,不晓得是什么地方人。'大姊同母亲都很奇怪,命黄半仙当夜去打听,是否的确姓丰?哪里人?意思似乎,姓丰会有第二家的?不要是冒牌?黄半仙回来,说'的确姓丰,"养鞠须丰"的丰,说是斜桥人。'大姊含着长烟管,说:'难道真的?不要是"鄭鲍史唐"的"鄭"罢?'但也不再追究。后来我游杭州,上海,东京,朋友中也没有同姓者。姓丰的果然只有我一人。然而不拘我一向何等自命不凡地做人,总做不出一点姓丰的特色来,到现在还是与非姓丰的一样混日子,举人也尽管不中倒反而为了这姓的怪癖,屡屡大麻烦:人家问起'尊姓'?我说'敝姓丰',人家总要讨添,或者误听为'冯'。旅馆里,城门口查夜的警察,甚至疑我造假,说'没有这姓!'最近在宁绍轮船里,一个钱庄商人教了我一个很简明的说法:我上轮船,钻进房舱里,先有这个肥胖的钱庄商人在内。他照例问我'尊姓?'我说:'丰,咸丰皇帝的丰。'大概时代相隔太远,一时教他想不起咸丰皇帝,他茫然不懂。我用指在掌中空划,又说:'五谷丰登的丰。'大概'五谷丰登'一句成语,钱庄上用不到,他也一向不曾听见过,他又茫然不懂,于是我摸出铅笔来,在香烟篓上写了一个'丰'字给他看,他恍然大悟似地说:'啊!不错不错,汇丰银行的丰!'嘎,不错不错!汇丰银行的确比咸丰皇帝时髦,比五谷丰登通用!以后别人问我的时候我就这样回答了。"[79]全文如话家常,有点点尖刻但更蕴温润,极具生活化而又洞明通达,了无说理之痕迹,人性之秘密又历历如在目前。作者就是以艺术化的趣味态度对待平凡、琐细甚至委琐、痛苦之人生,字里行间蕴溢的是幽默恬淡、自然开阔之襟怀。一如他的那些脍炙人口的画作,《晓风残月》《翠拂行人首》《花生米不满足》《阿宝两只脚,凳子四只脚》等,有生活,有诗情,真率自然,让人不动容都难。

此外,趣味在丰子恺这里,也是人生追求的终极目标。丰子恺说:"人生的滋味在于生的哀乐。"[80]哀乐就是生命的真实状态,就是精神的真切感受。真率即美,这是丰子恺一切学说与思想的要点。"拿这真和美来应用在人的物质生活上,使衣食住行都美化起来;应用在人的精神生活上,使人生的趣味丰富起来。"[81]梁启超在论杜甫诗美时提出美不是单调的,生活中的真美既有轻松愉悦的,也有刺痛激越的。与梁启超相比,丰子恺更钟情于自然悠阔之美,但他并不回避生命的委琐与痛苦。他不主张以牺牲或者毁灭个体的悲剧性方式来实现超越,而是追求在真实的生活中,以平凡普通的姿态丰富、提升、体味无穷之真趣。因此,丰子恺总是贴近芸芸众生,满含人间烟火,他的艺术生活与他的世俗生活浑然一体,难分彼此。

而这一切,在丰子恺看来,又必得益于"艺术的陶冶"。在艺术的教育和艺术的生活中,丰子恺体得了人生的真趣,也找到了人生的终极归宿:"艺术是美的,情的""艺术教育就是美的教育,就是情的教育";"艺术教育是很重大很广泛的一种人的教育","非局部的小知识、小技能的教授"。[82]"我们在艺术的生活中,可以瞥见'无限'的姿态,可以认识'永劫'的面目,即可以体验人生的崇高、不朽,而发见生的意义与价值了。……艺术教育,就是教人以这艺术的生活的。"[83]

注释:

[1][3] 日本学者吉川幸次郎语。(日)谷崎润一郎作,夏丏尊译《读〈缘缘堂随笔〉》:《丰子恺文集》第6卷,浙江文艺出版社/浙江教育出版社,1992年,第112页;第112页。

〔2〕〔4〕〔33〕 丰子恺《〈读缘缘堂随笔〉读后感》:《丰子恺文集》第 6 卷,浙江文艺出版社/浙江教育出版社,1992 年,第 110 页;第 111 页;第 111 页。

〔5〕 丰子恺曾于 1919 年冬参与创立了中国第一个美育团体"中华美育会",1920 年参与创办了中国第一份美育学术刊物《美育》。

〔6〕〔49〕 丰子恺《艺术教育的原理》:《丰子恺文集》第 1 卷,浙江文艺出版社/浙江教育出版社,1990 年,第 15—16 页;第 15 页。

〔7〕 据丰子恺撰《〈艺术教育〉序言》,书中所选文章于 1930 年前两三年间在《教育杂志》上均已发表过,因此,《关于学校中的艺术科》和《关于儿童教育》两文成文时间应在 1930 年前几年。

〔8〕〔77〕〔82〕〔83〕 丰子恺《关于学校中的艺术科》:《丰子恺文集》第 2 卷,浙江文艺出版社/浙江教育出版社,1990 年,第 231 页;第 229 页;第 227 页;第 226 页。

〔9〕〔18〕〔34〕〔39〕〔40〕〔41〕〔42〕〔45〕〔47〕〔50〕〔76〕 丰子恺《关于儿童教育》:《丰子恺文集》第 2 卷,浙江文艺出版社/浙江教育出版社,1990 年,第 253 页;第 250 页;第 254 页;第 250 页;第 252 页;第 251 页;第 251 页;第 252 页;第 253 页;第 252 页;第 254 页。

〔10〕 将丰子恺的理想人生界定为"真率人生",是以为"童心"乃丰子恺理论中最具特色且核心的范畴,而"真率"最足以概括丰子恺"童心"范畴的内核。

〔11〕〔12〕〔55〕〔56〕〔61〕〔67〕〔69〕 丰子恺《艺术修养基础·艺术的效果》:《丰子恺文集》第 4 卷,浙江文艺出版社/浙江教育出版社,1990 年,第 123;125 页;第 125 页;第 124—125 页;第 125 页;第 125 页;第 126 页。

〔13〕〔14〕〔19〕〔25〕〔35〕 丰子恺《告母性》:《丰子恺文集》第 1 卷,浙江文艺出版社/浙江教育出版社,1990 年,第 79 页;第 77 页;第 79 页;第 80 页;第 77 页。

〔15〕〔28〕〔57〕〔58〕〔59〕〔60〕〔62〕〔68〕 丰子恺《艺术趣味·美与同情》:《丰子恺文集》第 2 卷,浙江文艺出版社/浙江教育出版社,1990 年,第 583 页;第 584 页;第 583 页;第 584 页;第 583 页;第 581 页;第 582 页;第 584 页。

〔16〕 陈伟《中国现代美学思想史》,上海人民出版社,1993 年,第 289—290 页。

〔17〕 丰子恺《给我的孩子们》:《丰子恺文集》第 5 卷,浙江文艺出版社/浙江教育出版社 1992 年版,第 254 页。

[20] 丰子恺《悼丏师》:《丰子恺文集》第6卷,浙江文艺出版社/浙江教育出版社,1992年,第159页。

[21][22] 丰子恺《拜观〈弘一法师摄影集〉后记》:《丰子恺文集》第6卷,浙江文艺出版社/浙江教育出版社,1992年,第418页;第418页。

[23] 丰子恺《深入民间的艺术》:《丰子恺文集》第3卷,浙江文艺出版社/浙江教育出版社,1990年,第377页。

[24][27] 丰子恺《我与弘一法师》:《丰子恺文集》第6卷,浙江文艺出版社/浙江教育出版社,1992年,第401页;第402页。

[26][46][48][73] 丰子恺《西洋画的看法》:《丰子恺文集》第1卷,浙江文艺出版社/浙江教育出版社,1990年,第83页;第84页;第84页;第94页。

[29][36][63][64][65][66] 丰子恺《桂林艺术讲话之一》:《丰子恺文集》第4卷,浙江文艺出版社/浙江教育出版社,1990年,第15页;第16页;第15页;第15页;第15页;第16页。

[30][31][32] 丰子恺《少年美术故事》:《丰子恺文集》第3卷,浙江文艺出版社/浙江教育出版社,1990年,第527页;第526页;第562页。

[37][38] 丰子恺《艺术与艺术家》:《丰子恺文集》第4卷,浙江文艺出版社/浙江教育出版社,1990年,第403页;第403页。

[43][44] 丰子恺《中国美术的优胜》:《丰子恺文集》第2卷,浙江文艺出版社/浙江教育出版社,1990年,第530页;第528页。

[51] 参看牛宏宝等著《汉语语境中的西方美学》第二章,安徽教育出版社,2001年。

[52][53] 朱光潜《文艺心理学》,安徽教育出版社,1996年,第40页,第40页。

[54] [英]李斯托威尔著,蒋孔阳译《近代美学史述评》:上海译文出版社,1980年,第40—41页。

[70][71][74] 丰子恺《工艺实用品与美感》:《丰子恺文集》第1卷,浙江文艺出版社/浙江教育出版社,1990年,第53页;第53页;第53页。

[72] 丰子恺《房间艺术》:《丰子恺文集》第5卷,浙江文艺出版社/浙江教育出版社,1992年,第523页。

[75][78] 丰子恺《乡愁与艺术》:《丰子恺文集》第1卷,浙江文艺出版社/浙江教育出版社,1990年,第100页;第100页。

〔79〕丰子恺《姓》:《丰子恺文集》第 5 卷,浙江文艺出版社/浙江教育出版社,1992 年,第 133—134 页。
〔80〕丰子恺《中国画的特色》:《丰子恺文集》第 1 卷,浙江文艺出版社/浙江教育出版社,1990 年,第 38 页。
〔81〕丰子恺《图画与人生》:《丰子恺文集》第 3 卷,浙江文艺出版社/浙江教育出版社,1990 年版,第 300 页。

第四章　宗白华之哲诗人生

宗白华(1897—1986),中国现代最富诗性的美学家之一。他以对自由生命的审美体察和诗意构想,为中国现代"人生艺术化"理论添上了绚烂的华章。早在20世纪20年代初,宗白华就在《青年烦闷的解救法》和《新人生观问题的我见》等文中,提出要建设"艺术人生观",建构"艺术的人生态度",创造一个优美高尚、很有价值、很有意义的"艺术品似的人生",一个"艺术式的人生"。30至40年代,宗白华通过对生命情调和艺术境界的深沉体验和诗性诠释,为我们拓展了一个人生艺术化的自由诗境。宗白华的"人生艺术化"理论是中国现代"人生艺术化"理论中最富诗情的华章之一,其深情流动的民族情韵与宏阔舒逸的文化襟怀,丰沛舒舞的生命情调与飘逸和谐的人格灵境,为我们呈现了一个自由生命的诗性之舞。在这个哲诗生命的理想境界中,艺术与人生早已浑然一体,生命之动与澄明之境、形下关怀与形上超越也已契然无间。

一、新生命情调:哲诗生命的丰沛舒舞

"人生是什么? 人生的真相如何? 人生的意义何在? 人生的目的是何?"[1]1932年3月,宗白华先生在《歌德之人生启示》一文的开篇,就把"这些人生最重大、最中心的问题"[2],以哲学与诗性相交融的方式提了出来。他以为,古往今来一切大哲学家、大宗教家和世界

上第一流的大诗人,他们殚精竭虑的共同点就在于,以生命的丰富哲性和诗性来解答和启示这人生的真相和意义。

宗白华一生介绍、翻译、点评了中西方数十位哲学家、艺术家。如:中国的孔子、庄子、屈原、顾恺之、徐悲鸿等,西方的叔本华、康德、柏格森、席勒、黑格尔、笛卡儿、温克尔曼、柏拉图、亚里士多德、马克思、歌德、罗丹、泰戈尔、莎士比亚、托尔斯泰、海涅等。这些大家对宗白华的思想与人格产生了重要而深刻的影响,尤其使他对"人生的真相和意义"这个根本性的问题,拥有了哲情与诗意并融的温暖而深邃的目光。正是在古今中西的兼收并融与传承创化中,宗白华孕萌出深刻影响中国现代文化精神的诗性生命学说。

宗白华初入文化之域,就表现出对人生与哲学问题的关注。从目前可见到的资料来看,宗白华正式发表的第一篇论文就是刊于1917年《丙辰》杂志上的《萧彭浩哲学大意》。[3] 1919年,宗白华又陆续发表了《康德唯心哲学大意》、《康德空间唯心说》、《读柏格森"创化论"杂感》以及《欧洲哲学的派别》等介绍西方哲学家与哲学学说的论文。值得注意的是,宗白华在绍介西说时,并不遗忘或无视东方的智慧。他在《康德唯心哲学大意》一文中提出:"东西圣人,心同理同。"[4] 在《萧彭浩哲学大意》一文中,宗白华谈到著此文的缘由:"吾读其书,抚掌惊喜,以为颇近于东方大哲之思想,为著斯篇焉。"[5] 宗白华融中西之说,以"思穷宇宙之奥,探人生之源"。[6] 他面对中国社会"世俗众生,昏蒙愚暗"的现实,发出了"人生职任,究竟为何"的叩问,并提出了自己关于人生和生命问题的看法与答案。

"五四"前后至20世纪20年代,是宗白华人生学说初萌的阶段。

1919年7月,宗白华在《少年中国》杂志上发表了《说人生观》一文,将世上所流行的人生观及其行为特征分为乐观、悲观、超然观三大类和乐生派、激进入世派、佚乐派、遁世派、悲愤自残派、消极纵乐派、旷达无为派、超世入世派、消闲派九个派别。对各类各派,宗白华兼有分析。他推崇的是超世入世派,认为此派"乃超然观行为之正宗。超世而不入世者，非真能超然观者也。真超然观者，无可而无不可，无为而无不为，绝非遁世，趋于寂灭，亦非热中，堕于激进，时时救众生而以为未尝救众生，为而不恃，功成而不居，进谋世界之福，而同时知罪福皆空，故能永久进行，不因功成而色喜，不为事败而丧志，大勇猛，大无畏，其思想之高尚，精神之坚强，宗旨之正大，行为之稳健，实可为今后世界之少年，永以为人生行为之标准者也"。宗白华视超世入世派"为世界圣哲所共称也"，[7]由此也呈现了自己关于人生观的基本态度。同年8月，宗白华又在《少年中国》杂志发表了《致少年中国学会函》，提出："中国人根性，颇多消极，青年学者尤甚。每致心于优美之玄想，不喜躬亲实事。而智慧最高者尤孤冷多出世之想。吾学会宗旨，亦在容纳此等最纯洁高尚聪慧多才之少年，改造其出世之人生观，以为超世入世之人生观，为人类得一造福之人才。"[8]这段文字表述了宗白华倡导超世入世观的现实指向，亦表明了在倡导超世入世的统一时，宗白华更关注的是改造国人消极超世的根性。而在稍后的《读柏格森"创化论"杂感》一文中，宗白华则明确提出了："柏格森的创化论中深含着一种伟大入世的精神，创造进化的意志，最适合做我们中国青年的宇宙观。"[9]动、创造、进化、力等构成了宗白华早期人生观的基调，也成为贯穿其整个人生哲学与文化哲学的内在要素。

这一阶段，宗白华陆续发表了《我的创造少年中国的办法》、《中国青年的奋斗生活与创造生活》、《青年烦闷的解救法》、《新人生观问题的我见》、《新诗略谈》、《新文学底源泉——新的精神生活内容底创造与修养》、《看了罗丹雕塑以后》、《艺术生活——艺术生活与同情》、《我与诗》等文。这些文章或直接谈人生观问题，或从诗与艺术立论，但最后的中心问题都是人格修养与社会建设的关系问题。

这一阶段，宗白华追问的中心问题是动与静、超世与入世、个体与社会的关系问题。以动为生命的最高本质、以创造为生命的根本特征、以进化为生命的基本指向，是宗白华所获得的基本答案。

这一阶段,宗白华憧憬的是大宇宙之新人格的建构和以新生命、新精神为标志的中华新国魂的建设,"要从民族底魂灵与人格上振作中国"。[10]宗白华提出,真正的生活就是奋斗与创造。中国社会存在既久,积垢颇深,从根本上缺乏奋斗精神与创造精神,由此也孕生了一班"寄生虫"与"害虫"。因此,"改良社会现状唯一的办法,就是要人人都过他正当的奋斗生活与创造生活",[11]消灭一切非人的生活。而实现这个目标的关键就是新人格的创造。他说:"我们做人的责任,就是发展我们健全的人格,再创造向上的新人格,永进不息";"我们创造小己人格最好的地方就是在大宇宙的自然境界间","向大宇宙自然界中创造我们高尚健全的人格"。[12]他援引歌德的诗"人类最高的幸福就是人类的人格",并将其改造为"人类最高的幸福在于时时创造更高的新人格"。[13]在创造与进化的问题上,宗白华提出了比较辨证的观点。他说:"所谓新,是在旧的中间发展进化,改正增益出的,不是凭空特创的。"因此,"世人所谓'新',不见得就是'进化',世人所谓'旧',也不见得就是'退化'(因人类进化史中也有堕落不如旧的时候)。所以,我们要有进化的精神,而无趋新的盲动"。[14]与此相联系,他提出了东西文化的辨证关系问题。他说,东西文化各有自己的优点与缺点,因此,要融合两种文化的优点以创造一种更高的新文化,以培育涵养新人格,熔铸新国魂,建设一个"灿烂光华雄健文明的'少年中国'"。[15]

基于以上这些关于人格、人生、文化、社会等问题的基本思考,这一阶段,宗白华也在《青年烦闷的解救法》、《新人生观问题的我见》等文中提出了"艺术式的人生"、"艺术人生观"、"艺术的人生态度"等命题。这些命题可以说是宗白华对如何涵养新人格、创造新生活的一个答案,是他找到的一条独特的又具有浓厚的民族性色彩与现代性意味的道路。[16]他认为诗与艺术是人类精神生命的实现和表写。美的艺术表现了纯真、健全、活泼的人性,体现了真实、丰富、深透的精神生活,在本质上也表征了"宇宙全部的精神生命"。[17]因此,"一个高等艺术品","是很优美、很丰富、有意义、有价值的";艺术人生观,是"超小己的","是把'人生生活'当作一种'艺术'看待,使他优美、丰富、有条理、有意义"。[18]他提出:"生命创造的现象与艺术创造的现象,颇有相似之处。"一个理想的生命创造,也应该"好像一个艺术品的成功","也要能有艺术品那样的协和,整饬,优美,一致"。宗白华倡导要抱有一种"艺术的人生观",建立一种"艺术的人生态度","积极地把我们人生的生活,当作一个高尚优美的艺术品似的创造,使他理想化,美化"。[19]他强调:"艺术教育,可以高尚社会人民的人格。"[20]

这一阶段,宗白华已涉及对诗与艺术的探讨,他的哲学思辨与人生学说也已初步呈现出解决人生问题的美学旨向与诗性品格。当然,这一阶段,一方面宗白华主要侧重从哲学角度立论谈人生、艺术、审美的关系,另一方面他的论述也尚显浅拙粗放。但是,他对生命、对审美、对艺术、对人生的一些重要问题的看法已初具雏形。如他提出:"艺术为生命的表现。"[21]"创造的活力"是"自然的内在的真实",是"生命的根源",是"一切'美'的源泉";"动者是精神的美"。[22]"艺术的目的是融社会的感觉情绪于一致",使"小我的范围解放,入于社会大我之圈,和全人类的情绪感觉一致颤动",并"扩充张大到普遍的自然中去"。[23] 1925—1928年间,宗白华还对美学与艺术学进行了系统的研究,完成了《美学》、《艺术学》讲稿。1928—1930年间,宗白华完成了《形上学——中西哲学之比较》、《孔子形而上学》等重要的哲学论文。这一切为其30至40年代思想的发展与圆成奠定了重要的基础。

1923年,宗白华写作了《我和诗》一文,总结了自己诗歌创作与哲学研究的缘起,也交代了他早期"对于诗歌和现实的看法"。在这篇短文中,宗白华收录了作于1921年的小诗《生命之窗的内外》,表达了对于"近代人生"的矛盾心情。一方面,是"白天,打开了生命的窗",是"行着,坐着,恋爱着,斗争着。活动、创造、憧憬、享受";一方面,是"黑夜,闭上了生命的窗","是诗意、是梦境、是凄凉、是回想?

缕缕的情思,织就生命的憧憬"。[24]诗作所呈现的紧张而热烈的生命图景、深秘而绰约的生命渴盼给人留下了深刻的印象,也形象地展示了宗白华早期对于人生问题思考的内在矛盾。在这篇文章里,宗白华还引用歌德的话提出"应该拿现实提举到和诗一般地高"的人生主张,[25]由此,也预示了其一生以艺术为人生立论的美学主张和价值走向。

20世纪30至40年代,宗白华的人生学说趋于成熟与圆融。

1932年,宗白华发表了重要论文《歌德之人生启示》,提出人生的意义和价值正在于生命本身。他以歌德为例,指出歌德一生流动不居的生命及其矛盾的调解,完成了一个最真实最丰富最人性的人格。由此,歌德以自己的人生及其作品启示了"近代人生"的"内在的问题"——"无尽的生活欲与无尽的知识欲"及其"特殊意义"——"生命本身价值的肯定"。他认为歌德是"近代的流动追求的人生最伟大的代表","带给近代人生一个新的生命情绪","一个新的动的人生情绪",那就是在流动的生活中完成人格的演进、实现生命的意义。他富有诗意地写道:"流动的生活演进为人格","人在世界经历中认识了世界,也认识了自己,世界与人生渐趋于最高的和谐;世界给予人生以丰富的内容,人生给予世界以深沉的意义"。[26]至此,宗白华开始了对于早期人生矛盾的超越,他的思想也渐趋澄明。《歌德之人生启示》揭开了宗白华对人生问题思考的新的视角与方法,他从主要侧重于哲学的讨论转向主要从艺术来寻找启益,寻求艺术、哲学、文化、人生的圆融。

此阶段,宗白华发表了《歌德的〈少年维特之烦恼〉》、《略谈艺术的价值结构》、《论中西画法的渊源与基础》、《席勒的人文思想》、《唐人诗歌中所表现的民族精神》、《中国画法所表现的空间意识》、《近代技术的精神价值》、《我所爱于莎士比亚的》、《技术与艺术》、《论〈世说新语〉与晋人的美》、《中国艺术意境之诞生》、《论文艺的空灵与充实》、《中国艺术三境界》、《中国文化的美丽精神往那里去》、《艺术与中国社会》《中国诗画中所表现的空间意识》等一批文化和艺术论文,具体生动地表述了他对于生命、对于人生的看法和答案。

此阶段,宗白华着力讨论了生命与价值、韵律(节奏)与和谐、技术与精神、美与真善、人生与艺术等诸对关系,他热烈倡导建设一种"新生命情调"[27]、"一个新的生命的情绪"[28]。

生命情调在宗白华这里,是一个出现频率相当高的概念。通读他的文稿,可以发现,生命情调与生命情绪、生命节奏、生命核心等概念具有互通性,也与宇宙意识、文化精神、艺术精神等概念具有互通性。宗白华认为:"宇宙本身是大生命的流行,其本身就是节奏与和谐。"[29]因此,生命情调也就是宇宙生命的最深律动,其本质就是"至动而有条理"[30]、"至动而有韵律"[31]。生命情调是生命的本质与核心,启示着生命最深的真实。宗白华以歌德的人生为例,提出生命情调就"是'生命本身价值'的肯定"[32]。至动乃生命的流动不居,是生命的化衍灿烂,是生命的激越丰富,是生命的扩张追逐,是生命的冲突矛盾。同时,生命的至动化衍于天地宇宙运行之中,它化私欲入清明,化健动为节奏,化丰富为韵律,引矛盾入和谐。"宇宙是无尽的生命、丰富的动力,但它同时也是严整的秩序、圆满的和谐。"[33]这种刚健清明、深邃幽旷的生命情调是"丰富的生命在和谐的形式中","在和谐的秩序里面是极度的紧张,回旋着力量,满而不溢"[34]。由此,生命在自身的化衍流动、创造成长、矛盾冲突中实现了自己的节奏、韵律和和谐,自由而丰沛地舒舞,如诗,如乐,在流动而和谐、丰富而和谐、冲突而和谐中升华了自己的美、意义和价值。同时,这个过程又是永不停止的,是永恒的动与韵律。

生命情调在宗白华这里首先是一个哲学命题。它是宗白华对生命与宇宙的形上追问,体现了宗白华对生命与宇宙本质的本真体认。在这个意义上,它与宇宙意识相融通,是生命本体论,也是宇宙本体论。同时,生命情调在宗白华这里也是一个文化命题。在这个意义上,它与文化精神相联系。正是基于对生命本质、宇宙本质之体认以及中西文化精神之批判这两个互为关联的前提,宗白华提出了建设"新生命情调"的理论命题。"新"是对生命本质与宇宙本质的真理性发现,"新"也是对于人生与生命理想的价值性重构。在宇宙(生命)本体论和人生价值论的统一中,宗白华也完成了对于新生命情调的本体建构与理想建构。

一方面,宗白华把至动而有条理有韵律的生命情调视为宇宙生命的最深真境与最高秩序,是哲学境界与艺术境界的最后根据。另一方面,宗白华通过对中西文明与文化精神的批判性建构,以"新生命情调"为理想提出了对中国文化美丽精神的深情呼唤。宗白华指出,西方近代文明是科学文明,呈现出"一切男性化,物质化,理知化,庸俗化,浅薄化的潮流"[35],近代人"由于抽象的分析的理性的过分发展"和"人欲冲动的强度扩张",以致不复有"高尚的"、"深入的情绪生活"和"伟大的热情的创作",不复有"'无所为而为'的从容自在",而"憔悴于过分的聪明与过多的'目的'重担之下"[36],盲目的理智使人类成为物质的奴隶、机械的奴隶,使人类的情绪不能上升为活跃、至动而有韵律的心灵而堕落为"魔鬼式的人欲",使人类不能建立起充实、自由、各尽其美的"个性人格"而趋于"雷同化、单纯化"[37]。他尖锐地指出,欧洲近代精神的真相是人在"突破'自然界限'"、"撕毁'自然束缚'"而"飞翔于'自然'之上"的同时又使自己"束缚于自己的私欲之中"[38],"西洋思想最后收获着的是科学权力的秘密"[39]。针对西方文明及其特点,1946年,宗白华在《中国文化的美丽精神往那里去?》这篇著名的文章中提出:"四时的运行,生育万物,对我们展示着天地创造性的旋律的秘密。一切在此中生长流动,具有节奏与和谐。"[40]而"中国古代哲人是'本能地找到了宇宙旋律的秘密'"。宗白华说:"中国民族很早发现了宇宙旋律及生命节奏的秘密",以此渗透进"现实的生活",以艺术、以日用器皿、以礼乐等来表现和象征这形上之道,"启示和创造社会的秩序与和谐"。因此,中国人是"喜爱现实世界"的[41]。他们"深潜于自然的核心而体验之,冥合之,发扬而为普遍的爱"[42]。中国人是以"音乐的心境爱护现实,美化现实",因此,虽对现实世界"爱护备至,却又不致现实得不近情理"[43]。但宗白华也指出,恰恰因为这种艺术的心境,使得中华民族长期以来"轻视科学工艺征服自然的权力","这使我们不能解救贫弱的地位,在生存竞争剧烈的时代,受人侵略,受人欺侮,文化的美丽精神也不能长保了,灵魂里粗野了,卑鄙了,怯懦了,我们也现实得不近情理了。我们丧尽了生活里旋律的美(盲动而无秩序)、音乐的境界(人与人之间充满了猜忌、斗争)"。宗白华慨叹:"一个最尊重乐教、最了解音乐价值的民族没有了音乐。这就是说没有了国魂,没有了构成生命意义、文化意义的高等价值。"正是在这个意义上,宗白华不无惆怅地提出了"中国精神应该往哪里去?"的深刻命题与深切呼唤。[44]

20世纪30至40年代的宗白华在民族矛盾最为尖锐和民族命运危在旦夕的时刻,并未沉浸于美和艺术中逍遥世外。早在20年代,宗白华就提出"拿叔本华的眼睛看世界,拿歌德的精神做人"的口号。[45]他从哲学和艺术中寻找滋养,践行超世而入世的人生观。30至40年代,他的思想趋于圆融,哲学与文化的思考融于艺术与美的诠释中。他认为"艺术创作是一切文化创造最纯粹最基本的形式"[46],"艺术表演着宇宙创化"[47],"伟大的艺术"领悟、表现、象征"人生和宇宙的真境"[48]。他提出中国的哲学境界和艺术境界具有相通之处,前者以生命体悟道,后者以形象(生命)具象道。从艺术和审美体悟道,妙悟生命与宇宙之真谛,从而建构真善美相统一的人格精神和人生境界,这就是宗白华从艺术与审美通向人生的理想路径,也是他所理想的改造社会与现实人生的最佳途径。30至40年代的宗白华一往情深于艺术和美的体悟与诠释,主张在具体的生命与艺术活动中升华人格的形上追求,在诗意的精神之舞中实现至动而有韵律的生命情调,从而将生命与人生导向至美至真。

二、人格之神韵:自由生命的和谐灵境

美学的目标是美育,美育的中心是人格教育,这是中国现代美学

思想的鲜明特色之一,也是中国现代人生艺术化理论的基本传统之一。这一点在宗白华身上也有鲜明的体现。

让生命"纵身大化中与宇宙同流,但也是反抗一切的阻碍压迫以自成一个独立的人格形式"。[49]生命是宗白华一切问题的核心,而人格则是宗白华生命问题的焦点。宗白华提出:"和谐与秩序是宇宙的美,也是人生美的基础","大宇宙的秩序定律与生命之流动演进不相违背,而同为一体",[50]因此,人生的伦理问题与宇宙的本体问题密切关联。"心物和谐底成为'美',而'善'在其中。"[51]美的生命与人生需要"整个的自由的人格心灵"作为支撑。在《席勒的人文思想》一文中,宗白华强调"'美的教育'就是教人'将生活变为艺术'",从而使"工作与事业即成为'人格教育'"。[52]

从宇宙本体到生命本质,从生命本质到艺术境界,从艺术境界到人生理想,从人生理想到人格建设,真善美融为一体,使宗白华的人格理想具有丰富、深邃而高旷的神韵。而艺术,在宗白华看来,正是自由生命的最高呈现。"艺术境界与哲理境界"作为人类"最高的精神活动",均"诞生于一个最自由最充沛的深心的自我"。[53]因此,人生与艺术在本质上是相通的,各门艺术在本质上也是相通的,它们既遵循宇宙的法则,又呈现着美的特征。一个"理想的人格,应该是一个'音乐'的灵魂。"[54]所谓"'音乐'的灵魂",在宗白华这里,即泛指具有艺术精神的艺术人格与灵魂。

这个艺术的人格与灵魂,也就是自由和谐的人格,其核心就是"超世入世"的人格态度与"无所为而为"的创造精神。早年,宗白华以"大勇猛"、"大无畏"、"无可无不可"、"功成而不居"等作为"超世入世"精神的注释,较多体现出中国传统伦理文化与佛学思想的影响。1935年,宗白华发表了《席勒的人文思想》一文,赞同以"恢复艺术中'无所为而为'的创造精神"来涵养自由和谐的人格,从而体现出西方近代人文精神和美育思想的影响。他阐释源自康德的席勒"无所为而为"的艺术创造精神为"自由的愉悦的'游戏式'的创造"。由此,生命活动"不复是殉于种种'目的'的劳作","一切皆发于心灵自由的表现,一切又复返于人格心灵的涵养增进",于是"能举重若轻行所无事,一切事业成就于'美'"。这种"表现着'窈窕的姿态'"的艺术化生活,"在道德方面即是'从心所欲不逾距',行动与义理之自然合一,不假丝毫的勉强。在事功方面,即'无为而无不为',以整个的自由的人格心灵,应付一切个别琐碎的事件,对于每一事件给予适当的地位与意义。不为物役,不为心役"。"事业因出发于心灵的愉悦而有深厚的意义与价值。人格因事业的成就而得进展完成。""兴趣与工作一致,人格与事业一体。"刚健清明、心物和谐,既成就了美的事业,也成就了美的人格与心灵。宗白华对席勒人文思想的阐发,既丰富了其超世入世观的内涵,也拓展了其人格理论的现代人文意蕴。1941年,宗白华发表了《论〈世说新语〉和晋人的美》,进一步以晋人的艺术和人格具体而形象地阐释了艺术精神与人格。宗白华指出:汉末魏晋六朝是中国历史上"最富有艺术精神的一个时代"。"晋人向外发现了自然,向内发现了自己的深情。""晋人虽超,未能忘情。"[55]他们以对于"宇宙的深情"来对待自然、生活与友谊,从而确立了深于同情富于感受的唯美的人生态度。因为深于同情,他们的"胸襟如一朵花似的展开,接受宇宙和人生的全景,了解它的意义,体会它的深沉的境地"。[56]因为富于感受,他们充分了解"美的价值是寄于过程的本身,不在外在的目的",他们着力"把玩'现在',在刹那的现量的生活里求极量的丰富和充实,不为着将来或过去而放弃现在的价值的体味和创造"。[57]因此,晋人创造了中国历史上"寄兴趣于生活过程的本身价值而不拘泥于目的"的"唯美生活"的一种典型,从而也创造出一种"不沾滞于物的自由精神"。这种"'无所为而为'的态度"与"事外有远致"的神韵使生命"发挥出一种镇定的大无畏的精神"与"力量",也成就了"最解放的"、"最自由的"、"最哲学的"人格精神。"晋人之美,美在神韵",美在'心灵',美在"自由潇洒的艺术人格"。[58]

20世纪30至40年代,宗白华以中西文化的圆融、艺术与哲学的互释拓展丰满了超世而入世、无所为而为的艺术化人生态度与人格神韵的内涵,也使其呈现出更为鲜明的现代色彩和更为深沉的诗性意蕴。

"拿叔本华的眼睛看世界,拿歌德的精神做人"[59];"以狄阿理索斯(Dionysius)的热情深入宇宙的动象","以阿波罗(Apollo)的宁静涵映世界的广大精微"[60]。这种"静穆的观照和飞跃的生命"的统一,体现了超世入世的人格精神、无所为而为的艺术创造精神的风神逸致,它们象征了"艺术生活上两种最高精神形式"[61],也成就了生命与人格的诗境。若以中国哲学与艺术来观照,宗白华最钟情的就是"屈原的缠绵悱恻"与"庄子的超旷空灵"的统一。他说:"缠绵悱恻,才能一往情深,深入万物的核心,所谓'得其环中'。超旷空灵,才能如镜中花,水中月,羚羊挂角,无迹可寻,所谓'超以象外'。"[62]"得其环中"重在执着与深情。"超以象外"赢在超旷与舒逸。两相结合,以有为入无为,以无为化有为,充实而有力,旷达而圆满。

"美之极,即雄强之极。"[63]充实而有力正是生命的本相,也是宗白华所理想的艺术人格的重要特征。唯充实有力,始能健康壮大,始成变化流动,始有韵律节奏。歌德笔下的维特、浮士德是西方近代流动追求的生命精神的典型代表,也启示着生命与宇宙演进的真相。而莎士比亚的艺术以"人性的内心生活"及其导致的"人生的冲突斗争"来呈现"复杂的繁富的生命",从另一个层面体现了生命的力与美。[64]宗白华认为,动也是中国哲学与艺术的基本理想。他提出"中国哲学如《易经》以'动'说明宇宙人生(天行健,君子以自强不息),正与中国艺术精神相表里"。[65]魏晋时代是中国历史上"强烈、矛盾、热情、浓于生命色彩的一个时代",晋人听从于心灵和人格的召唤,在"唯美的人生态度"中体现了"最有生气"的生命精神和人格风貌。[66]"唐代文明"则"生活力丰满,情感畅发"[67],唐代诗坛"慷慨的民族诗人"与"有力的民族诗歌"以"悲壮"与"铿锵"呈现了旺盛的"民族精神"和成熟的"民族自信力",也是生命诗情的一种体现。[68]

艺术人格还须超我忘我。"气象最华贵之午夜星天,亦最为清空高洁。"[69]宗白华提出,造化形态万千,其生命原理则一。"宇宙生命中一以贯之之道,周流万汇,无往不在;而视之无形,听之无声。"[70]欲把握生命的最高之道,乃须超越之才能观照之。"活泼的宇宙生机中所含至深的理",唯有"静照"(comtemplation)才能获得。"静照的起点在于空诸一切,心无挂碍,和世务暂时绝缘。"[71]"静照在忘求。""忘求"不是忘世而是"忘我",是"超脱了自己而观照着自己"[72]。"日暮天无云",始得"良辰入奇怀"。超旷空灵始能旷达圆满。宗白华认为"一阴一阳、一虚一实的生命节奏"正是宇宙的律动,也是"中国人最根本的宇宙观"[73]。而这种虚实相生的哲学境界也正是中国艺术和审美的精粹。"静穆的观照和飞跃的生命构成艺术的二元。"它们源于"心灵里葱茏氤氲,蓬勃生发的宇宙意识"。"空寂中生气流行,鸢飞鱼跃,是中国人艺术心灵与宇宙意象'两镜相入'互摄互映的华严境界",也是"一切艺术创作的中心之中心"。[74]"空明的觉心,容纳着万境。"宗白华强调美感的养成要"依靠外界物质条件造成的'隔'","更重要的还是心灵内部方面的'空'"。"由能空、能舍,而后能深、能实,然后宇宙生命中一切理一切事,无不把它的最深意义灿然呈露于前。"[75]

超世与入世、无为与有为的艺术化统一成就了人格的独特神韵与和谐灵境。"静而与阴同德,动而与阳同波。"[76]动静相宜、阴阳相谐、虚实相生,无所为而为,无为而无不为,生命的节奏与韵律、过程与意义体现了自由而和谐的灵境。它不是单一,而是充实,是流动而和谐、丰富而和谐、冲突而和谐,既至动又有韵律,既入世雄强又超世旷达。这就是一个"最人性的人格",[77]它通于宇宙大道,合于宇宙秩序,因此,也是一种理想的人格和美的人格。这种艺术化的人格带着诗意与神性,为至美至真的艺术化人生奠定了主体条件。

三、由美入真:人生艺术化与宇宙生命之至境

在宗白华看来,宇宙、人生、艺术就其本质和运化规律而言是相

通的。它们都具有共同的生命旋律与秩序。"'生生而条理'就是天地运行的大道,就是一切现象的体和用"[78];"和谐与秩序是宇宙的美,也是人生美的基础"[79];"艺术表演着宇宙的创化"[80]。宗白华把至动而和谐视为生命与宇宙运演的基本规律与最深真境,同时它也是"艺术境界的最后源泉"。因此,在宗白华看来,生命真境与宇宙深境一方面构成了艺术灵境的最终根源,同时,艺术又以自己美的形式——"艺"与"技"呈现和启示着"宇宙人生之最深的意义和境界"[81],呈现和启示着形而上的"道"。正是在对宇宙、人生、艺术及其相互关系的辩证观照中,宗白华提出了"由美入真"的人生命题和美学命题。

所谓"由美入真",即宗白华认为"艺术固然美,却不止于美","艺术的里面,不只是'美',且包含着'真'",因此,艺术审美的意义"不只是化实相为空灵,引人精神飞越,超入美境。而尤在它能进一步引人'由美入真',深入生命节奏的核心"。通过"由美入真"使人"返于'失去了的和谐,埋没了的节奏',重新获得生命的核心,乃得真自由,真解脱,真生命"。[82]"真"在这里不是指现象或表象的真,而是指生命的节奏、核心、中心等,也就是宗白华反复阐释的宇宙大道、规律、本质等。宗白华将其称为"高一级的真"。宗白华指出,"这种'真',不是普通的语言文字,也不是科学公式所能表达的真","真实是超时间的"。即这种"真"非实存,非物质。因此,"这种'真'的呈露",也只有借助"艺术的'象征力'所能启示",就是"由幻以入真"。[83]艺术本身是幻的,由它却能也才能完美地启示宇宙与生命核心之真。"由美入真"揭示了宗白华的艺术价值观,也呈现了宗白华所建构的通向理想人生与生命至境的必由之路,即艺术与审美的道路。30年代,宗白华在《略谈艺术的"价值结构"》、《论中西画法的渊源与基础》、《〈文学应该表现生活全部的真实〉编辑后语》等文中,反复提出并阐释了这个"由美入真"的命题,强调了"文学不仅是美,尤其是要真"的理念。[84]

"由美入真"提出了由艺术美境通向人生至境与宇宙真境的道

路。对艺术之美及其境界的把握是这个命题的重要基础。在《中国艺术意境之诞生》[85]这篇著名的艺术与美学论文中,宗白华对艺术境界的本质、特征、构成、价值等作了系统精辟的阐释。

何谓"艺术境界"即"意境"?宗白华说,艺术境界(意境)是"以宇宙人生的具体为对象,赏玩它的色相、秩序、节奏、和谐,借以窥见自我的最深心灵的反映;化实境而为虚境,创形象以为象征,使人类最高的心灵具体化、肉身化"。从艺术创造的角度言,艺术境界(意境)就是艺术家"主观的生命情调与客观的自然景象交融互渗"所"成就"的"鸢飞鱼跃,活泼玲珑,渊然而深的灵境"。[86]

艺术境界(意境)的本质在于,它是"山川大地"、"宇宙诗心"的"影现"。其最后的源泉就是"天地境界",就是"鸿濛之理",就是宇宙创化的"生生的节奏"及其秩序与和谐,是形而上的宇宙大"道",也是"葱茏絪缊,蓬勃生发的宇宙意识"和"高超莹洁"而"壮阔幽深"的"生命情调"。[87]

艺术境界(意境)的特点就主客关系言,是"艺术心灵与宇宙意象'两镜相入'互摄互映",是"'情'与'景'(意象)的结晶品",也就是主客观的统一。因此,这个"景"不是"一味客观的描绘,像一照相机的摄影",而是"外师造化,中得心源",是从艺术家"最深的'心源'和'造化'接触时突然的领悟和震动中诞生的"。它既是"由情具象而为景",是一个"崭新的意象"、"独特的宇宙",是"替世界开辟了新境"。同时,这个"晶莹的景"也是"心匠自得","尤能直接地启示宇宙真体的内部和谐与节奏"。宗白华提出,中国哲学境界与艺术境界在特点上有共通之处:"中国哲学是就'生命本身'体悟'道'的节奏。'道'具象于生活、礼乐制度。道尤表象于'艺'。灿烂的'艺'赋予'道'以形象和生命,'道'给予'艺'以深度和灵魂。"道、象、艺构成了哲学与艺术的基本特征与规律,它们最终都是"造化与心灵的凝合",自由潇洒,"于空寂处见流行,于流行处见空寂"。[88]

艺术境界(意境)的特点就内在结构关系言,宗白华则提出了"三层次"说。即"艺术意境不是一个单层的平面的自然的再现,而是一个境界层深的创构。从直观感相的模写,活跃生命的传达,到最高灵境的启示,可以有三层次"。[89]由"模写"到"传达"到"启示",也即由形到神到境,由印象到生气到格调,由局部要素到完整生命到精神灵境,是一层一层直探生命与心灵的本原而灿烂地发挥妙悟最高的灵境。因此,"澄观一心而腾踔万象",乃"是意境创造的始基"。在这个过程中,心有"妙悟","鸟鸣珠箔,群花自落",终达成"意境表现的圆成"。

由于把艺术境界(意境)作为艺术的中心,因此宗白华对艺术的鉴赏注重的是整体的意趣。在他看来,艺术虽有门类之分,但就其精神追求而言是一致的。他说:"中国画以书法为骨干,以诗境为灵魂,诗、书、画同属于一境层"[90];"书境同于画境,并且通于音的境界"[91];"中国绘画是舞蹈性的,是音乐性的"[92];"'舞'是中国一切艺术境界的典型"[93]。

宗白华认为艺术境界(意境)是"艺术创作的中心之中心"。因此,他在鉴赏艺术时"着重点"就在于整个作品的"节奏生命而不沾滞于个体形象的刻画"。他提出了艺术的几个审美标准。一是有机和谐之美。所谓有机和谐,是指艺术自成"一个超然自在的有机体"。"艺术的有机体对外是一独立的'统一形式',在内是'力的回旋'。"[94]宗白华认为一切伟大的艺术都具备这个特征。丰富的生命在有机的形式秩序中呈现为节奏与和谐。歌德、莎士比亚、屈原,唐人的诗、宋人的画无一不是如此。二是气韵生动之美。所谓气韵生动即"生命的律动"[95],"气"即生气,韵即"韵律",气韵生动是指艺术呈现着生生不已的创造力,表现着生命的生动气象与和谐情致。气韵生动是那种生动而和谐的美,是音乐中的节奏韵律,绘画中的色彩笔墨,书法中的线条气势,舞蹈中的姿态线纹,是流动于作品中的光与神。因此,气韵生动是反对僵硬、呆板的写实的。艺术也要写实,但"不是要求死板板的写实,乃是要抓住对象的要求,要再现对象的生命力之韵律的动态"[96]。艺术是让"宇宙灵气"在作品中流行贯彻,往复上下。三是空灵之美。所谓空灵之美,是指艺术化实为虚的美感特征。"心灵与自然完全合一","是最超越自然又最切近自然"。"空"的心灵是对现实的超越,"是超脱的,但又不是出世的"。[97]只有这样,"才能把我们的胸襟象一朵花似地展开,接受宇宙和人生的全景,了解它的意义,体会它的深沉的境地"。[98]由"空"才能有"灵"动,才会有灵境。"空灵"使自然本身成为世界的"心灵化"。[99]在《略论文艺与象征》一文中,宗白华说:"最高的文艺表现,宁空毋实,宁醉毋醒。"即艺术的最高价值不是写实,而是对天地诗心的象征。四是自由与个性之美。在《论〈世说新语〉和晋人的美》中,宗白华提出自由潇洒的艺术人格是晋人之美的重要表现。晋人拥有最自由最解放的精神,能直接地欣赏人格个性之美,尊重个性价值。而"晋人的书法是这自由的精神人格最具体最适当的艺术表现"。[100]宗白华反对泊没自我于宇宙之中,他认为缺乏个性是生命力衰竭的表现。

宗白华非常强调主体人格涵养与生命情调对于艺术境界(意境创造)的重要意义。他认为,艺术境界(意境)是一种"微妙境界",其实现"端赖艺术家平素的精神涵养,天机的培植,在活泼泼的心灵飞跃而又凝神寂照的体验中突然地成就"。"心灵飞跃"乃狄阿理索斯(Dionysius)精神,强调的是情感与同情。"凝神寂照"乃阿波罗(Apollo)精神,强调的是空灵与静照。对照中国艺术精神,宗白华认为这就是屈原的精神与庄子的精神。他指出:"中国艺术意境的创成,既须得屈原的缠绵悱恻,又须得庄子的超旷空灵。缠绵悱恻,才能一往情深,深入万物的核心,所谓'得其环中'。超旷空灵,才能如镜中花,水中月,羚羊挂角,无迹可寻,所谓'超以象外'。色即是空,空即是色,色不异空,空不异色,这不但是盛唐人的诗境,也是宋元人的画境。"[101]"艺术让浩荡奔驰的生命收敛而为韵律",既"能空灵动荡而又深沉幽渺"。它是"象罔",是虚幻的景象,又是"玄珠",是那个"深不可测的玄冥的道"。[102]

只有"象罔"才能得到"玄珠"。艺术境界（意境）是穿越"丰满的色相"而达到空灵，由此直探"生命的本原"，抵达"宇宙真体"。宗白华慨叹艺术的"这个使命是够伟大的！"在这个意义上，宗白华指出，"艺术的境界，既使心灵和宇宙净化，又使心灵和宇宙深化，使人在超脱的胸襟里体味到宇宙的深境"；[103]"艺术不只是具有美的价值，且富有对人生的意义、深入心灵的影响"；艺术"不只是实现了'美'的价值，且深深地表达了生命的情调与意味"。[104]这也就是艺术境界（意境）的价值所在。

宗白华的艺术境界（意境）论是对艺术特征的体认，也是对艺术精神、艺术价值的把握，同时，也是对于宇宙精神和生命理想的体认与建构。人是智慧的，他需要在理智上洞悉宇宙；又是理想的，需要在情感上对宇宙发生信仰。宗白华认为艺术境界（意境）正介于学术境界与宗教境界之间：一方面，它通过艺术形象在直觉上洞悉宇宙与生命之本真；另一方面，它也借助艺术形象呈现启示着生命灵境与天地诗心。伟大的艺术是人格灵境、宇宙真境最为生动的写照与具体的呈现。在艺术中，人体味的是生命与宇宙的至美神韵与最深真境。因此，艺术境界是更高的美与更高的真。

"一切艺术虽是趋向音乐，止于至美，然而它最深最后的基础仍是在'真'与'诚'。"[105]"由美入真"即"由美返真"也即"由幻入真"，是由艺术通达宇宙本真与最高生命境界的道路。它是热烈地投入情感于生命的至动之中，将"最高度的生命、旋动、力、热情"转化为"韵律、节奏、秩序、理性"，在宗白华看来，这就是艺术的"艺"与"技"，也就是艺术形式的功能与价值。宗白华认为，音乐的节奏与旋律、舞蹈的线纹与姿态、建筑的形体与结构，在中国画中则是"笔墨的浓淡，点线的交错，明暗虚实的互映，形体气势的开合"，这一切都是艺术形象的形式节奏。它们"天机活泼，深入'生命节奏的核心'，以自由谐和的形式，表达出人生最深的意趣"。宗白华认为这也就是"美"。他提出："美与美术的特点是在'形式'，在'节奏'，而它所表现的是生命的内核,是生命内部最深的动,是至动而有条理的生命情调"。[106] 因此,美既是外在的形式与节奏,又是内在的生命情调与人生意趣。"一切美的光是来自心灵的源泉:没有心灵的映射,是无所谓美的。"这就是宗白华对美的界定。"艺术境界主于美。"[107] 艺术是将心灵具象了来象征。因此,艺术也是通达心灵、生命核心、宇宙真境的适当途径。

"由美入真"是对人生的洞明。艺术家"在作品里把握到天地境界",是"刊落一切表皮,呈显物的晶莹真境"。[108] "伟大的艺术是在感官直觉的现量境中领悟人生与宇宙的真境。"[109] 因此,艺术活动不仅是体认艺术的特点与审美的规律,它的道路就是通过艺术与审美实践来领悟宇宙与生命的真境,从而建设一种人生态度,实现精神的澄明。

"由美入真"是"人生的深沉化"。它通过深入生命的核心和中心,体认宇宙和生命的最深的真实,从而使我们的情感趋向深沉,是穿透色相而抵达生命的深处,使生命与生命在"深厚的同情"中产生美的共鸣。"有无穷的美,深藏若虚,唯有心人,乃能得之。"[110]

"由美入真"是真善美的统一。"由美入真"实现了对宇宙真境与生命核心的体认,这既是对最高之真的把握,由此也必然使生命运化合于宇宙秩序与规律,从而也合于善。当然,宗白华这里的善,与真一样,是具有终极意义的,是最高境界中的真与善。在这个意义上,宇宙真境、生命至境、艺术美境也浑然无间。

在《歌德之人生启示》中,宗白华提出:"我们任何一种生活都可以过,因为我们可以由自己绎与它深沉永久的意义。"[111] 由美入真,是由艺术来澄明人生,也是化人生而为艺术。歌德"以大宇宙中永恒谐和的秩序整理内心的秩序,化冲动的私欲为清明合理的意志",以维特、浮士德等艺术形象的创造"化泛滥的情感为事业的创造,以实践的行为代替幻想的追逐",从而完成了人生的"扩张与收缩、流动与形式、变化与定律"的辩证统一,实现了"情感的奔放与秩序的严整"

第四章　宗白华之哲诗人生

的和谐统一[112],最终以自己的整个艺术与人生启示了生命之有为与无为、努力与价值、毁灭与意义的永恒冲突及其超越,他不仅成就了自己最人性的人格,也体味了生命最曼妙的美,领悟了生命最深的真,当然也实现了生命最高的善。歌德是美丽人生的一个典范,但宗白华并不认为艺术化人生只有歌德这一种形式。"我们盼望世界上各型的文化人生能各尽其美,而止于至善,这恐怕也是真正的中国精神。"[113]歌德的人生、晋人的风度就是宗白华所理想的艺术化人生的生动呈示。

以艺术与美启迪心灵与生命之真谛,使生命与人生臻于真善美的化境。"最高度的把握生命,和最深度的体验生命"融为一体,[114]这就是宗白华式的人生艺术化的哲诗之路和自由灵境。

注释:

[1][2][26][28][32][49][77][111][112] 宗白华《歌德之人生启示》:《宗白华全集》第2卷,安徽教育出版社,1994年,第1页;第1页;第15页;第5页;第6页;第11页;第10页;第14页;第11页。

[3] 萧彭浩今通译叔本华。

[4] 宗白华《康德唯心哲学大意》:《宗白华全集》第1卷,安徽教育出版社,1994年,第14页。

[5] 宗白华《萧彭浩哲学大意》:《宗白华全集》第1卷,安徽教育出版社,1994年,第4—5页。

[6][7] 宗白华《说人生观》:《宗白华全集》第1卷,安徽教育出版社,1994年,第17页;第24页。

[8] 宗白华《致少年中国学会函》:《宗白华全集》第1卷,安徽教育出版社,1994年,第30页。

[9] 宗白华《读柏格森"创化论"杂感》:《宗白华全集》第1卷,安徽教育出版社,1994年,第79页。

[10] 宗白华《乐观的文学》:《宗白华全集》第1卷,安徽教育出版社,1994年,第419页。

〔11〕〔12〕〔13〕〔14〕宗白华《中国青年的奋斗生活与创造生活》:《宗白华全集》第1卷,安徽教育出版社,1994年,第93页;第99页;第99页;第103页。

〔15〕宗白华《我的创造少年中国的办法》:《宗白华全集》第1卷,安徽教育出版社,1994年,第38页。

〔16〕在《青年烦闷的解救法》(《宗白华全集》第1卷,安徽教育出版社1994年版)一文中,宗白华提出:"艺术教育,可以高尚社会人民的人格。艺术品是人类高等精神文化的表示。"

〔17〕宗白华《新文学底源泉》:《宗白华全集》第1卷,安徽教育出版社,1994年,第172页。

〔18〕〔20〕宗白华《青年烦闷的解救法》:《宗白华全集》第1卷,安徽教育出版社,1994年,第179页;第180页。

〔19〕宗白华《新人生观问题的我见》:《宗白华全集》第1卷,安徽教育出版社,1994年,第207页。

〔21〕宗白华《艺术学》:《宗白华全集》第1卷,安徽教育出版社,1994年,第545页。

〔22〕宗白华《看了罗丹雕塑以后》:《宗白华全集》第1卷,安徽教育出版社,1994年,第315页。

〔23〕〔110〕宗白华《艺术生活——艺术生活与同情》:《宗白华全集》第1卷,安徽教育出版社,1994年,第318页;第317页。

〔24〕〔25〕〔45〕〔59〕宗白华《我和诗》:《宗白华全集》第2卷,安徽教育出版社,1994年,第154页;第155页;第151页;第151页。

〔27〕宗白华《欢欣的回忆和祝贺——贺郭沫若先生50生辰》:《宗白华全集》第2卷,安徽教育出版社,1994年,第294页。

〔29〕〔54〕〔78〕〔114〕宗白华《艺术与中国社会》:《宗白华全集》第2卷,安徽教育出版社,1994年,第413页;第413页;第410页;第411页。

〔30〕〔65〕〔90〕〔95〕〔105〕〔106〕宗白华《论中西画法的渊源与基础》:《宗白华全集》第2卷,安徽教育出版社,1994年,第98页;第105页;第102页;第103页;第112页;第98页。

〔31〕〔47〕〔53〕〔60〕〔61〕〔62〕〔74〕〔80〕〔86〕〔87〕〔88〕〔89〕〔93〕〔101〕〔102〕〔103〕〔107〕〔108〕宗白华《中国艺术意境之诞生》(增订稿):《宗白华全集》第2

卷,安徽教育出版社,1994 年,第 374 页;第 366 页;第 368 页;第 361 页;第 361 页;第 364 页;第 357 页;第 366 页;第 358 页;第 372—373 页;第 370 页;第 362 页;第 369 页;第 364 页;第 102 页;第 373 页;第 358 页;第 365—366 页。

〔33〕〔34〕〔48〕〔50〕〔79〕〔94〕〔109〕宗白华《哲学与艺术——希腊大哲学家的艺术理论》:《宗白华全集》第 2 卷,安徽教育出版社,1994 年,第 57—58 页;第 58 页;第 61 页;第 58 页;第 58 页;第 61 页;第 61 页。

〔35〕〔72〕宗白华《歌德的〈少年维特之烦恼〉》:《宗白华全集》第 2 卷,安徽教育出版社,1994 年,第 34 页;第 33 页。

〔36〕〔51〕〔52〕宗白华《席勒的人文思想》:《宗白华全集》第 2 卷,安徽教育出版社,1994 年,第 114 页;第 114 页;第 114 页。

〔37〕宗白华《〈自我之解释〉编辑后语》:《宗白华全集》第 2 卷,安徽教育出版社,1994 年,第 293 页。

〔38〕〔42〕宗白华《〈纪念泰戈尔〉等编辑后语》:《宗白华全集》第 2 卷,安徽教育出版社,1994 年,第 296 页;第 296 页。

〔39〕〔40〕〔41〕〔43〕〔44〕宗白华《中国文化的美丽精神往那里去?》:《宗白华全集》第 2 卷,安徽教育出版社,1994 年,第 400 页;第 401 页;第 401 页;第 401 页;第 403 页。

〔46〕宗白华《歌德席勒订交时两封讨论艺术家使命的信》:《宗白华全集》第 2 卷,安徽教育出版社,1994 年,第 38 页。

〔55〕〔56〕〔57〕〔58〕〔63〕〔66〕〔98〕〔100〕宗白华《论〈世说新语〉和晋人的美》:《宗白华全集》第 2 卷,安徽教育出版社,1994 年,第 272 页;第 274 页;第 279 页;第 276 页;第 276 页;第 279 页;第 274 页;第 271 页。

〔64〕宗白华《莎士比亚的艺术》:《宗白华全集》第 2 卷,安徽教育出版社,1994 年,第 157 页。

〔67〕宗白华《〈谈朗诵诗〉等编辑后语》:《宗白华全集》第 2 卷,安徽教育出版社,1994 年,第 212 页。

〔68〕宗白华《唐人诗歌中所表现的民族精神》:《宗白华全集》第 2 卷,安徽教育出版社,1994 年,第 121 页。

〔69〕〔70〕宗白华《徐悲鸿与中国绘画》:《宗白华全集》第 2 卷,安徽教育出版社,

1994年,第50页;第50页。

〔71〕〔75〕宗白华《论文艺的空灵和充实》:《宗白华全集》第2卷,安徽教育出版社,1994年,第345页;第349—350页。

〔73〕宗白华《中国诗画中所表现的空间意识》:《宗白华全集》第2卷,安徽教育出版社,1994年,第434页。

〔76〕陈鼓应注译《庄子今译今注》中册,中华书局,1983年,第340页。

〔81〕〔82〕〔83〕〔104〕宗白华《略谈艺术的"价值结构"》:《宗白华全集》第2卷,安徽教育出版社,1994年,第70页;第71页;第71页;第72页。

〔84〕宗白华《〈文学应该表现生活全部的真实〉编辑后语》:《宗白华全集》第2卷,安徽教育出版社,1994年 第179页。

〔85〕该文1943年3月首发于《时事潮文艺》创刊号,增订稿1944年1月刊于《哲学评论》第8卷第5期。

〔91〕宗白华《中西画法所表现的空间意识》:《宗白华全集》第2卷,安徽教育出版社,1994年,第145页。

〔92〕〔96〕宗白华《张彦远及其〈历代名画记〉》:《宗白华全集》第2卷,安徽教育出版社,1994年,第457页;第456页。

〔97〕〔99〕宗白华《介绍两本中国画学的书并论中国的绘画》:《宗白华全集》第2卷,安徽教育出版社,1994年,第46页;第46页。

〔113〕宗白华《〈中国哲学中自然宇宙观之特质〉编辑后语》:《宗白华全集》第2卷,安徽教育出版社,1994年,第242页。

中 编
观照：中国现代"人生艺术化"三论

第五章 孕生:"人生艺术化"的社会历史背景和中西思想资源

任何一种理论与思想学说都不可能凭空产生。一方面,它们孕生于现实的历史场景,是时代催生了思想与理论。另一方面,它们又承续于文化的传统,或主动或被动、或直接或间接地演绎着继承、扬弃、创新、超越的动态过程。而在社会与文化的转型时期,这种冲突、融合、否定、传承、超越、新生的关系必将体现得更为充分,也更为复杂。这一点在中国现代"人生艺术化"思想的孕生中也不例外。本章试图从社会历史背景和思想资源两个方面入手予以观照。

一、中国现代"人生艺术化"命题孕生的社会历史背景

20世纪上半叶,是中国由半封建半殖民地社会努力向一个独立自主的现代民族国家奋进的阶段。空前剧烈的民族矛盾、尖锐激烈的阶级冲突、现代科技文明与传统农业文明的撞击,不仅使得中国社会浸淫在前所未有的腥风血雨之中,也使得长期闭关锁国的古老帝国飘摇于异域文明的疾风之中。山河破碎,民生维艰。文化衰颓,人格委顿。救民族于危难之中·拯生民于委颓之境,这是中国现代先进知识分子的核心话题。或拿起刀枪直接投身到民族解放的历史进程中,或从思想文化入手思考唤醒民众改造社会的路径,是当时先进知

识分子的重要选择。后一类知识分子大都吸纳了西方文化的滋养，在中西文化的撞击交汇中将目光投向了中国传统文化与学术的改造新创。他们对于学术的建构与话语往往带有浓厚的启蒙意味与实践指向。同时，在对民族命运和大众人格的思考中，他们中的一部分人也敏感地触及了人类所面对或将要面对的某些共同困境，特别是对现代科技文明强势崛起及其快速发展所带来的种种现代病与现代性危机的忧思。中国现代"人生艺术化"理论正是在这样的历史背景与文化语境中孕生的，它所承载的不仅是思想理论建设与人格精神启蒙的双重使命，也承载着对人类文化发展与文明前景的思考与渴盼，其基本致思路径就是希望通过对人的精神世界和人格理想的重塑来改造人进而改造社会，解决中国乃至人类的某些问题。

晚清以前的中国社会，独处远东大陆，总体上是一个超稳定的农业大国。中国为世界四大文明古国之一，我们的先祖也曾以四大发明傲世。有资料显示，"1750年，中国一地所出版的书籍量，就比中国以外整个世界的总量为多"。[1]可以说，在18世纪以前的农业社会中，中国的文化、经济均并不逊色于西方，或至少与西方相当。但是，自18世纪中叶英国工业革命后，欧洲诸多国家的现代科技获得了飞速发展，随之而来的是西方列强的向外扩张。翻开中国近代史，我们看到的是一幅幅两大文明兵戈相向的血腥画面和华夏文明惨淡交困的屈辱图景。1840—1842年，鸦片战争。1856—1860年，第二次鸦片战争。1860年，英法联军火烧圆明园。1894年，中日甲午战争。1900年，八国联军进犯北京。当然，在民族危难面前，中华儿女也屡屡抗强敌、反腐政、图变革。虎门销烟、太平天国起义、洋务运动、甲午海战、戊戌变法、义和团运动、辛亥革命，我们眼前展示的也是中华儿女一次又一次的壮怀激烈。但是，在中西文明的激烈撞击中，中华文明也不能不现实地面对自身难敌外强的惨痛图景。正是在外逼内困的社会与文化环境下，西方文明伴随洋枪洋炮涌入国门。以贪欲为动机以掠夺为手段的列强的侵略，一方面侵犯了中国的主权和民族尊严,使中国沦为半封建半殖民地社会;另一方面又打破了中国长期以来闭关锁国、自给自足的状态。伴随着侵略者的铁蹄而来的是西方的物质文明与精神文化,既是主权沦丧带来的深切痛楚,也有西方文明汹涌而来的强势冲击和全新视阈。在《五十年中国进化概论》中,梁启超明确地对中国吸纳西方文化的过程进行了概括总结和批判反思。他指出:"近五十年来,中国人渐渐知道自己的不足了,这点子觉悟,一面算是学问进步的原因,一面也算是学问进步的结果。"[2]他将鸦片战争后至20世纪20年代,中国文化在西方文化撞击下力求自新的姿态划出了三个阶段。第一个阶段"先从器物上感觉不足"。鸦片战争后,洋务派登上历史舞台,他们在"船坚炮利"上"舍己从人",准备"师夷长技以制夷"。这一时期,清朝官僚和士大夫精英对于西方文化的应和,更多的是出于无奈,是在西方文化的强势撞击下,出于民族自救本能的被动反映。他们信奉的是"中学为体,西学为用"。甲午一战使洋务派的"富国强兵"之梦从此破灭,也彻底惊醒了国人。第二个阶段"是从制度上感觉不足"。甲午惨败把维新派推上了中国历史的前台。他们从洋务派的"西技"转向"西政",认为西方的强大主要在于制度的优良,由此推出了以士大夫精英为主体的昙花一现的百日维新运动。洋务运动与维新运动昭示了从器物与制度两个层面应对西方他者的失败。中西文化的撞击由浅入深,由片面到全面,由经济政治到文化意识,开始进入一个自觉主动的阶段。第三个阶段"便是从文化根本上感觉不足"。开始意识到"社会文化是整套的,要拿旧心理运用新制度,决计不可能"。中西文明的撞击终于聚焦到了精神与文化层面,聚焦到了人与心理层面。这个由物质、体制到精神心理,由技术、制度到人的转折,既是19世纪中叶以来西方霸权主义冲击的历史结果,也是19至20世纪之交率先觉醒的中国先进知识分子对民族命运与中西文明反思、批判的历史选择。

值得注意的是,中国现代"人生艺术化"理论的主要倡导者如梁启超、朱光潜、丰子恺、宗白华等都曾游历或求学于域外。直接的西方文化背景,对于中西文明切身的体察,不仅开阔了他们的视野与胸襟,也使他们早于一般国人对中西文明的不同特点及各自的优缺点、现代科技给人类带来的福音与灾难等产生了一定的反思。同时,这种反思与20世纪前半叶的民族危机、国家命运、国民现状扭结在一起。中国现代"人生艺术化"理论就是这样一个历史时代和这样一群人遇合的独特文化思想产物。他们选择了"人生艺术化"作为一种精神武器来对现实发言,将目光直指人心、人格的涵养,直指个体生命和民族精神的重振。而在问题讨论的过程中,他们的目光实际上也越出了当时中国所直接面对的诸种现实问题,叩问了人类所共同面临或将会共同面临的某些困境。

戊戌变法失败后,1898年9月起,梁启超避难于日本、澳洲。期间,他出访了美国、加拿大。一战结束后,梁启超自告奋勇,于1919年2月抵达巴黎。作为北京政府的非正式代表赴巴黎和会为中国争取权益。此时,梁启超思想是非常苦闷的,他在国内的政治中看不到光明,因此有意识地想赴欧洲"拓一拓眼界"、"求一点学问",内心里也是想为中国社会寻找一条新的出路。梁启超携蒋百里、张君劢、丁文江等一行化了近一年的时间考察了法国、英国、比利时、荷兰、瑞士、意大利、德国等欧洲主要国家的二十几个名城,于1920年3月回国。早在1902年,梁启超就在日本创办了《新民丛报》,并从创刊号开始连载《新民说》,明确提出了思想启蒙的道路和国民再造的目标。欧游途中,梁启超结合所见所闻所思,撰写了《欧游心影录》一书。写于1919年的《欧游心影录》是梁启超对中国问题思考的一个新的起点与标志。战后的欧洲到处是断垣残壁,昔日"绝佳"风景的所在,如今"触目皆是""惨淡凄凉"。[3]这一令梁启超充满向往的近代文明的发祥地,如今却令他连连感叹文明人的暴力。近一年的欧洲之旅使梁启超对一战以后的欧洲社会有了真切的体会。物质文化与现代文明并没有给西方社会带来期待中的理想天堂,反而给人们带来战争、流血、死亡与信仰的破灭。梁启超认为,"一战"是人类历史的转折点。它使人类认识到了物质主义和科学万能的弊病,暴露了西方近代文明的缺点。科学的进步不等于"黄金世界便指日出现","一百年物质的进步,比人类三千年所得还加几倍,我们人类不惟没有得着幸福,倒反带来许多灾难。好象沙漠中失路的旅人,远远望见个大黑影,拼命往前赶,以为可以靠他向导;那知赶上几程,影子却不见了,因此无限凄惶失望"[4]。他指出:"科学万能"主义否定了人类的"自由意志","把一切内部生活外部生活都归到物质运动的'必然法则'之下",导致"乐利主义"、"强灭主义"的得势。梁启超强调:人需要"有个安心立命的所在",唯此,"外界种种困苦,也容易抵抗过去"。他甚至说:"为什么没有了呢?最大的原因,就是过信'科学万能'[5]。"把人类的科学追求与价值追求在根本上对立起来,这在思维方法上有偏颇之处;将西方文明主要界定为物质文明,将东方文明主要界定为精神文明,这样的界定也有简单化的倾向。但梁启超无疑是20世纪初年较早对西方科技文明和物质文明予以反思与批判的中国现代重要思想家之一。同时,他在《欧游心影录》里也说,不承认"科学万能",不等于"菲薄科学"。20世纪20年代,他为协和医院错割其右肾辩护,既体现了开阔的胸襟与人格魅力,实际上也体现了他在当时爱护支持科学发展的深意。在《欧游心影录》中,梁启超对西方文明的物质基础与工具理性进行了反思批评,强调了精神文化与价值理想对于人类的重要意义。他把欧洲19世纪文学分为前后两个阶段。前期为浪漫式派,崇尚想象情感。后期为自然派,注重写实求真。他说:"浪漫式派承古典派极敝之后,崛然而起,斥摹仿,贵创造,破形式,纵情感,恰与当时唯心派的哲学和政治上生计上的自由主义同一趋向。万事皆尚新奇,总要凭主观的想象力描出些新境界新人物,要令读者跳出现实界的圈子外,生一种精神交替的作用。当时思想初解放,人人觉得个性发展可以绝无限制,梦想一种别开生面完全美满的生活";"到19世纪中叶,文学霸权,就渐渐移到自然派手里来。自然派所以勃兴,有许多原因。第一件,承浪漫派之后,将破除旧套发展个性两种精神做个基础,自然应该更进一步趋到通俗求真的方面来。第二件,其时物质文明剧变骤进,社会情状日趋繁复,多数人无复耽玩幻想的余裕;而且觉得幻境虽佳,总不过过门大嚼,倒不如把眼前实事写来,较为亲切有味。第三件,唯物的人生观正披靡一时,玄虚的理想,当然排斥,一切思想,既都趋实际,文学何独不然。第四件,科学的研究法,既已无论何种学问都广行应用,文学家自然也卷入这潮流,专用客观分析的方法来做基础。要而言之,自然派当科学万能时代,纯然成为一种科学的文学。他们有一个最重要的信条,说道'即真即美'。他们把社会当作一个理科试验室,把人类的动作行为,当作一瓶一瓶的药料,他们就拿他分析化合起来,那些名著,就是极翔实极明了的实验成绩报告。又像在解剖室中,将人类心理层层解剖,纯用极严格极冷静的客观分析,不含分毫主观的感情作用"[6]。梁启超指出:"人类既不是上帝,如何没有缺点?虽以王嫱西施的美貌,拿显微镜照起来,还不是毛孔上一高一低的窟窿纵横满面。何况现在社会,变化急剧,构造不完全,自然更是丑态百出了。自然派文学,就把人类丑的方面、兽性的方面,赤条条和盘托出,写得个淋漓尽致。真固然是真,但照这样看来,人类的价值差不多到了零度了。"[7]通过对欧洲浪漫式派与自然派文学的评析,梁启超明确地表达了自己的价值取向,提出了文学要表现价值理想的问题。这既是对文学与美的规律的拓深,也是其对生活与人生问题思索的进一步拓深。欧洲游历不仅重新坚定了梁启超对中华文明的信念,也加剧了他对于中华民族乃至整个人类前景的忧思。欧游回国后,梁启超的思想产生了巨大的变化。他关注的重心由文学艺术在思想启蒙和国民性改造中的直接功能拓深到精神文化和价值理想、美与情感在人格完善和人类生活中的本体意义。从1921年始,整个20年代,梁启超集中建构论释了他的"趣味"范畴和趣味人生理论,并以"生活的艺术化"、"劳动的艺术化"的口号与理想开拓了积极入世而又注重精神超越的中国现代"人生艺术化"理想的基本致思方向和不有之为的核心精神旨趣。

与梁启超相似,朱光潜、丰子恺、宗白华也都亲历异域,亲身感受了异质文明。1918年,18岁的朱光潜考入香港大学,至1923年毕业。1925年,朱光潜又官费留学英国,入爱丁堡大学学习,并短期前往巴黎大学听课,后又入英国伦敦大学、法国斯特拉斯堡大学学习。1921年,丰子恺游学日本十余月。1920年5月,宗白华赴德国法兰克福留学。期间经马赛抵巴黎游访。1921年春,转柏林大学学习。1925年返国,途中绕道意大利,考察观摩了雅典、米兰、威尼斯、罗马诸城及其文化古迹与艺术珍品。对于中外文明的切身感受,必然促使他们进行比较与思考,也自然而然地扩大了他们思考中国现实问题的视野。他们几乎都把民族命运与人的建设、现实改造与文化问题联系在一起,并或多或少地将中国问题与人类前景、与人的生成这些根本性的人生问题联系在一起。

"普及美学知识,使人生艺术化,从而改良社会,是朱光潜认识到的最行之有效的变革现实的途径和方法,也是他从事美学研究的理想和动力。"[8]在"人生艺术化"理论确立的标志性著作《谈美》一书中,朱光潜提出:"我坚信情感比理智重要,要洗刷人心,并非几句道德家言所可了事,一定要从'怡情养性'做起,一定要于饱食暖衣、高官厚禄等等之外,别有较高尚、较纯洁的企求。要求人心净化,先要求人心美化。"[9]在朱光潜看来,人心堕落就在于"未能免俗"。不能免俗的重要原因之一就在于理智太过,物欲和私欲太盛。他的基本主张之一就是张扬情感的意义和功能,将人生的创造与欣赏相统一,主张在生活中贯彻"无所为而为"的人生态度。朱光潜强调"人生的艺术化"就是人生的"情趣化"和"理想化",就是以"无所为而为"的精神从事一切学问与事业,且能对其进行"无所为而为"的观照。这种人生境界不仅仅是与实用主义拉开距离,关键还须在情感的"阴驱潜率"中实现"自我"的"伸张",从"环境需要的奴隶"成为"自己心灵的主宰",并达成"从心所欲,不逾矩"的情感与道德相统一的美(艺化)的境界。朱光潜尽管强调要涵养真善美和谐统一的人格境界,但在理智与情感的二维张力中,他认为情感具有更本质的意义。"想要养成道德的习惯,与其锻炼理智,不如陶冶情感。"[10]用理智去压抑情感,结果必然使人性呈现为一种残废或畸形的发展。在这种以情感抗拒理性偏颇的不无超脱的人格理想中,潜蕴着的是朱光潜对现代工具理性和机械人性的批判。

人格改造与精神建设是"人生艺术化"理论的中心话题之一。早在1919年,宗白华先生就在《中国青年的奋斗生活与创造生活》一文中指出:我们"要先在自然界中养成了强健坚固的人格,然后才能在社会中去奋斗,否则,我们自己人格上根基不固,社会上黑暗势重,我们就容易堕落于不知不觉间了"。[11]1920年,宗白华先生又在《新人生观问题的我见》一文中指出:"我看见现在社会上一般的平民,几乎纯粹是过一种机械的,物质的,肉的生活","我们现在的责任,是要替中国一般平民养成一种精神生活、理想生活的'需要',使他们在现实生活以外,还希求一种超现实的生活,在物质生活以上还希求一种精神生活。然后我们的文化运动才可以在这个平民的'需要'的基础上建立一个强有力的前途。"[12]宗白华对中国人的文化劣根性进行了总结和批判。他认为中国人最主要的毛病有二:其一就是社会责任心淡薄,持消极主义和无抵抗主义;其二就是缺乏科学和分析的眼光,持放任主义和自然主义。因此,中国文化最根本的问题就是缺乏奋斗的精神和创造的精神。同时,宗白华先生也在研究中国艺术和文化精神的一系列文章中指出:中华民族很早就发现了宇宙的旋律、生命的秘密,我们与自己制造的器皿、同自己创造的生活情思往还,以音乐的心境、舞蹈的韵律去体味生活、美化现实,生活里流动的是音乐的和谐节奏与舞蹈的优美旋律。但是,西方近代科技的发展使西洋民族在征服自然的同时,也把自己的铁蹄对准了科学落后的民族。由于我们的传统文化"轻视了科学工艺征服自然的权力","在生存竞争剧烈的时代","使我们不能解救贫弱的地位"。与此同时,在

"受人侵略"、"受人欺侮"的现实处境下,在"以撕杀之声暴露人性丑恶"的"西洋精神"的"宣示"下,我们的"灵魂里粗野了,卑鄙了,怯懦了"。宗白华痛切地指出,我们正在丧失自己的"国魂"。"中国精神应该往哪里去?"[13]这是宗白华在20世纪40年代所发出的深情呼唤,也是其从20世纪20年代到40年代所有论说的基点与核心,是其艺术化人生建构的出发点与归宿。他以对生命情调、人格神韵和真美关系的诠释,提出了关于生命理想与宇宙本真的诗性见解,由此也达成了在现代文化语境中反思中西文明、重构个体生命坐标的理想目标,达成了中国现代"人生艺术化"理论在中国现代语境中的重要高度。

20世纪30至40年代,朱光潜、丰子恺、宗白华等对"人生艺术化"的论析、倡导、建构,形成了中国现代"人生艺术化"理论发展的高峰。而这个时期,也正是日本侵略者的铁蹄践踏中国大地,民族矛盾与民族危机空前加剧之时。1939年,丰子恺写成《艺术必能救国》一文,他说:"我在太平时代谈艺术,只是暗示地讲它的陶冶之功与教化之力的伟大,没有赤裸裸地直说。但在现在,国家存亡危急之秋,不得不打开来直说了。这好比人没有生病,我但告诉他金鸡纳霜里含有治病的药即可。现在人发疟了,而不肯服金鸡纳霜,我非把金鸡纳霜敲开来指给他看,使他相信不可。"[14]无须讳言,中国现代"人生艺术化"理论的倡导者都有视艺术为最高的美、试图从艺术中寻找精神自由、超越现实痛苦的价值取向,但他们中的大多数人又都非常真诚地把"人生艺术化"的理路与民族命运、国家前途,与民族的自救自强联系在一起。丰子恺甚至说:"我们现在抗战建国,最重要的事是精诚团结。四万万五千人大家重精神生活而轻物质生活,大家能克制私欲而保持天理,大家好礼,换言之,大家有艺术,则抗战必胜,建国必成。"[15]这样的"艺术救国论"确乎夸大。抗战的胜利没有现实的抗争,没有中华儿女的浴血奋战是不可能取得的。但是,丰子恺所宣扬的"重精神"、"制私欲"的人格境界无疑也是民族奋进永远不可缺少的一个基础。在更深广的意义上,它也是整个人类进步和谐的一个必要前提。"道德与艺术异途同归。所差异者,道德由于意志,艺术由于感情。故'立意'做合乎天理的事,便是'道德'。'情愿'做合乎天理的事,便是'艺术'。"[16] 将向善变成一种发自内心的喜欢,这就是艺术这种"情感的道德"的重要价值与独特魅力所在。"人类倘没有了感情,世界将变成何等机械、冷酷而荒凉的生存竞争的战争!世界倘没有了美术,人生将何等寂寥而枯燥!"[17] 艺术给人一种"美的精神",它"自然地减杀人的物质迷恋,提高人的精神生活"。[18] 因此,正是在生存竞争酷烈的 30 至 40 年代,"人生艺术化"的思想竟奇迹般地俘获了众多的响应者。

潜移默化人的情感,激活个体对于生命和生活的热爱,提升人的人格旨趣和精神境界,这就是中国现代"人生艺术化"理论的基本理路。在中国现代"人生艺术化"理论的视野中,正是艺术的美与意义启示了世界与生命的真谛,由此也贯通了由艺术美境通向生命美境的道路!

中国现代"人生艺术化"理论及其构想无疑是中国现代社会的一条审美救赎之路,是政治上的改良主义和文化上的审美主义在中国现代历史土壤中结合的产物,它立论的基点是精神与个体的改造,寻求的中介是艺术与美的精神,隐含的是对国民人格、民族命运、中华文化、现代科技乃至人类命运前途的多重复杂忧思。无须讳言,在当时严峻的民族与政治危机面前,这种思路与结论明显是超前的,它所选择的解决现实问题的方法充满了乌托邦的理想色彩,也因此在当时乃至后来不断被诟病。但是,其中所深隐的民族意识、强烈的社会责任感、深切的文化忧思,却是任何时代任何社会都弥可珍贵的。如果站在今天新的历史语境,抛开简单狭隘的实用立场,将眼光拓展到中华民族和人类发展的整个宏阔进程,那么这一在中华民族最为严峻的历史境遇和文化危机下所孕生的富有浪漫精神与诗性旨趣的人格审美理想和人生审美精神,无疑是值得敬重的也是具有深刻启益的。

二、中国现代"人生艺术化"理论的民族思想资源

中国现代"人生艺术化"思想理论和中华民族自身的传统有着不可分割的联系。它承续着中华文化思想的深厚血脉。

"中国文化的主流,是人间的性格,是现世的性格。"[19]作为中国传统文化最为重要代表的儒、道、释各家,尽管在价值取向与表现形式上不尽相同,但它们都体现出关怀人生、关注人格精神的共同立场。理想人格实现处也即审美人生实现处,这正是中国传统文化的哲学精神与美学精神,也是中国现代"人生艺术化"理论最内在的文化与哲学根基。

儒家的代表人物孔子主张"志于道,据于德,依于仁,游于艺"和"兴于诗,立于礼,成于乐"。[20]孔子的学说在本质上是一种伦理学说,却内蕴着审美的精神。在孔子的生命境界中,"道"、"德"、"礼"、"仁"的追求和修养都应内化为"游"之"乐",即经过情感的转化由外在的规范而成内在的自觉。"乐"之于孔子,既是音乐艺术,也是心灵的快乐自由。"天行健,君子以自强不息"。[21]生命的"刚健、笃实、辉光",[22]既是生命的职责,又最终成就了生命的快乐。"乐"是儒家审美人生的终极境界,也是儒家审美人格的理想姿态。无论是颜回之乐,还是曾点之乐;无论是知者之乐,还是仁者之乐;无论是学习之乐,还是会友之乐;无论是疏食饮水之乐,还是曲肱枕之之乐;无论是贫之乐,还是达之乐;儒家倡导的始终是积极进取、悉心融入的生命过程及其在其中所体会、所升华的精神愉悦。这种"乐"的本质就在于将生命融入历史、宇宙的宏大进程中,将个体融入群体、社会的广阔图景中,从而使个体生命的得失、忧乐、存亡都有了更广阔的参照系与更崇高的目标。儒家并不排斥事功,相反它恰恰强调个体对于社会的责任。"在孔子看来,完善的人格,应该兼有事功与审美两个方面。"[23]即将对社会的责任贡献与自我精神上的快乐融为一体。这是一种非常高的人格境界,也是"仁"的高度体现,是在利他中达到

精神之"乐",从而由善升华到美,由意志转化为情感。"仁"在孔子这里,作为成就"圣人"的核心目标,已经超出了一般性道德伦理范畴,而成为具有超越性的人格理想。"仁"追求的是在社会实践中人的个体自觉。孔子讲"仁者不忧"[24]。在"仁"中,实现了精神的自律与精神的圆满,从而也体得了精神的愉悦与畅然。那么如何达到"仁"呢?在儒家看来,首先就要"爱"。"爱"是"事亲"[25]、"爱众"[26],也是"知生"[27]。"爱"的本质在于对生命的强烈自觉。《周易》云:"天地之大德曰生"[28];"生生之谓易"[29]。"生"是天地万物的本质与源初。儒家是非常珍惜"生"的。关于对待生死的态度,儒家体现出的是执着现世的刚健精神。《论语》中记载了孔子与弟子关于生死的对话:"季路问事鬼神。子曰:'未能事人,焉能事鬼。'敢问死。子曰:'未知生,焉知死。'"因此,儒家着力倡导的是对现世生命的热情与关爱,是由己之生命扩展到人之生命、宇宙天地之生命,对一切都抱有仁爱。其次,达"仁"还须"知其不可而为之"[30]。儒家之"知生"是要"惜生",而非"苟生",是因为珍惜生命爱护生命而对生命拥有责任。而其中最为关键的是儒家的生命不仅仅是一己的生命,也是天下众生。因此,"朝闻道,夕死可矣"。[31]相对于生命的宝贵,真理、责任、理想具有更高的价值。这就是孔子讲的"无求生以害仁,有杀身以成仁"[32],孟子讲的"生亦我所欲也,义亦我所欲也,二者不可兼得,舍生而取义者也"[33]。对于人来说,生的价值既在于生命过程本身,也在于超越生命而获得永恒的意义。儒家的"乐"在本质上就是一种精神的安顿。它既体现为具体生命过程中的怡乐,也体现为超越具体生命的得失、向着最高的精神追求的自由境界。"知其不可而为之",是以广阔的胸襟和宏大的理想作为支撑,让生命在前进中永远不忧不惧,永远"刚健、笃实、辉光"。这种美善相济的生命境界具有内在的审美意味,它是一种阳刚清新的美,也是一种忧乐圆融的美,从更深刻的意蕴来看,它也是一种崇高悲壮的美。而无论处在哪一种境界,它都体现出精神高度自觉的自由,体现出人格完美圆成的舒逸。

这就是儒家之"乐"。儒家之"乐"不是"乐"在逍遥,而是"尽善尽美",是在道德与责任的圆成中完成人格与生命的升华。因此,儒家之"乐"也是乐在仁爱、乐在责任、乐在闻道,乐在将伦理道德之追求内化为生命自觉自由的健动,从而达到"从心所欲,不逾矩"[34]的精神自由与情感舒逸的境界。

与儒家"乐"的理想生命境界相比,道家追求的是生命之"游"。儒家将现实的生命与生命的超越都安顿在"乐"之中,道家则将其导向"游"。《庄子》开篇即为《逍遥游》。"游",通"遊",《说文》解为"旌旗之流也",指古代旌旗下垂的饰物。《段注》引申为"出游,嬉游",《广雅释诂三》训为"戏也"。庄子所用"游"更接近于"戏"。"游"在《庄子》中出现达一百多次,是庄子非常钟情的一种生命存在形式和生命活动方式,它具有"戏"的无所待的自由性。而"逍遥"即是对这种无所待的自由状态的描摹。《说文》解为"犹翱翔也"。"逍遥游"不是某种具体的飞翔,它象征着不受任何条件约束、没有任何功利目的的精神的翱翔,因此它也是一种绝对意义上的消解了物累的心灵自由之"游"。《庄子》中,为了说明这种自由的境界,作者给我们讲述了许多瑰丽奇异的故事,以使我们领略这一舒逸清灵、高旷畅达的美境。庄子说,无极之外,穷发之北,鲲鹏展翅,"背若泰山,翼若垂天之云,搏扶摇羊角而上者九万里,绝云气,负青天"。庄子将鲲鹏之飞与斥鴳之飞作了比较。斥鴳"腾跃而上,不过数仞而下,翱翔蓬蒿之间"。由此,庄子得出结论:"夫乘天地之正,而御六气之辩,以游无穷者,彼且恶乎待哉!"[35]鲲鹏展翅,游无穷,无所待,这就是庄子所理想的逍遥游的人生至境。但是,这种人生至境可以企及吗?庄子在《人间世》中描绘了当权者"轻用其国"、"轻用其民",人们"好名"斗智,以致"祸重乎地"的惨痛景象。他不仅哀叹:"凤兮凤兮,何如德之衰也!来世不可待,往世不可追也。天下有道,圣人成焉;天下无道,圣人生也。方今之时,仅免刑焉。"[36]强烈的绝望与热切的憧憬构成了庄子深刻的痛苦与矛盾,庄子的出路就是自我心灵的调适与超越。

庄子把"游"划分为不同的层次。他并不否定斥鴳之飞,认为"此亦飞之极也",就如寒蝉与大椿,各有自己的命限。而众人都想比附彭祖,这才是最可悲叹的。因此,在庄子的哲学里,有一个根本性的立场,那就是顺遂天命,顺应自然,适性自在。从消极方面说,这是一种主体精神的弱化、麻木、丧失。庄子讲要藏智守拙,无欲无望,甚至为身体残疾被人视为无用得以自保者而叫好。这样的"无名"、"无功"、"无己"的逍遥多少走向了虚无、滑头、无所谓。另一方面,庄子在对无待的逍遥的憧憬中又体现出对现实的强烈的批判和对理想的热切的憧憬。鲲鹏展翅是激越宏大的气象,是精神的高迈与生命的激扬。其乘天地之正、御六气之辩、游于无穷的壮阔意象构成了与斥鴳之飞的本质区别。这一意象作为《庄子》的首篇体现了庄子心底最内在的生命理想。鲲鹏展翅是无待的,但又是在有待中实现无待的。鲲鹏的逍遥,要有主体的条件。鲲鹏之背"不知其几千里",鲲鹏之翼"若垂天之云"。鲲鹏的逍遥,也要有客观的条件。鲲鹏展翅是乘"六月"之"风"而去的。鲲鹏展翅也体现了庄子心底的不甘与抗争,体现了庄子对提升生命能量与生命境界的渴望。但是,我们必须承认,以庄子为代表的道家哲学在追求生命智慧时,更注重的是生命的适性自在,而不是生命的激扬抗争。鲲鹏展翅的意象最终集中到无待与逍遥上。道家哲学有一个本体论意义上的重要范畴,那就是"道"。"道"是万物的本源,"道"生万物又与万物同在,它"无为而无不为"、"泽及万物而不为仁",因此,达"道"也即体"道",是深入融入生命之中与万物并生而"原天地之美"。"逍遥游"即这种物我两忘而与天地为一的达"道"的具体途径和体"道"的具体状态。人与"道"契合无间,那就是无所待的逍遥之游。在庄子的时代,这种超越具体得失忧患,崇尚无用无为,追求生命适性自在与精神自由解放的哲学,多少具有消极的色彩,因此,也一直没有成为中国传统文化的主流。但是,庄子哲学里所潜蕴的深刻的感性生命解放和精神自由超越的想象,却内在地契合于艺术与审美的精神。徐复观提出:庄子"能游的人,实即艺术精神呈现了出来的人,亦即艺术化了的人"。[37]庄子哲学非专门讨论艺术与审美问题,但其所憧憬的无功利的生命精神与自由的生命境界已经深刻地包含了对于人生的艺术想象与美学想象。

以孔子为代表的儒学和以庄子为代表的道学都是中国现代"人生艺术化"理论的重要精神渊源。无论是儒家还是道家,中国传统哲学注重的是理想人生境界的建构与理想人格的建构。它们的最高境界都是人的生命的安顿。尽管孔子的依仁达乐,庄子的体道游道,都有具体的发生语境和针对问题,但在根本上,都是为了使人的现实生命获得形上的安顿,在富有艺术品格的人生中实现生命的自由体味生命的愉悦。"中国哲人注重的不是感性从自然状态向社会伦理状态的生成,而是感性从社会状态向审美状态的生成。"[38]在生命的安顿处,中国哲学、美学、艺术融通为一。由此,我们也可以认为具有审美意味的诗性主体的建设是中国传统文化与哲学的重要命题之一。它在人、自然、社会、宇宙的关系中主张的是和谐而不是对立。从中,儒家确立了"从心所欲,不逾矩"的个体与整体、感性与理性达致和谐的准则,道家则发展了"物我两忘"而"道通为一"的率性自然的理想。中国现代"人生艺术化"理论在对儒道两家的吸纳中,主要呈现为内儒而外道[39]的神韵,是以儒家为精神之根的。一方面,中国现代"人生艺术化"理论吸纳了道家哲学艺术化人生的诗意理想,同时又体现出超越其"如闲云野鹤般闲适"[40]的个人绝对自由的价值取向。另一方面,中国现代"人生艺术化"理论融入了儒家对主体心理结构中道德人格与人生责任的重视,同时对其审美人格中某些过于务实的倾向有所扬弃。李泽厚在《华夏美学》中谈到,儒家的肯定性命题和独立人格、道家的否定性命题和超世形象交融互补,构成了中国传统文化形象中艺术化的人的最高理想。[41]这种艺术化的人的人格理想在中国现代"人生艺术化"理论中则化生为以出世来入世的人格态度。这种出世就非遗世或厌世了,而是超越小我达成大化,提升自我追寻意义。它非不满现实、回避现实或无视现实,而是以承认现实丑为前提,以批判和否定现实丑为条件,肯定了在与现实丑的冲突中上升到"艺术化"的理想人格的审美生成之路,由此呈现出某种内在的崇高意趣与浪漫激情。梁启超"生活艺术化"思想的核心原则"趣味主义"的建构,就直接受到儒道两家思想的影响。他说"趣味主义"也就是"知不可而为"主义和"为而不有"主义的统一。其中"知不可而为"出自孔子《论语》。"为而不有"出自老子《道德经》。梁启超将儒家的责任、健动和道家的兴味、超越相贯通,并吸纳了西方康德、柏格森等的思想,从而将孔子的"知不可而为"的悲壮改造为"不有之为"的愉悦,将生命过程由道德实践命题升华为人生美学命题。宗白华的艺术意境理论则既有叔本华、歌德精神的体现,也明显来自老庄的传统。"对老庄那种孕育着强烈自由生命意识的艺术理想的仰渴,使宗白华在探讨中国艺术意境之际发现了个体生命的艺术实现可能性和理想性——个体生命的孤寂与落寞,在理想的自由艺术之境完全可以转换为对于生命的歌颂和热烈追求。"[42]

在中国传统哲学发展中,宋明理学是一个新阶段。李泽厚认为,宋明理学是"儒家'仁'学经过道、屈、禅而发展了的新形态","宋明理学吸取和改造了佛学与禅宗,从心性论的道德追求上,把宗教变为审美,亦即把审美的人生态度提升到形上的超越高度,从而使人生境界上升到超伦理超道德的准宗教性的水平"。[43]李泽厚指出,宋明理学建构了一个心性思索的形上本体,它非神,也非道德,而是一种"天地境界",是一种合道德与艺术为一体的"审美的人生境界"。朱熹是公认的理学的集大成者。他以"道"为核心,提出了"形而上之道"与"形而下之器","理"·"气"·"物","体"与"用"等范畴及其关系问题,从而在其理学逻辑结构中提出了"生存世界、意义世界和可能世界"的关系,并"把自然、社会、人生的必然性升格为一种普遍性的原理、道理或天理,而获得形上学品格,圆融了终极世界与经验世界层面的疏离"。[44]形而上的理世界与万物现象世界的交融互渗是万物之性的规定,这是朱熹也是理学对于世界的基本界定。在朱熹这里,"文"也就不仅仅是指通常的文章了。他说:"不必托于言语,著于简册,而后谓之文,但自一身,接于万事,凡其语默动静,人所可得而见者,无所适而非文也。"[45]李泽厚认为这里的"文","不只是文章诗赋,而是整个人格、整个人生和生活。一切'人可得而见'的'语默动静',都是文章,都关乎'道'、'理'。亦是说,'文'不只是文艺,而更是人生的艺术,即审美的生活态度、人生境界的韵味"。[46]而孔子的核心范畴"仁"则被理学家谢良佐解为"桃仁"、"杏仁",可见万物的生意也即儒学最根本的"爱人",人的"仁"的生命意识与宇宙万物的"生生"之德是相统一的。除程朱"道"学,陆王"心"学也是理学的重要代表。王阳明认为"心"乃道与器、形上与形下两个世界一致和合一的统摄者。"心"即"性"即"物"也即"理"。王阳明说"天命之性,具于吾心,其浑然全体之中,而条理节目,森然毕具,是故谓之天理"。[47]王阳明给予"心"以很高的地位。"人者,天地万物之心也。心者,天地万物之主也。心即天,言心,则天地万物皆举之矣。"[48]"心"在王阳明这里应该相当于"道(理)"之在朱熹那里,具有本体论的意义。同时,"心"还具有一种存在论的意义,即"心物同体","心外无物"。心学强调"心上功夫",即"静处体悟"、"触机神应"、"缘机体认"。这是一种颇具审美体验意味的把握事物的方式。事物的"要味",既"须自心体认出来,非言语所能喻","非笔端所能尽"。而且"若能透得时,不由你聪明知解得来。须胸中渣滓浑化,不使有毫发沾带"。[49]因此,在心学中,体心感物首先就要能够物我一体,虚心应物。其次又要涵养心胸,使其"活泼泼地""与其川水一般""充实光辉"。天地对人呈现怎样的境界,关键在于人有怎样的心灵。心灵的涵泳是通向"鸣鸟游丝俱自得"[50],"须知万物是吾身"[51]的澄明之境的必由之路。无论是道学,还是心学,宋明理学所追求的"人生最高境界"是"属伦理又超伦理、准审美又超审美的目的论的精神境界",也是"道德理性与感性生命的'天人合一'"。这个"无入而不自得"的具备了道德实现的可能性和精神选择的自由性的本体境界,作为人的最高存在,不能仰仗神与上帝,而只能依靠"人性的培育"。[52]

美善的交融作为一种理想的人生境界,由孔孟发其端绪,经宋明理学而提升到了一个新的高度。"孔颜乐处"不是一种物质性的快乐,也不是一种纯道德的快乐,而是在日常生活中以完整的人性与天地精神相往还而自然而然地实现的。这种人类本然意义上的存在境界传达着形上的意味,指向本体又回归生命。以道德为基础又超越道德,指向形上又扎根生活,这种生存的韵味与旨趣,内在地包含了通向美学的契机,也与中国现代"人生艺术化"理论的精神旨趣具有内在的共通性。梁启超一向被视为中国现代美学功利主义的开山鼻祖,这种见解主要基于对其前期文学革命理论的认识。事实上,他的趣味哲学与生活艺术化理论,远非如此简单。他所建构的"趣味"就来自具体的生活,他以树的生意和花的生命来说明这种趣味,又以对成败之忧和得失之执的超越来界定这种趣味。与理学之"乐"更多地来自"体认"相较,梁启超的"趣味"之"乐"既是实践也是体认,是在实践中体认和领略。他自己把这种趣味主义的"生活的艺术化"的境界称为蕴含"春意"的生活,是精神从被环境捆死的肉体的生活中提升出来,"对于环境宣告独立",是人对于精神的"自由天地"的追寻。梁启超认为"趣味生活"高于"意义生活",因为"趣味"正是"意义"的审美实现。因此,在梁启超这里,无论是"趣味"还是"生活的艺术化",都是既富形上意味又具实践意蕴的。它具有宋明理学"以善储美"、人性培育的旨趣和对于形上生命境界的追寻。这种对于形上生命境界的追寻在宗白华的自由人生情趣中,转化为以意境为中心的艺术境界、生命情调和宇宙真境的合一,具体、生动、深刻地写照了艺术化人生的灵动至境和主体人格的诗意情致。这种具有形上意味的人格境界和生命境界的审美建构,虽并非完全来自于宋明理学,但宋明理学对于中国传统人生哲学的形上提升,无疑也为中国现代"人生艺术化"理论的诗性品格的形成提供了一个重要的精神来源。

三、中国现代"人生艺术化"理论的西方思想资源

"五四"以后,文化激进主义者高喊"打倒孔家店"的口号,呈现出全盘否定中国传统文化的决绝姿态,但坚持民族立场和民族特色,秉持"拿来主义"和化合"结婚"的原则,则是中国现代另一部分知识分子始终不曾放弃的文化追求。

中国现代"人生艺术化"理论的主要倡导者大都具有直接的西方背景。但他们面对丰富多样的异质文化时,又大多兼具"拿来主义"的开阔襟怀和化合"结婚"的文化睿智。"人生艺术化"精神的重要奠基者之一梁启超是中国文化史上影响深广的中西文化"结婚"论的始倡者。他提出,中国文化应"迎娶""西方美人"(即西方优秀文化,笔者注)为自己育出"宁馨儿"。在《饮冰室合集》中,梁启超介绍评说的欧美及日本、印度诸国世界级文化名人达数十位。其中有柏拉图、亚里士多德、苏格拉底、卢梭、培根、笛卡儿、达尔文、康德、亚当·斯密、孟德斯鸠、洛克、斯宾诺沙、休谟、尼采、柏格森、泰戈尔、立普斯、福田谕吉等。曾有梁启超的传主认为"在'拿来主义'这一点上,中国还没有第二个人像梁启超这样做得完全彻底"。[53]同时,在《饮冰室合集》中,梁启超也对孔子、庄子、老子、墨子、荀子、韩非子、王阳明、戴东原等中国传统文化名人,《史记》、《汉书·艺文志》等中国传统文化典籍,屈原、陶渊明、杜甫等中国古典文学家,以及佛学佛经等都作了专门研究。当然,贯穿群书的目的是为了"自出议论",化合"结婚"是为了创成新变,最终建设"一个新文化系统"。[54]而"人生艺术化"的另一个重要倡导者丰子恺也是一位"学贯中西"的"大师",他"主张'多样统一'","能把东西方美学思想融为一体","善于用西方美学理论来激活中国传统美学理论"。[55]"人生艺术化"的其他重要建设者如朱光潜、宗白华等,在化合中西文化、发掘中国美学的特点、建设具有民族特色的现代美学和艺术理论上的贡献,也早已为世人所公认。朱光潜"几乎批判地研究了西方所有重要的美学学说"。[56]对于西洋

的各种学说,他"非一味盲从,往往能融会众说,择长舍短,从中抉取一个最精确的理论,以作为断案;并且有时因为看到了中国的事实,依据了中国原有的理论,回转来补正西洋学说的缺点,这就接受外来的学术而言,可以说是近于消化的地步"。[57]当代著名美学家汝信在谈到宗白华时也认为:"宗先生是现代中国较早受到系统的西方哲学和文化艺术熏陶的学者,尤其对德国哲学和文艺有精深研究和造诣",同时,"他睿智地看到'中国将来的文化决不是把欧美文化搬了来就成功',要创造有中国特色的精神文化,就不能食洋不化、照抄照搬"。[58]

既广开视阈广泛吸纳,又不食洋不化照抄照搬,这就是中国现代"人生艺术化"理论建构的重要文化基础与方法基础。从整体上看,中国现代"人生艺术化"理论所吸纳的西方资源主要有康德哲学、柏格森哲学、尼采美学、欧洲浪漫主义诗学以及立普斯、布洛的心理学美学等。当然,具体到每个人,情况会有差异。如梁启超主要受康德与柏格森等的影响,朱光潜主要受康德、叔本华、尼采、柏格森、克罗齐、立普斯、布洛等的影响,丰子恺主要受康德、厨川白村、立普斯等的影响,宗白华主要受康德、歌德、叔本华、尼采、柏格森等的影响,而且这些影响又与他们本身所拥有的深厚的民族文化渊源交织在一起,由此呈现出相当复杂的状况。下面,试就中国现代"人生艺术化"理论的主要价值取向与理论特征择其要者梳理所接受的主要西方影响。

谈到中国现代美学与艺术精神的确立,我们就不可能离开康德。康德的贡献主要在于,通过对审美判断无利害性的界定,确立了审美活动的价值本质和情感特质。而这,不仅是中国现代美学精神建构的核心,也是中国现代"人生艺术化"理论建构的重要理论基石。

在世界美学史上,鲍姆加登是第一个为美学正名的。但是,鲍姆加登把美学命名为"Aesthetics",即"感性学"。鲍姆加登认为研究高级理性认识的是逻辑学,研究低级感性认识的就是"Aesthetics"。在鲍姆加登这里,美学是作为感性认识的完善而确立的。他说:"我们不用怀疑也可以有一种有效的科学,它能够指导低级认识能力从感性方面认识事物","理性事物应当凭高级认识能力作为逻辑学的对象去认识,而感性事物(应该凭低级认识能力去认识)则属于知觉的科学,或感性学"。[59]鲍姆加登对美学的界定及其认识隐含着两个问题,其一他是在认识论的范畴中规范美与审美的,其二他把感性与理性作为知觉与逻辑的不同对象予以截然分割。与鲍姆加登不同,康德则从哲学本体论、从美与人自身关系的意义上开拓了美学新视野。康德把人的心理要素区分为知、情与意,把世界区分为现象界与物自体。他认为,人的知只能认识现象界,不能认识物自体。物自体不以人的意志为转移,又在人的感觉范围之外,因而是不可知的。但人要安身立命,又渴望把握物自体,使生命具有坚实的根基。因此,对人来说,在实践上去信仰就是跨越知性与理性、有限与无限、必然与自由、理论与实践的桥梁。这样,康德借助纯粹思辨跨越了感性与理性的鸿沟,也为美的信仰预留了领地。康德指出,从纯粹理性的知到实践理性的意,中间还需要一个贯通的媒介,即审美判断力。审美判断不涉及利害,却有类似实践的快感;不涉及概念,却需要想象力与知解力的合作;没有目的,但有合目的性;既是个别的,又可以普遍传达。康德强调审美判断在本质上是与情感相联系的价值判断,要"判别某一对象是美或不美,我们不是把(它的)表象凭借悟性连系于客体以求得知识,而是凭借想象力(或者想象力与悟性相结合)联系于主体和它的快感和不快感"。[60]康德以其深邃的哲学思辨和对人性的天才洞悉揭示了美与审美的价值与特质。康德的意义在于为美的情感本体与价值本质拉开了帷幕,也使美学"具有了最一般的形而上学(即哲学)的意义"[61]。可以说,自康德起,美学才开始走向情感、走向个性、走向人的完善与人自身的价值,美与审美才开始赢得自身的安身立命之所。

康德美学的价值论视角与审美无利害思想,为中国现代"人生艺术化"理论提供了直接的理论资源。"审美无利害"正是中国现代"人生艺术化"理论的基本前提和核心武器。"人生艺术化"理论的倡导者几乎无一例外都接受了这一观念,并以此作为立论的基础。梁启超深受康德影响,把康德誉为"近世第一大哲"。[62]他把"生活的艺术化"的趣味人生精神界定为"知不可而为"与"为而不有"的统一,其核心前提就是秉持"审美无利害"的纯粹情感本质,在生活与劳动中"把人类无聊的计较一扫而空",实现"无所为而为"更准确说是"不有之为"的趣味精神。[63] 30 年代,朱光潜对"无所为而为"作了进一步的发挥,认为彻底的"无所为而为"的精神就在于"无所为而为的玩索",这是一种将创造与欣赏融为一体的情趣人生。朱光潜的美学情趣与康德哲学具有密切联系。朱光潜很早就接触到康德哲学,在晚年写作的《西方美学史》中,康德也是所占篇幅最多的。朱光潜学术思想的研究者王攸欣认为,尽管朱光潜自己谈到深受康德、克罗齐的影响,但从朱光潜美学思想的理论根源来说,主要还是来源于康德,克罗齐对他的影响部分地也可以归于康德的间接影响。事实上,由于朱光潜所接触的西方文化非常广泛,我们很难具体说他的思想中哪个观点就是单纯接受了哪个影响。"无所为而为的玩索"显然不仅受到了康德、克罗齐的影响,还有尼采乃至布洛等的影响。但是,他对美与艺术不沾实用、注重情趣、既"是主观的而却有普遍性"等基本认识,主要还是来自康德。康德哲学与美学为中国现代"人生艺术化"理论带来了两个极为重要的滋养:一是美的无利害性;二是审美的情感体验性。

中国现代"人生艺术化"理论的另一个重要西方资源来自柏格森。柏格森是西方现代生命哲学的代表人物,也是西方现代非理性主义的重要人物之一。柏格森认为生命冲动是宇宙的本质,是最真实的存在。但生命不是一种客观的物质存在,而是一种心理意识现象,是一种意识或超意识的精神创造之需要。生命只有在生命冲动中,在向上喷发的自然运动中,也即创造中才产生生命形式,才显现自己。但生命冲动要受到生命自然运动的逆转,即向下坠落的物质的阻碍。生命必须洞穿这些物质的碎片,奋力为自己打开一条道路。因此,作为宇宙本质的生命冲动,虽受制于物质,但终究能战而胜之,保持其不向物质臣服、自由自在的品性,开辟出新境界。在柏格森这里,生命在本质上是一种与物质、与惰性、与机械相抗衡的东西,它总是不断创新、不断克服物质的阻力、不断追求精神与意志的自由。因此,生命也就是无间断的绵延。绵延瞬息万变。柏格森认为感觉、概念、判断等一切理智的认识形式和分析、综合、演绎、归纳等一切理智的认识方法,都是从凝固、静止的观点去认识事物的,它们永远无法把握只有纯粹的质的飞跃的绵延。柏格森主张用直觉去把握绵延。他认为,直觉比理智优越的地方就在于它通过置身于实在之内,来真正体察实在的那种不断变化的方向,从而来接近绵延即生命冲动的本质。柏格森强调唯有不惜一切代价来征服物质阻碍,生命才能绵延,而绵延就是美。生命冲动、绵延、直觉构成了柏格森特有的绚烂世界。柏格森的生命哲学主要面对的是西方工业社会无限扩张的机械理性。柏格森代表了西方文化中反抗物质至上、高扬精神自由的文化反省,代表了对于西方现代科学理性的反抗与意志能动性的肯定。当然,柏格森的哲学以绝对运动来否定相对静止,以直觉冲动来否定理性意识,从而也使他的创造性学说蒙上了神秘主义的面纱,打上了形而上学思维方式的烙印。

柏格森的学说对中国现代"人生艺术化"理论产生了重要影响。中国现代"人生艺术化"理论从柏格森哲学中找到的首先就是肯定生命力、生命意识的美学精神。1913年,《东方杂志》第10卷第1号发表了钱智修所撰写的《现今两大哲学家学说概略》,柏格森首次进入了中国人的视野,[64]并在中国知识界产生了广泛的影响。梁启超将柏格森称为"新派哲学巨子"。旅法期间,他专门造访了这位"十年来梦寐愿见之人",两人一见即成良友。梁启超把柏格森哲学视为"新文明再造"的重要途径。在《欧游心影录》中,他说:"由法国柏格森首创的'直觉的创化论'给了人类一服'丈夫再造散'。因为它提出世界实相就是意识的变化流转,而变化流转的权操就在于'我'。宇宙的生灭都是人类自由意志发动的结果。因此,人类只须'大无畏'地'一味努力前进便了'。"[65]在梁启超看来,只要对生活满怀趣味,永远高扬生命的活力与精神的能动性,那么,人类的前途永远是可乐观的。这种趣味主义思想留下了柏格森生命哲学的鲜明痕迹。但是,梁启超与柏格森又有重要的区别。在柏格森那里,生命的直觉冲动是对西方工业社会理性扩张的反抗。美在柏格森那里是医治机械理性的一剂良方。而对于梁启超来说,他既需要生命的感性冲动来激发生活的热情,又需要理性与良知来承担社会的责任。因此,他一方面倡导"趣味"和"不有",另一方面又倡导"为"与"责任"。因此,梁启超以趣味主义为基点的生活艺术化理想既是对生命本身的感性肯定,也是对生活意义的理性考量。柏格森哲学中对生命价值的肯定,也是中国现代"人生艺术化"理论的基本价值取向之一。宗白华把"气韵生动"视为美的基本前提,并提出艺术意境之美是由"直观感相的模写"到"活跃生命的传达"到"最高灵境的启示"。这个"气韵生动"之"气",也就是生命之气。它是意境创化的关键,没有这个"气"之活跃,也就是没有艺术形象的生命氤氲。通过对生命力与生命意识的肯定与呼唤,中国现代"人生艺术化"理论从柏格森哲学里也找到了以生命活力来对抗萎靡、庸俗、虚伪、自私等生命现状的精神武器。国民性批判与人格启蒙本是中国现代文化也是中国现代美学的重要主题。"立人"的问题在20世纪初梁启超的"新民"理论里已经萌蘖。从"新民"到"立人"首先就是恢复民族的生命力,恢复蓬勃的精神生机。人光有肉体,没有精神和生机,那他只是行尸走肉。朱光潜提出"'生命'是与'活动'同义的"。[66]他吸纳柏格森的观点,赞成生命的本质就是"时时在变化中即时时在创造中"。[67]理想的人生就应该顺应"生命的造化",体现出"生生不息"的生命情趣。而无情趣的生命就是"生命的干枯",即柏氏所谓的"生命的机械化"。他们"自己没有本色而蹈袭别人的成规旧矩","只终日拼命和蝇蛆在一块争温饱",[68]这样的生命无疑是庸俗的、萎靡的、自私的。值得注意的是,从柏格森哲学里,中国现代"人生艺术化"理论还找到了通向儒家"健动"观的道路。柏格森哲学的根基是绵延流转的生命力,是讲生命不息的创化。而儒家哲学讲"生生之谓易"[69],讲"刚健、笃实、辉光、日新其德"[70],讲"天行健,君子以自强不息"[71]。儒家的生命感性是以理性与道德的不息追求相涵容的。借助柏格森"创造进化"的现代性话语,中国现代"人生艺术化"理论从儒家的人生哲学中也发现了其强调生命自身追求、肯定生命本真之动的价值取向,从而为感性与理性相统一的艺术人生的建构找到了一种独特的角度。

谈西方文化对中国现代"人生艺术化"理论的影响,当然还要提及尼采。20世纪初年,尼采就是影响中国现代思想文化的风云人物。及到今天,尼采仍是对中国思想文化最具影响力的人物之一。对于中国现代"人生艺术化"理论而言,尼采的意义首先就在于他对美与艺术意义的认识。尼采在喊出"上帝死了"[72]的同时,也喊出了"为生命请命"[73]的口号。他宣告"世界的存在只有作为审美现象才是合理的",因为"构成人的真正形而上活动的是艺术,而不是道德"。[74]虽然,尼采的审美主义是以反道德的面目出现的,但反道德是尼采对抗上帝和基督学说、肯定生命及其价值的武器。尼采说,基督教的绝对道德从本质上说是非道德的,是彻头彻尾厌恶生命的,它以"对感情的诅咒,对美与情欲的恐惧,虚构出一个天堂,以更好地诽谤尘世","摧毁生命的意志"。在尼采看来,这种学说就是"重病缠身、精疲力竭、厌倦生活、生命萎缩的征兆"。[75]尼采以不无偏激的言辞和不无片面的真理,确立了反基督的"纯美学",提出"艺术是生命的最高使命"。[76]"在尼采那里,艺术成了替代旧形而上学地位的东西,成了通达本真存在的救赎之途。"[77]

尼采以生命意志为本的艺术审美主义精神对于中国现代"人生艺术化"理论的生命原则、情感原则、艺术至美原则等都具有重要的影响，当然这种影响又和中国传统道德审美主义的理想复杂地交融在一起。尼采对于中国现代"人生艺术化"理论的重要影响还在于他的"酒神"和"日神"理论。尼采认为，狄俄尼索斯即"酒神"就是生命和艺术的本质，它是奔突汹涌的生命意志，是汪洋恣肆的情绪宣泄，是痛苦与狂喜的迷醉。这种冲破一切束缚的生命能量是巨大的，也是最具毁灭性的。阿波罗即"日神"体现了适度的克制与智慧，是平静安宁的静穆，是清晰明丽的形象。阿波罗以超然的"梦"之眼来观审狄俄尼索斯本真的"醉"之意，由此，美的艺术意象诞生了，这既是艺术的诗化之路，也是生命意志否定自我而获得升华与诗意的道路。悲剧诞生了，尼采说，它使我们相信，"连丑和不和谐的事物也是永远乐趣横生、富有活力的意志和自己玩耍的审美游戏"。[78] "酒神"和"日神"理论直接影响了中国现代"人生艺术化"理论的具体建构。中国现代"人生艺术化"理论的核心人物之一朱光潜关于情趣人生之创造和欣赏的统一、看与演的统一、无所为而为的玩索等重要观点，都直接受到了尼采的启迪。他在《看戏与演戏——两种人生理想》一文中直接讨论了尼采的观点，并把"观照"译为"contemplation"，与《谈美》中的"玩索"译法相同。朱光潜认为尼采把艺术看作狄俄尼索斯投影沉没到阿波罗之中，视观照为艺术的灵魂和人生的归宿。把尼采的美学归结为"从观照中得解脱"有一定的道理，但也有"我注六经"的味道，从中也可见出叔本华、克罗齐、布洛等对朱光潜的复杂影响。中国现代"人生艺术化"理论的另一重要代表人物宗白华也深受尼采影响。他在《中国艺术意境之诞生》、《论文艺的空灵与充实》等重要论文中都直接运用了尼采的"酒神"、"日神"理论，他不仅以此来概括中西具体艺术家和艺术现象，同时也将"酒神"、"日神"精神化生到对艺术意境的阐释中。在中西多重文化滋养中，宗白华提出了艺术"静穆的观照"与"飞跃的生命"的关系，"缠绵悱恻"与"超旷空灵"的关系，"至动"与"韵律"的关系，从而将艺术化的人生提升到了生命情调和宇宙意识的诗意境界，而其中尼采的影响是不能忽视的。

谈到尼采,必然要提到叔本华。有叔本华中译者把叔本华的哲学思想概括为:"人生即意欲(或曰意志)之表现,意欲是无法满足之渊薮;而人生却总是追求这无法满足的渊薮,所以,人生即是一大痛苦。"[79]正是因为对非理性的生命意志之揭示,叔本华成为西方美学史上"第一个动摇旧形而上学和理性论美学的人"。[80]但同时,叔本华认为只有"通过否定本体,否定意志,才达到与意志本体的合一",而其目标就是"否定"的、"消极的'无'"。叔本华"唯意志"论的这种否定性质,又使西方形而上学"第一次由绝对本体导致了一种悲观主义和虚无主义"。但是,有意思的是,正是在"审美需要否定个体意志"的地方,在"为了迎合他的虚无主义而根本贬低生命"的地方,叔本华"却达到了正好相反的结局:进行自我肯定的、蓬勃滚动的生命意志被他全面引出了场"。[81]尼采正从叔本华否定的地方进行了肯定。叔本华与尼采都启示了中国美学的现代意识。而这种启示在中国美学的实际演进中具体呈现为两种不同的路向。一种是以王国维为代表的将"悲剧"与"美术"视为"厌世解脱精神"之昭示。这种理路在启示"人生之痛苦与其解脱之道"的同时,也在离弃"生活之欲"中消解了生命的激情。[82]另一种则将艺术视为人生的审美观照。这种理路在向艺术与美而生的生命实践中升华了生命的本质也提升了人生的诗意。而后一种则正是从康德、尼采而来的西方美学的审美主义传统给予中国现代"人生艺术化"理论的积极的精神滋养。

谈到西方文化资源,我们还要谈到浪漫主义诗学。浪漫主义是在欧洲人文主义思潮的洪流下发展而来的。"它滥觞于英国的感伤主义,在德国发育、成熟后又影响到英、法各国。"[83]王元骧认为德国浪漫派的"基本精神就是批判科技理性、崇尚自然和艺术、宣扬人的自由解放"。[84]刘小枫则把浪漫派诗学的主题概括为:"一,人生与诗的合一,人生应是诗意的人生,而不是庸俗的散文化;二,精神生活应以人的本真情感为出发点,智性是否能保证人的判断正确是大可怀疑的。人应以自己的灵性作为感受外界的根据,以直觉和信仰为判断的依据;三,追求人与整个大自然的神秘的契合交感,反对技术文明带来的人与自然的分离和对抗。"[85]而在这些主题下面,浪漫主义还隐藏着一个最根本的主题:"有限的、夜露销残一般的个体生命如何寻得自身的生存价值和意义,如何超越有限和无限对立去把握着超时间的永恒的美的瞬间。"[86] 18世纪末,浪漫派作为对启蒙理性的批判和对古典主义的反动而走上了欧洲历史的舞台。浪漫派认为世界是一个拥有实体、精神、灵魂的多面性的统一体。人是自由和无限多面的。人可以在与自然和上帝的统一中自由地创造自己的存在。德国早期耶拿浪漫派的重要代表人物之一诺瓦里斯主张:"这个世界必须浪漫化,这样,人们才能找到世界的本意。浪漫化不是别的,就是质的生成。低级的自我通过浪漫化与更高、更完美的自我同一起来。"[87]如何实现浪漫化?诺瓦里斯把诗歌视为人的自我生成的"钥匙"。他说:诗"是哲学的目的和意义,因为诗建立起一个美的人世——世界的家庭——普遍的美的家园"。[88]诗歌可以"使我们重新振作起来,并使我们生活情感永远活跃"。[89]因此,要"中断常态,即平庸的生活",就必须拥有"诗情"。[90]英国浪漫主义作家、理论家雪莱则主张艺术应该渗透到人的活动的所有领域与生活的所有方面。这些浪漫派诗哲把艺术视为"想象力的自由的创造性的活动",[91]而且是最自由的一种创造。艺术不仅是对情感,也是对整个完整的内心世界的自由表现。人正是借助它而超越自我。弗·施莱格尔说,"浪漫主义的诗是包罗万象的进步的诗",它的使命是"赋予诗以生命力和社会精神,赋予生命和社会以诗的性质"。[92]

　　浪漫派诗学对中国现代"人生艺术化"理论的重要启迪在于它对现实的强烈的抗衡和对于生命和世界诗意的热切追寻。其次,在浪漫主义诗学里还潜蕴了对人的创造的无限可能性与自由性的肯定,潜蕴了对人的创造精神、情感直觉和整体生命的张扬。尽管浪漫主义诗学也游荡着主观、任意、感伤、神秘的气息,但它对于平庸、浅薄、丑恶、功利的世俗社会的对抗,其以人为目的的人文精神及其生活、社会、诗合一的理想都与中国现代"人生艺术化"理论的建构具有密切的关联。1919年,梁启超在《欧游心影录》中以"浪漫忒派"和"自然派"来概括19世纪欧洲文学思潮,指出前者的特点是"斥摹仿,贵创造,破形式,纵感情",后者的特点是"纯用极严格极冷静的客观分析,不含分毫主观的感情作用'。对于两派的优缺点,梁启超各有分析。但他特别批评了欧洲"自然派文学盛行之后"的三个弊端:一,"自然派文学,就把人类丑的方面、兽性的方面,赤条条和盘托出,写得个淋漓尽致。真固然是真,但照这样看来,人类的价值差不多到了零度了"。二,自然派文学对人类丑与兽性的揭示,"令人觉得人类是从下等动物变来,和那猛兽弱虫没有多大分别,越发令人觉得人类没有意志自由,一切行为,都是受肉感的冲动和四周环境所支配"。三,"受自然派文学影响的人,总是满腔子的怀疑,满腔子的失望"。[93]虽然梁启超也指出了浪漫派"空想"的弱点,但他显然更认同浪漫派发展个性、倡扬自由、注重生命价值的基本立场。20年代,他在《中国韵文里头所表现的情感》一文中,专门列了一节介绍浪漫派的表情法,并对中国文学中浪漫主义的传统作了梳理,提出"楚辞的最大价值"就在于"浪漫的精神",而陶渊明、李太白、苏东坡等都以高旷的胸次和奇诡的想象力表现出"超现实"的"绝对自由"的"空灵纯洁的美感",体现了醇化的浪漫主义的特色。在《中国韵文里头所表现的情感》中,梁启超不仅用西方浪漫主义的理论阐释中国传统诗文,也融入了康德以来的现代审美精神。朱光潜在《欧洲文学的渊源》中也对"浪漫运动"作了介绍与评述。他认为欧洲浪漫运动使"文艺复兴的真精神又重新焕发",它以对情感、想象、自我、自然的崇尚而开启了近代新的"活动"的人生观,并把卢梭视为"浪漫运动的祖宗",把歌德誉为浪漫主义"成就最大"的作家。朱光潜也比较了浪漫主义与写实主义,最终提出:"人终于是有感情爱想象的动物,勉强要感情与想象窒息,而完全信任冷酷的理智 人终不免嗒然若有所丧。"[94]显然,中国现代"人生艺术化"理论的主要倡导者在基本的诗学立场上是更倾

第五章 孕生:"人生艺术化"的社会历史背景和中西思想资源　　　151

心于浪漫主义的。当然,浪漫主义对中国现代"人生艺术化"理论的影响不是单一地发生的。王元骧在《我国现代文学理论研究的反思与浪漫主义理论价值的重估》一文中提出:"今天我们来研究浪漫主义,着眼点主要应该是德国的理论,而且我们所说的德国浪漫主义理论,也不应该只局限于耶拿浪漫派诸人的论述;而应该把德国古典美学与狂飙突进运动文学思潮都包括在内。"[95]这种认识,提醒我们一方面要从实际出发认识浪漫主义对我们的影响,另一方面也要贯通浪漫主义与欧洲其他精神传统之间的联系,在更深广的视野上认识浪漫主义与我们的关系。

在此,我们无法对中国现代"人生艺术化"理论所接受的中西文化滋养予以一一罗列,而且这种条分缕析终不免有顾此失彼之感。事实上,在中国现代"人生艺术化"理论的诸多代表人物身上,我们已很难将某一种影响单一地抽离出来。如宗白华所描绘的"鸢飞鱼跃,活泼玲珑,渊然而深"[96]的灿烂艺术境界,究竟是中国儒家的健动,还是西方柏格森的生命绵延? 是中国道家的神游,还是西方歌德的深情? 是中国禅宗的灵境,还是西方尼采的观照? 应该说,都有,又都不是。中国现代"人生艺术化"理论对于中西资源的吸纳是有选择的,从整体上看,主要偏于中西哲学美学资源中的人生论传统、审美主义精神、情感本体和审美无利害思想、生命精神和自由意志等注重人生意义、人格涵养、生命价值肯定、宏扬人的主体精神及其价值意义的思想学说。同时,在接受中西资源和从现实提问的具体语境中,在解决民族自身问题的实际需求中,中国现代"人生艺术化"理论也蜕生出了有别于中西相关传统的自己的特定的理论内涵与精神品格。而这才是真正值得我们关注的焦点。

注释:

[1] 朱存明《情感与启蒙:20世纪中国美学精神》,西苑出版社,2000年,第34页。

〔2〕梁启超《五十年中国进化概论》:《饮冰室合集》第5册文集之三十九,中华书局,1989年,第43页。

〔3〕〔4〕〔5〕〔6〕〔7〕〔65〕〔93〕梁启超《欧游心影录》:《饮冰室合集》第7册专集之二十三,中华书局,1989年,第47页;第12页;第10页;第13—14页;第14页;第18页;第14页。

〔8〕陈伟《中国现代美学思想史》,上海人民出版社,1993年,第264页。

〔9〕〔66〕〔67〕〔68〕朱光潜《谈美》:《朱光潜全集》第2卷,安徽教育出版社,1987年,第6页;第12页;第67页;第96页。

〔10〕朱光潜《消除烦闷与超脱现实》:《朱光潜全集》第8卷,安徽教育出版社,1993年,第92页。

〔11〕宗白华《中国青年的奋斗生活与创造生活》:《宗白华全集》第1卷,安徽教育出版社,1994年,第99页。

〔12〕宗白华《新人生观问题的我见》:《宗白华全集》第1卷,安徽教育出版社,1994年,第204页。

〔13〕宗白华《中国文化的美丽精神往那里去?》:《宗白华全集》第2卷,安徽教育出版社,1994年,第403页。

〔14〕〔15〕〔16〕〔18〕丰子恺《艺术必能救国》:《丰子恺文集》第4卷,浙江文艺出版社/浙江教育出版社,1990年,第30—31页;第33页;第32页;第32页。

〔17〕丰子恺《绘画之用》:《丰子恺文集》第2卷,浙江文艺出版社/浙江教育出版社,1990年,第587页。

〔19〕〔37〕徐复观《中国艺术精神》,华东师范大学出版社,2001年,第1页,第38页。

〔20〕〔24〕〔26〕〔27〕〔30〕〔31〕〔32〕〔34〕孔子著、何晏集解《论语》,上海古籍出版社,2003年,第28—31页;第34页;第17页;第37页;第47页;第22页;第18页;第49页。

〔21〕〔22〕〔25〕〔28〕〔29〕〔33〕〔69〕〔70〕〔71〕陈戍国点校《四书五经》上册,岳麓书社,2002年,第141页;第163页;第99页;第201页;第197页;第118—119页;第197页;第163页;第141页。

〔23〕陈望衡《中国美学史》,人民出版社,2005年,第27页。

〔35〕〔36〕陈鼓应注译《庄子今注今译》上册,中华书局,1983年,第31—35页;

第 140 页。

〔38〕刘小枫《人类美学的含义》:《美学新潮》第 1 期,四川社会科学院出版社,1986 年。

〔39〕更准确地说,是内儒而外道释。事实上,从梁启超到丰子恺、宗白华,都对佛教与禅宗文化很有兴趣,在具体论述中这种影响从具体用词到观点论析都有体现。但从整体上看,其基本理论精神还是儒家之根。

〔40〕刘方《中国美学的基本精神及其现代意义》,巴蜀书社,2003 年,第 103 页。

〔41〕参见李泽厚《华夏美学》,天津社会科学出版社,2001 年,第 168—169 页。

〔42〕王德胜《意境的创构与人格生命的自觉——宗白华美学思想核心简论》:《厦门大学学报》,2004 年 3 期。

〔43〕〔46〕〔52〕李泽厚《华夏美学》,天津社会科学出版社,2001 年,第 296 页,第 296 页,第 298 页。

〔44〕张立文《宋明理学研究》,人民出版社,2002 年,第 28 页。

〔45〕朱熹撰《读唐志》:《晦庵先生朱文公文集》,清康熙二十七年刻本,卷七十第 3 页。

〔47〕王守仁著《博约说》:《王文成公全书》第 4 册卷七,商务印书馆,1933 年,第 57 页。

〔48〕王守仁著《答季明德》:《王文成公全书》第 4 册卷六,商务印书馆,1933 年,第 11 页。

〔49〕王守仁著《传习录上》:《王阳明全集》(一),上海啓智书局,民国 24 年(1935),第 18 页。

〔50〕〔51〕王阳明《王阳明全集》,上海古籍出版社,1992 年,第 729 页;第 786 页。

〔53〕王勋敏、申一辛《梁启超传》,团结出版社,1998 年,第 84 页。

〔54〕参见梁启超《欧游心影录》:《饮冰室合集》第 7 册专集之二十三,中华书局,1989 年。

〔55〕余连祥《丰子恺的审美世界》,学林出版社,2005 年,第 5 页。

〔56〕聂振斌《中国近代美学思想史》,中国社会科学出版社,1991 年,第 272 页。

〔57〕张世禄《评朱光潜〈诗论〉》:《国文月刊》,第 58 期,1947 年 7 月。

〔58〕王德胜《宗白华评传》,商务印书馆,2001 年,第 2—3 页。

〔59〕(德)鲍姆加登《关于诗的哲学沉思录》:转引自李醒尘《西方美学史教程》,

北京大学出版社,1994年,第256—257页。

〔60〕伍蠡甫《西方文艺理论名著选编》,北京大学出版社,1985年,第369页。

〔61〕蒋孔阳、朱立元《西方美学通史》第4卷,上海文艺出版社,1999年,第29—30页。

〔62〕梁启超《近世第一大哲康德之学说》:《饮冰室合集》第2册文集之十三,中华书局,1989年,第47页。

〔63〕详参拙著《梁启超美学思想研究》,商务印书馆,2005年,第一章第一节。

〔64〕参看董德福《生命哲学在中国》,广东人民出版社,2001年,第5页。

〔72〕(德)尼采著、黄明嘉译《快乐的知识》,中央编译出版社,2001年,第247页。

〔73〕〔74〕〔75〕〔76〕〔78〕尼采著、赵登荣等译《悲剧的诞生》,漓江出版社,2000年,第12页;第10页;第11页;第18页;第139页。

〔77〕〔80〕〔81〕牛宏宝《西方现代美学》,上海人民出版社,2002年,第88页;第85页;第86页。

〔79〕(德)叔本华著、李小兵译《意欲与人生之痛苦》,上海三联书店,1988年,第3页。

〔82〕参见王国维《红楼梦评论》:《王国维文集》第一卷,中国文史出版社,1997年。

〔83〕〔84〕〔95〕王元骧《文学理论与当今时代》,浙江大学出版社,2002年,第329页;第329页;第329页。

〔85〕〔86〕〔87〕〔88〕刘小枫《诗化哲学》,山东文艺出版社,1986年,第11页;第11页;第33页;29页。

〔89〕〔90〕〔91〕〔92〕社会科学院外国文学研究所资料丛刊编辑委员会《欧美古典作家论现实主义与浪漫主义》,中国社会科学出版社,1980年,第392页;第392页;第361页;第385页。

〔94〕朱光潜《欧洲文学的渊源》:《朱光潜全集》第9卷,安徽教育出版社,1993年,第234页。

〔96〕宗白华《中国艺术意境之诞生》:《宗白华全集》第2卷,安徽教育出版社,1994年,第358页。

第六章　特质："人生艺术化"的基本内容和价值旨趣

中国现代"人生艺术化"理论是一个集体的成果,呈现出历时性的发展、丰富、完善的过程与共时性的冲突、互补、交融的状态。其总的思想前提是,强调审美、艺术与人生之统一,以美的艺术精神为人生之标杆。但具体到不同的人身上,则呈现出一定的复杂性;而即使在同一个人身上,也体现出具体的复杂状况。但是,中国现代"人生艺术化"理论在其动态的多维的发展与交融中,也逐渐形成了以梁启超、朱光潜、丰子恺、宗白华等为代表的发展主脉,并构筑了自己的基本理论内容与核心价值旨趣。

一、中国现代"人生艺术化"理论的基本内容

以梁启超、朱光潜、丰子恺、宗白华四家为代表的中国现代"人生艺术化"的理论资源,主要是以美的艺术精神为人格提升与人生美化的范本;而围绕美的人格的养成和美的人生境界的建设,又主要从哲学、审美、艺术三个互为联系的维度呈现了自己的思考。在哲学维度上,中国现代"人生艺术化"理论主要表现为对生命存在及其诗意价值的追询;在审美维度上,中国现代"人生艺术化"理论主要表现为对美的本质、理想及其价值的思考;在艺术维度上,中国现代"人生艺术

化"理论则主要表现为对艺术趣味(情趣)与艺术意境(境界)的标举。

对生命本质及其价值意义的追询,是中国现代"人生艺术化"理论的基本哲学前提与理论前提。无论是梁启超、朱光潜,还是丰子恺、宗白华,无一例外地表现出对人生哲学的浓厚兴趣。梁启超"生活艺术化"的命题首先就是在《'知不可而为'主义与'为而不有'主义》这篇著名的人生哲学论文中提出来的。他认为"生活艺术化"的基本前提就是贯彻"知不可而为"主义与"为而不有"主义的统一。这两种主义"都是要把人类无聊的计较一扫而空,喜欢做便做,不必瞻前顾后。所以归并起来可以说,这两种主义都是'无所为而为'主义,也可以说是生活的艺术化,把人类计较利害的观念,变为艺术的、情感的"。[1]梁启超的"无所为而为"不是不要"为",其实质与指向恰恰是"为",是发自内心"情感"的纯粹之"为"。它对生活始终抱着热情,不是在绝缘的审美观照中而是在热烈的生命实践中来彻行。我把梁启超倡导的这种"无所为而为"的理想称为"不有之为",这是一种热烈彻底纯粹的人生实践精神,它也是梁启超"生活艺术化"精神的内核。梁启超的"不有之为"的人生实践理想也开启了中国现代"生活艺术化"——"人生艺术化"理论关于人生实践及其超越问题的基本哲学传统。朱光潜《谈美》一开篇,就明确地把"无所为而为"确立为艺术的根本精神,他结合情感与理智、实用与理想、出世与入世的关系,进一步将其阐释为以"出世的精神"做"入世的事业",强调这种精神是成就"伟大事业"的人格基础。同时,朱光潜将人生分为"整个人生"与"实际人生",指出艺术与实际人生有距离,和整个人生无隔阂,从而进一步拓深了"人生艺术化"理论的哲学根基。丰子恺则把人生分为三个层面:物质生活、精神生活与灵魂生活。"物质生活就是衣食。精神生活就是学术文艺。灵魂生活就是宗教。"在他看来,层次越高,离人的本能越远,而"人生欲"越强。他虽把宗教看作人的生活的最高境界,但他并不弃世厌世。他认为"艺术的最高点与宗教相接近"。[2]艺术的低层次是艺术的技巧,而艺术的最高点就是艺术的精神,也就是"化无情为有情"的"物我一体"的境界,是对万物饱含真率童心的万物平等的境界,即破除我执私欲、宏扬众生平等的深厚情感与灵魂超越。因此,攀升上宗教的最高层,也就是达成了精神的超越,实现了艺术的情怀。这正是丰子恺的独特之处,把内在的宗教情结融入深厚的艺术情怀之中。也因此,他的宗教超越最终又回到了他所深沉挚爱的活生生的生活。让生活升华到艺术,在生活中实现艺术的精神(也是体会宗教的精神),这既构成了丰子恺"人生艺术化"理论的哲学基础,也很有特色地丰富拓展了"人生艺术化"理论的哲学思辩。宗白华则明确提出了对人生真相、目的、意义的拷问,主张建设一种"超世入世的人生观",以此出发来达成一种大宇宙的人格和新生命情调,那就是"至动而有韵律"的艺术化生命。可以说,以出世来入世,在精神超越中追求生命意义的实现,这就是中国现代"人生艺术化"理论的基本哲学立场。

　　入世与超越、物质与精神的关系构成了中国现代"人生艺术化"理论关于生命问题的核心视点。梁启超的"无所为而为"或曰"不有之为",也就是无功利的实践精神。它以无功利性接续了康德审美判断的无利害性,又以实践精神与康德意义上的纯粹美感判断相区别。[3]在本质上,"生活的艺术化"是追求一种"天地与我并生,而万物与我为一"的生命境界,是"宇宙未济人类无我"[4]的生命精神。它是充满了生命的实践趣味的,它的落脚点是"为"。尽管梁启超把这个"为"更多地理解为生命的奋进与创造,朱光潜把这个"为"更多地理解为生命的观照与欣赏,但我们所概括的中国现代"人生艺术化"理论的主脉在对生命本质的理解上,几乎无一例外都把生命自身的活力与活动视为生命的首要本质与生命存在的首要前提。在这个意义上,我以为,中国现代"人生艺术化"理论显然是入世的哲学,而非出世的哲学,因为它对生命的热爱本身在本质上决定了它是非厌世非弃世的。可以说,在我们所选择的四个典型人物中,丰子恺是最具佛家意味的。1927年10月21日,29岁生日那天,丰子恺皈依佛门,成了佛家居士。但丰子恺又是极爱惜生命、极热爱生活的。仅仅时隔一年多,1929年2月,丰子恺即绘制出版了《护生画集》。而他一生中写作发表的满溢温情与幽默的生活散文、生活漫画更是令人叹止。没有对生命的深挚的爱、没有对生活的真诚的体验,是不可能流溢出这样浓情真纯的文字和画面的。因此,丰子恺既是"人生艺术化"的理论倡导者,也是一个真正意义上的身体力行者。

其次,在中国现代"人生艺术化"理论的视阈中,人的生命与动物的生命是有区别的,这个区别就在于人的生命的精神性。朱光潜说:"人之所以异于动物的就是于饮食男女之外还有更高尚的企求。"[5]梁启超说:"人类所以贵于万物者在有自由意志。"[6]人的生命的精神性及其所达到的自由境界是中国现代"人生艺术化"理论所追寻的人的生命的根本性指征。朱光潜主张"人是自己心灵的主宰"。[7]梁启超把人的生活分为物质生活与精神生活。他认为人首先是动物,因此,人首先就要有物质的生活,需要"穿衣吃饭",等等,以"求能保持肉体生存"。同时,人又不甘于物质的奴隶,因此,他又要追求精神的生活。精神的自由就是不受物质的牵制而独立。"自己的意志做了自己情欲的奴隶",在梁启超看来,这是最可悲哀的。人格的提升就是要养成自由意志,"把精神方面的自缚,解放净尽,顶天立地,成一个真正自由的人"。[8]

正是在对生命精神的理解中,中国现代"人生艺术化"理论发展了对于生命意义和价值的追询。康德哲学将人的心理分为知、情、意三要素,相应地也就有了科学(理性)的判断、道德(意志)的判断和情感(美)的判断。康德的观点为中国现代"人生艺术化"论者所普遍接受,主张"真善美三者具备才可以算是完全的人"。[9]但是,他们与康德将美视为理性与意志的中介不同,他们直接将美与情感的要素上升为人类生命的最高本质,认为唯有情感与美才是真正能够体现人类生命的精神品质的核心要素。梁启超提出"爱美是人类的天性",[10]"'美'是人类生活一要素——或者还是各种要素中之最要者",[11]情感是"生活的原动力"。[12]朱光潜认为美的追求就是人类异于饮食男女的更高尚的企求之一,是人的"精神上的饥渴","美是事物最有价值的一面,美感的经验是人生中最有价值的一面"。[13]

通过对生命本质及其价值意义的哲学思考,中国现代"人生艺术化"理论主要确立了生命的情感本质、自由价值、精神意义的哲学向度,集中体现了对于心灵提升、人格升华和生命诗意的向往。

对美的本质、理想及其价值的思考,是中国现代"人生艺术化"理论在审美维度上的核心问题。中国现代"人生艺术化"理论是一种人生哲学,也是一种人生美学。它对哲学问题的思考总是与对人生的美的追寻相扭结。因此,它并非单纯地思考美的理论问题,纯粹地建构美学或艺术的理论体系。这一特点受到了中国哲学传统的影响,也构成了中国现代"人生艺术化"理论有别于西方形态的审美哲学与艺术美学的理论特征和问题指向。中国现代"人生艺术化"理论并未去刻意建构美与艺术的系统理论,也不以静态的纯理论建设为最高目标,而是把兴趣投向美、艺术、人生三者的关系,把对美的思考与人生实践、艺术实践相联系,集中探讨表达导引了对美的本质、理想及其价值的理论思考与生命向度。

梁启超是中国现代人生论美学的重要奠基人之一。他通过"趣味"、"情感"等核心范畴,集中阐释了不有之为的人生实践精神及其情感本质,从而建构了一种以生命和创造为核心的审美精神。在梁启超看来,美的精神就贯通在兴会淋漓的生命活动中,是生命实践不较得失、不计成败的自由精神。同时,它又是对个体生命融入众生运化和宇宙大化中的责任与自觉意识。只有在情感中自然地融化了这种责任与自觉,才能自由地升华为生命实践的趣味。而这个趣味的实现,就是美的实现。因此,对于梁启超来说,最广义的美也就在我们丰富多彩的生命实践中。梁启超所倡导的这种在生命实践中实现美的人生美学精神,具有鲜明的启蒙主义色彩和人文主义情怀,是现代中国唤醒人性、改造国民性的精神武器之一。这种美论指向和理想情怀,在中国现代美学与艺术精神的发展中,有着重要的影响。朱光潜提出"谈美"就是"研究如何'免俗'"。[14] 他提出"无所为而为"的精神就是艺术的精神,也就是美的精神,是"只求满足理想与情趣"的艺术态度和生命态度。"情趣"作为朱光潜对梁启超"趣味"的重要发展,也显示了他从艺术的角度对美的精神的充实和具体化,特别是发展了"玩索"与"观照"的精神。在《谈美》中,朱光潜主要以艺术为范型具体考察并提出了自己关于美的基本见解。朱光潜认为"是'美'就不'自然'",美"是把自然加以艺术化"。[15] 而"艺术化",就是"人情化与理想化",也就是"情趣"化,就是"无所为而为的玩索"。同时,朱光潜主张"情趣的根源就在人生",因此,首先要创造,否则就不可能有情趣的玩索和观照。同时,情趣又要回到人生,使每个人的生命史成为"他自己的作品",可以实现情趣的玩索与观照。因此,"人生的艺术化"的实现也就是使人生成为"广义的艺术"。可以说,在朱光潜这里,艺术的本质在于"情趣",同时,"情趣"也是生命与人生的理想与本质。丰子恺则从"童心"立论,通过"绝缘"与"同情"的路径与方法,确立了真率人生的理想模式,凸显了以真率(真情真心)为美的人生美学理念。富有"真率"之趣的艺术化的生活,使人"可以体验人生的崇高、不朽,而发见人生的意义与价值"。[16] 宗白华则突出了动静的和谐,以至动而有韵律的生命之美为美的最高境界。他侧重以中华民族艺术的意境为范型,打通了艺术、生命、宇宙三者间的关系,以艺术意境来贯通生命情调和宇宙意识,从而极为生动而富有深韵地揭示了艺术在生命和宇宙运化中的意义价值,揭示了美与生命的自由本质及其和谐境界。

通过哲学思辨与艺术审察,中国现代"人生艺术化"理论确立了自己关于美的基本立场和价值态度,即把美视为主体生命的一种情感实现和精神自由状态。这种情感的自由,非无视理性的从心所欲的自由,非纯任欲望的感性宣泄的自由,而是建立在对生命趣味(情趣、情调)和生命意义(价值、理想)的追求的基础上,把生命和人生的理想情怀、爱与责任化生为一种情感性的自由精神,它的显著标志就是那种浓郁的浪漫情怀与诗意取向。

这种美的浪漫情怀和诗意取向,在"人生艺术化"理论中,主要通过对艺术的"趣味"("情趣")和"意境"("境界")的阐释、标举而具体呈现出来。由此也确立了"人生艺术化"理论在艺术维度上的基本落脚点。

"趣味"是由梁启超首先确立的中国现代美学范畴之一,它不是指那种对字词、章句、技巧等的具体性艺术欣赏旨向,不是指单纯的对艺术作品的美感风格取向,也不是康德意义上的纯粹情感判断,而是指以生命境界与人格境界为核心的生命审美意趣。梁启超通过对艺术中的这种生命意趣的具体发掘与描摹,而与人生境界相融通,从而将"趣味"由中国古典文论中的纯艺术范畴与康德、休谟意义上的纯审美范畴导向了生动的生命世界和广阔的人生领域,贯通了艺术、生活、审美的联系。梁启超提出"文学是人生最高尚的嗜好",是"高尚情感与理想"的传达。[17] 他所欣赏的艺术,是能充分体现标举其趣味主义理想的艺术,是对美的情感、活跃的生命、积极的创造的肯定。同时,梁启超的这种趣味旨向在艺术中也集中体现为对作品精神境界与作者人格境界的审美赏鉴。在关于中国古典诗歌的鉴赏中,梁启超曾对其中的女性形象的塑造及其审美问题提出了尖锐的批评。梁启超指出:诗经所赞美的是"硕人其颀",是"颜如舜华"。楚辞所赞美的是"美人既醉朱颜酡,娭光眇视目层波"。汉赋所赞美的是"精耀华烛,俯仰如神",是"翩若惊鸿,矫若游龙"。这些历史时期,对于女性美的鉴赏品味与审美标准基本上是健康的。它们都以"容态之艳丽"和"体格之俊健"的"合构"为女性美的基本标准。梁启超认为,从南朝始,女性美的审美标准开始发生了变化。文人开始以"带着病的恹弱状态为美"。至"唐宋以后的作家,都汲其流,说到美人便离不了病"。梁启超尖锐地批评了近代文学家写女性,也"大半以'多愁多病'为美人模范",这是"文学界的病态",它的症结在于"完全把女子当男子玩弄品"。他不无幽默地宣称:"我盼望往后文学家描写女性,最要紧先把美人的健康恢复才好。"[18] 梁启超提出了"女性的真美"的问题,把刚健之中含婀娜、高贵之中寓自然标举为女性美的新标准,从而要求文学把被男人异化成为物(玩弄品)的女人重新变成人。刚健与婀娜、高贵与自然的统一,寄寓的不仅是对女性作为人的身体之美的理想,更是对女性作为人的人格与精神气度的理想,它确立了融生命活力与性别魅力为一体、着重从精神气度上观照女性之美的女性审美趣味。这种美的女性即使在今天仍然放射着理想与活力的光华。梁启超还认为,真正的文学,必须体现出独特的精神个性。也正是从这个标准出发,他把屈原列为中国文学史上第一位值得研究的作家,并且高度肯定了屈原"All or nothing"的人格趣味。他又把陶渊明列为屈原之后能够在自己的作品中活现出自己的个性的古代作家,认为陶渊明个性冲远高洁的整体特征和热烈豪气、缠绵多情、严正道德的不同侧面互为表里,共同构成了其"人生真趣味"。这种人格与人生的"趣味"理想,体现的是对于生命的热诚、情感的真挚和对于生命理想的浪漫情怀与不屈追求。正是基于这样的趣味审美原则,梁启超的古代诗歌和诗人研究,呈现出了前所未有的新气象。梁启超所开拓的这种趣味审美的人生旨向成为中国现代文艺美学的一种重要的精神特征。朱光潜、丰子恺等也都大量地运用过"趣味"这个概念,但他们又各有丰富发展,有自己的特色。朱光潜将"趣味"拓展为"情趣",从而进一步丰富拓展了其情感与理想的艺术意韵。在朱光潜看来,我们所说的美有两种。一种是"自然美",这个"美"的意义就是:美是事物的常态,即普遍态,也就是一种客观美。另一种是"艺术美",这个"美"是指审美主体把自己的情趣投射进去的美,因此,这个美也就是人情化与理想化了的美。朱光潜虽然承认有两种美的存在,即客观美与理想美。但他又宣称,是美就不自然。因此,朱光潜的美学旨趣显然是肯定理想美的,在他那里也就是艺术美。理想的艺术美在朱光潜看来,标举的应该是以出世来入世的人格情怀,既有对人生的缠绵与责任,又有一种摆脱得开的超然与洞透,即既能"入"又能"出",既能"演戏"又能"看戏",既能"创造"又能"欣赏"的艺术活动与生命活动的自在与自由。朱光潜的"情趣"不仅强调了艺术趣味的情感性与理想化的特质,也突出强调了其本身实现的距离美和观照美。丰子恺也借鉴了"趣味"的范畴,他认为趣味本质上是与实用相对的,在艺术中它就是美感,在生活中它就是一种生命态度和人生理想。他把"趣味"的核心视为真率自然的情感,也就是他所标举的"童心",是绝缘于世俗实用的万物平等的同情之心和广袤爱心。丰子恺不仅在理论文字中反复论析了这种以"童心"为核心的趣味精神,还在大量的绘画、散文作品中,生动具体地展现了这种"童心"之美与"童心"之趣。

尽管对趣味的内涵与侧重点的具体表述有一定的差别,但从梁启超始,中国现代"人生艺术化"理论所建构阐释的"趣味(情趣)",主要标举的是一种主体精神,一种活跃的生命精神(如梁启超),一种真挚自然的情感态度(如丰子恺),一种浪漫脱俗的人格理想(如朱光潜)。它要求主体热爱生命又超拔脱俗,把生命精神的激扬和浪漫诗意的理想作为生命的最高追求,追求主体情感与精神之美的实现。

"意境(境界)"是中国现代"人生艺术化"理论在艺术维度上与"趣味(情趣)"并举的另一个重要范畴。"意境(境界)"理论渊源久远。在中国古代文论中,"意境"主要是对美的诗词意象的一种理论概括,它主要关注诗词审美中情与景、言与意的关系,主张美的艺术形象乃情景交融、象外有味。"意境"思想的最早萌芽,可追溯到先秦的《易传》。《易传》比较明确地提出了言、意、象之间的关系,认为"言不尽意"而"立象以尽意",揭示了"象"具有言外之意的特征与韵味。至唐代,诗论中开始拈出"境"字,"意境"始成为诗学的概念并在托名王昌龄的《诗格》中首次出现。《诗格》将诗境分为"物境"、"情境"、"意境"三境,将"意境"视为在"物境"、"情境"之上的诗歌的最高境界。后刘禹锡提出"境生于象外",司空图主张"象外之象,景外之景",进一步丰富了意境虚实相生、情景交融的审美特征。近代,王国维对"意境(境界)"理论作了丰富与拓展。佛雏认为王国维是第一个有意识地构建"意境(境界)"的诗论体系的人。[19]王国维提出艺术以境界为上,境界不仅是景物,也是人心中的喜怒哀乐,是真景物(境)与真感情(意)的浑然一体。就意境的本质而言,王国维特别强调了其情景交融的审美特征,抓住了"从文学到意境到美所贯穿的一条最本质的关系:情与景——意与境——主观与客观的对立统一"[20]。聂振斌认为,王国维的意境理论具有哲学的思辨和理论的概括,"不仅适用于文学,而且也适用于整个艺术"[21]。同时,围绕意境,王国维还提出了"诗人的境界"与"常人的境界"、成就大事业大学问的"三种之境界"等问题,从而也把"意境的涵义""扩大到整个社会生活领域"[22]。意境既是通过形象对世界的总体把握,也是以艺术的方式对人生的具体呈现。由此,王国维成为中国古典意境论与中国现代意境论的分界点。前者是非系统的零散的,后者具有理论的系统性与自觉建构意识。前者主要是对文学形象的审美把握,后者既是对艺术本质与规律的审美探索,又是对人生与世界的独特把握。王国维认为,进入"意境(境界)"之中,可使吾人"超然于利害之外"而"忘物我之关系"[23],从而获得精神的自由与愉快,由此,"意境(境界)"也就成为人生苦痛的"解脱"之境和"息肩"之地。王国维虽然没有直接谈论人生艺术化的问题,但是他对"意境(境界)"的界定与阐发,已经呈现出与中国古典艺术意境论有所区别的人生美学情致,成为中国现代美学与艺术思想人生精神的重要始源之一。

中国现代"人生艺术化"理论的重要奠基者和代表人物之一朱光潜也是非常重视艺术中的"意境(境界)"问题的。他认为"意境(境界)"是艺术美创化中不可忽视的一个要素。他说:"每个诗的境界都必有'情趣'(feeling)和'意象'(image)两个要素。'情趣'简称'情','意象'即是'景'","情景相生而且相契合无间,情恰能称景,景也恰能传情,这便是诗的境界"。[24]这种思路和基本观点主要延续了中国传统意境论的文脉。同时,朱光潜强调这种情景相恰的诗境之实现取决于两个基本条件:一是这一境界在直觉中能成一个完整的独立自足的意象;二是这个意象恰能表现一种情趣。将情趣化为意象,也就是诗人于情趣能入能出。有生生不息的情趣的贯注,纷至沓来的意象才内有活跃生命,外有完整形象。"真正的诗的境界是无限的,永远新鲜的"[25],正是因为它有情趣作为生命之源。因此,朱光潜的意境理论相比于中国传统意境论又多了一些现代美学的生命因子,同时对于意境的审美特征的理解及其形成的规律也有了更深入的艺术探讨。就"趣味(情趣)"与"意境(境界)"两范畴在各自的艺术和美论体系中的地位而言,梁启超显然更重视前者,他是从"趣味"出发来标举境界的。朱光潜则有一个发展的过程,他在20世纪30年代的《谈美》等论著中对"情趣"探讨得更多,在40年代的《诗论》中则辟有专章探讨"境界"。但从《谈美》开始,朱光潜对"情趣"和"意境"在艺术中的意义,似乎就持一种中立的立场。他说:"艺术家要见到一种意境或一种情趣,自得其乐还不甘心,他还要旁人也能见到这种意境,感到这种情趣。"因此,情趣和意境在朱光潜这里,基本具有相等的美学意义。但是,仔细研读,又可发现,情趣和意境在朱光潜的艺术——美论体系中,地位与作用是有差别的。朱光潜认为情趣对于艺术美的产生具有更基础的本体意义。他说:"情感是生生不息的,意象也是生生不息的。换一种情感就是换一种意象,换一种意象就是换一种境界。"同时,在朱光潜看来,情趣与情感不能画等号,"在艺术作品中人情和物理要融成一气,才能产生一个完整的境界",即情趣不仅要理想化,使道德内化为美;情趣还要理性化,使情感滤整为意象。美是生生不息的情趣流注其中,又有情景交融的意境呈现于前,由此达成真善美的意境生成和美的情趣观照。这就是朱光潜主张的美的精神,也就是"无所为而为的玩索"。我以为,就朱光潜的艺术诗学而言,"意境(境界)"的范畴具有更纯粹的意义,而就其"人生艺术化"的理想而言,"情趣(趣味)"的范畴具有更基础的意义和涵摄力。

在中国现代"人生艺术化"理论家中,对"意境(境界)"范畴情有独钟的是宗白华。意境不仅是其艺术美论的核心范畴,也是其整个美学思想的关键,是其"人生艺术化"思想中哲学、审美、艺术三个维度的扭结点。何谓"意境",在《中国艺术意境之诞生》一文中,宗白华最直接简单的界定是:"意境是'情'与'景'(意象)的结晶品。"[26] 以情景交融来界定意境的内涵和特征,这并非新鲜的观点,可以说是中国传统意境论的基本观点,由此也可见出宗白华对中国传统"意境"论的继承。但值得注意的是,宗白华也继承了王国维对"意境(境界)"的人生化倾向,"并没有满足于那种既有的形而下的描述,而是上升到人生观、宇宙观的形而上层面加以诠释"。[27] 在《中国艺术意境之诞生》的开篇,宗白华就明确提出,自己研究意境的意义,是为了"窥探中国心灵的幽情壮采,也是民族文化的自省工作"。[28] 因此,意境问题在宗白华这里,绝非只是一个单纯的艺术问题,而是一个通向生命情调、文化精神、宇宙本真的枢纽。为此,宗白华把意境纳入了整个人与世界的关系格局之中。他认为人与世界的关系,构成了五种基本境界,即主于利的功利境界,主于爱的伦理境界,主于权的政治境界,主于真的学术境界,主于神的宗教境界。艺术境界的意义就在于它"介乎后二者的中间。以宇宙人生的具体为对象,赏玩它的色相、秩序、节奏、和谐,借以窥见自我的最深心灵的反映;化实景而为虚境,创形象以为象征,使人类最高的心灵具体化、肉体化","艺术境界主于美"。[29] 正是从这样的宏观的高度出发,宗白华也第一次深刻地窥见了艺术意境的生命底蕴。他指出:"主观的生命情调与客观的自然景物交融互渗,成就一个鸢飞鱼跃,活泼玲珑,渊然而深的灵境;这灵境就是构成艺术之所以为艺术的'意境'。"[30] 因此,意境的底蕴就在于"天地的诗心"和"宇宙诗心",它不可能是"一个单层的平面的自然的再现,而是一个境界层深的创构。从直观感相的模写,活跃生命的传达,到最高灵境的启示,可以有三层次"。[31] 这也就是从"情"

胜到"气"出到"格"高,从"写实"到"传神"到"妙悟"。飞动的生命化为深沉的观照,由此直探生命的本原。宗白华坚持,"中国艺术意境的创成,既须得屈原的缠绵悱恻,又须得庄子的超旷空灵。缠绵悱恻,才能一往情深,深入万物的核心,所谓'得其环中'。超旷空灵,才能如镜中花,水中月,羚羊挂角,无迹可寻,所谓'超以象外'"。[32]唯道集虚,动静不二,宗白华认为这就是意境的根本特征。宗白华指出,生生的节奏和天地境界就是艺术意境最后的源泉。意境诞生于"一个最自由最充沛的深心的自我",蕴涵于"一个活跃、至动而有韵律的心灵",[33]它既标举了艺术的最后的理想和最高的成就,也是艺术心灵与宇宙意象互摄互映的华严境界。由意境,宗白华不仅深刻阐释了中国艺术的动人情致,也由艺术通向了本真的哲学境界和诗性的人生境界。飞动的生命和深沉的观照的统一,至动和韵律的和谐,缠绵悱恻和超旷空灵的迹化,成就了最活跃最深沉、最丰沛最空灵的自由生命境界,使每一个具体的生命都可以通向最高的天地诗心,自由诗意地翔舞。因此,宗白华的意境论不仅是对中国艺术精神的深刻发掘,也是对诗意的审美人格和审美人生的标举。他通过精深生动的论析,华彩丰赡的笔墨,达成了中国现代"人生艺术化"理论诗意理想的新高度,其圆润天成、深情洒脱的风采至今都是一个难以企越的高峰。

相对于"趣味(情趣)",中国现代"人生艺术化"理论对于"意境(境界)"范畴的建构,则主要突出了主体精神与外部世界的和谐与诗意。意境作为主体生命和天地宇宙的一种诗性交融,是主体精神入与出、创造与欣赏的一种诗性自如,也是主体精神生命与天地诗心契合的一种诗意飞翔,因此,"意境(境界)"对于个体生命的意义就在于它既是一种诗意的实现,也是一种诗意的桥梁。

在中国现代"人生艺术化"理论的艺术维度上,"趣味(情趣)"和"意境(境界)"成为两个最重要最具涵摄力的范畴。梁启超的艺术化人生更着重于"趣味(情趣)"的理想,宗白华的艺术化人生则更推崇于"意境(境界)"的孕生。但是,梁启超讲"趣味(情趣)",不等于他不重"意境(境界)",他的"趣味(情趣)"最终还是要落实到人格境界和人生境界的实现上,即通过"趣味(情趣)"的养成来达成人格境界的升华。而宗白华谈"意境(境界)"也不等于他不重"趣味(情趣)",生命的情韵与趣味是其"意境(境界)"孕生的重要基础,也是其涵泳于内的最终旨归。当然,就"趣味(情趣)"和"意境(境界)"本身的美感特征言,"趣味(情趣)"更突出了情感与创造的品格,"意境(境界)"则更突出了超旷而空灵的品格。在中国现代"人生艺术化"理论中,它们就是追求美的人生的理想尺度,是形象和情感的统一,是出与入、有限与无限、个别与一般的统一,是心灵的充实丰沛与诗意超越的统一。可以说,中国现代"人生艺术化"理论主张的是在生命的创造与体验中将"趣味(情趣)"涵泳为"意境(境界)",也是在生命的欣赏与观照中将"意境(境界)"返现于"趣味(情趣)"。

二、中国现代"人生艺术化"理论的价值旨趣

中国现代"人生艺术化"理论的发展主脉是以梁启超、朱光潜、丰子恺、宗白华等为代表的中国现代美学家在20世纪上半叶苦闷的现实境遇和严峻的文化境遇中,试图从生存的事实超向生命的意义的一种人生审美理想的探索。它从哲学、审美、艺术三个维度,阐释了以生命存在与诗意提升相统一为主要内涵的哲学理想、情感与意义相贯通为主要价值的审美理想、趣味(情趣)与意境(境界)相涵摄为主要范畴的艺术理想。创化和享受生命的过程是其理论的出发点,升华与美化生命的境界是其理论的旨归。在这样一个思想路径中,"人生艺术化"理论选择了以富有审美精神的诗意人格、自由和谐的诗性人生、自然本真的主体自我为其目标达成的核心。而它所选择的基本道路就是以艺术介入人生,以审美提升人生,要求人生以美的艺术理想来观照自己、重构自己。从整体上看,中国现代"人生艺术化"理论集中体现出生命至高、精神至上、情感为本、艺术至美的价值

向度,从而凸显了其远功利而入世的独特的审美人生旨趣。

中国现代"人生艺术化"理论是以对生命的肯定和宏扬而建立起自己的理论基石的。对生命的肯定和敬重,是中国传统文化的重要品格之一。《周易》就认为"天地之大德为生","生生之谓易"。[34] 即生是天地最美的品德,也是宇宙规律的基础。孔子说:"天何言哉?四时行焉,百物生焉,天何言哉?"[35] 老子说:"道生一,一生二,二生三,三生万物。"[36] 可见,在他们眼里,宇宙的本质就是万物的生育。无论是自然,还是人,鸢飞鱼跃的生气氤氲就是中国哲人所憧憬的最基本的人生境界,也就是"生生"的境界。正如方东美所言,中国传统文化中这个"生"非"静态一度之生产,而是动态往复历程","生生"是"生之又生","创造再创造"。[37] 因此,这个"生"就是生命的流动、化育本身,也是生命展开的具体过程和具体境界,实际上,它涵盖了天地宇宙间的一切事物及其状态。这种对于宇宙本质的生命化阐释,使中国传统文化对于生命有着无比的珍惜。中国现代"人生艺术化"理论首先就继承了中国传统文化的这种生命意识,把生命的生气氤氲、气韵生动视为美的要义之一。同时,中国现代"人生艺术化"理论也吸纳了以柏格森为代表的西方现代生命哲学关于生命力、生命冲动、生命精神的主体性理念,强调张扬生命力、激活生命精神来超越枯竭、麻木、静郁的生命征象,实现并体认人生之美。同时,值得注意的是,中国现代"人生艺术化"理论的"生"既是个体之"生",同时,它又不仅仅是个体之"生",它也化生为自然之"生",民族之"生",人类与宇宙之"生"。梁启超提出,个体生命的"春意"就在于你在个体生命之"为"中又超越了个体生命之"所为",而达到"与众生宇宙迸合为一"的境界。即个体生命创化只有融入到众生宇宙的运化进程中,才能真正超越个体生命"所为"之有限,而推进众生宇宙运化之无限,从而实现个体生命的永动,使每个具体的生命都意义永存而永不枯竭。朱光潜对这种富有崇高意味的生命境界给予了更为人性化和更具理论性的阐释。他提出生命既要创造也要欣赏,缺一即非完整的情趣人生。生命力的丰沛是"生"的基本要义,生机勃发才有生命创造。但"世界上最快活的人不仅是最活动的人,也是最能领略的人",[38]因此,在朱光潜这里,生命的最高境界就是"无所为而为的玩索",也就是看与演的统一,强旺的生机和空灵的心境的谐和。入则积极创造,出则豁达观赏。生命不仅有入世的执着,还有旷远的天空。这种对于生命理想和精神境界的追寻在梁启超的"春意"中就已萌芽,在朱光潜的"玩索"中又有了更具体的心理阐释。对于生命的肯定、敬重、欣赏、激扬,在宗白华那里,可以说是达到了中国现代"人生艺术化"理论发展的一个高峰。宗白华直接把艺术界定为"生命的表现"。[39]他以为艺术不仅表现了生命内部最深的节奏、情调和意味,其本身就是气韵生动的生命体。在宗白华这里,创造艺术和欣赏艺术也就成为与至动而有韵律的生命本身的往复,是直接深入生命的核心与宇宙的本真。因此,艺术的生活本身也就是个体生命人格与生命精神的映现,是主体享受和升华生命的直接过程。尽管对于生命精神的阐释各有侧重,但中国现代"人生艺术化"理论从对生命的肯定出发,在整体上宏扬了一种以生命力的激扬为人生要义,坚守和享受生命过程、提升和美化生命境界的生命理想,从而集中凸显了生命至高的人生美学理念。

  生命乃人生美的第一要义。但是,值得注意的是,中国现代"人生艺术化"理论非常重视人的生命与动物的生命之区别,突出强调了人类生命的精神特征。梁启超指出,人的生命具有两界:"一曰物质界。一曰非物质界。物质界属于幺匿体(即 Unite 的音译,笔者注),个人自私之;非物质界属于拓都体(即 Total 的音译,笔者注),人人共有之。"[40]也就是说,物质界属于个体,它体现的是人的生物属性和物质欲望,如衣食住工具等等,追求的是物质文化的进步。非物质界属于群体,它体现的是人的类属性,包括人类"求秩序、求愉乐、求安慰、求拓大"的精神欲望及相应的"精神的文化,如言语、伦理、政治、学术、美感、宗教等"。[41]因此,在人的生命两界中,精神界高于物质界。在《先秦政治思想史》中,梁启超说:"吾侪确信'人之所以异于禽兽者'在其有精神生活,但吾侪又确信人类不能离却物质生活而独自存在。吾侪又确信人类之物质生活,应以不妨害精神生活之发展为限度,太丰妨焉,太觳亦妨焉。应使人人皆为不丰不觳的平均享用,以助成精神生活之自由而向上。"[42]虽然梁启超辩证地指出了人的生活不能脱离物质生活,但他更重视的显然是精神生活的高扬。在中国现代思想史上,梁启超是较早认识到中国的落后不仅在于器物、制度,更在于精神、文化的思想先觉者之一。他深刻地指出:"文明者,有形质焉,有精神焉。求形质之文明易,求精神之文明难。精神既具,则形质自生。精神不存,则形质无附。"他对近代单纯学习西方物质文明的行止予以了尖锐的批评,认为"求文明而从形质入,如行死港,处处遇窒碍,而更无他路可以别通,其势必不能达其目的,至尽弃前功而后已。求文明而从精神入,如导大川,一清其源,则千里之泻,沛然莫之能御也"。[43]梁启超对物质与精神关系的精辟见解,对于精神文化重要性的极力宏扬,直接推动了20世纪的中国思想启蒙运动,是20世纪前期中国现代文化国民性改造的重要精神渊源之一。正是基于对精神重要性的这种认识,中国现代"人生艺术化"理论形成了要改造社会必先净化人心,要净化人心必先美化心灵的思想理路。而心灵美化的关键又在于精神人格的养成。围绕着精神人格的养成,中国现代"人生艺术化"理论集中建构了关于"趣味(情趣)"的理论和"意境(境界)"的理论,朱光潜关于生命之"情趣"的建设,丰子恺关于生命之"童心"的涵养,宗白华关于生命之"灵境"的营构,都各具特色地论释了关于主体精神神韵与理想人格境界建设的艺术化之路。

在确立生命至高、精神至上的基本价值向度的同时,中国现代"人生艺术化"理论选择了以情感作为通向人的生命堂奥与精神圣地的枢纽。自康德始,西方哲学明确地把知情意区分为人类心理的三要素,并以情感作为沟通知与意的桥梁。正是从这里出发,康德确立了本质上与情感相联系的审美判断的价值。事实上,中国现代"人生艺术化"理论(乃至整个中国现代美学)首先是从康德的审美哲学出发的。无论是梁启超,还是朱光潜,都接受了对人的心理的知情意三分法,同时又吸纳了中国传统哲学"知行合一"的精神,要求在实践的层面上将知情意相贯通。由此,中国现代"人生艺术化"理论不仅超越了中国传统伦理文化的道德本质主义,赋予了情感以前所未有的神圣地位与价值,也区别于康德意义上的情感的纯粹美感价值,赋予其与真善相统一而实现美的升华的实践意韵。梁启超提出"天下最神圣的莫过于情感",情感是"人类一切动作的原动力"[44]。他把情感理解为生命中最内在、最本真的东西,认为人"想入到生命之奥,把我的思想行为和我的生命迸合为一,把我的生命和宇宙和众生迸合为一,除却通过情感这一个关门,别无他路"[45]。也就是说情感不仅是一切生命行为的基础,也是主体创化自我和纵身大化的枢纽。没有情感的激扬,就没有趣味的实现,这就是梁启超趣味美学思想的立论基础。他将情感与理智作了比较,认为情感对于人的行为的激发就如磁石吸铁具有"丝毫不得躲闪"的驱动力,因此,它是人的生命的根本动力,在这一点上,它的意义超过了理智。但梁启超并不认为人的情感就是一种纯本能的东西。他说:"情感的性质是本能的,但他的力量,能引人到超本能的境界。情感的性质是现在的,但他的力量,能引人到超现在的境界。"[46]可见,在梁启超这里,情感不仅是感性与理性的统一,还是现实与理想的统一。或者说,感性与理性、现实与理想的统一正是梁启超对美的情感的一种期待。事实上,梁启超对情感采取的正是一分为二的鉴别态度,他指出情感并非"都是善的都是美的",它也有"恶的"、"丑的"、"盲目的"方面。因此,对于发自本心的神圣情感还须予以陶养。梁启超提出艺术是"情感教育最大的利器",艺术家的责任就是要"修养自己的情感,极力往高洁纯挚的方面,向上提挈"[47]。既以情感为生命与精神之本,同时他也倡导情感的美化和理想化,这种富有人生责任感的情感倾向是中国现代

"人生艺术化"理论审美主义和启蒙主义相交融的重要表征。这种情感取向首先在朱光潜那里得到了回应。朱光潜强调"人是有感情的动物"[48]。他比较了情感的生活与理智的生活的异同,认为理智的生活是"狭隘的"、"冷酷的"生活,提出"离开情感,自然没有神奇","纯任理智,则爱对于人生也无意义"。因此,他提出了"问理的道德"与"问心的道德"两种道德的范畴,指出"问理的道德迫于外力,问心的道德激于衷情,问理而不问心的道德,只能给人类以束缚而不能给人类以幸福"[49]。他说:"生活是多方面的,我们不但要能够知(know),我们更要能够感(feel)。"[50]他最后得出结论:"问心的道德胜于问理的道德,所以情感的生活胜于理智的生活"。[51]因此,在朱光潜这里,情感既是美的与真的,也应该是善。对于这种由真善向美升华的情感,在《谈美》中,朱光潜进一步把它明确为"情趣",成为他关于美与审美的核心范畴。而美的情感在丰子恺那里也就是一种真率"童心"的外现,它是人的心灵的最纯挚、无目的、深广的同情之心,它视世间一切生物无生物为平等的有灵魂的活物,物我无间而一视同仁,以爱与真诚来对待一切事物。丰子恺以为这就是儿童的品格,也就是美的艺术的精神。

中国现代"人生艺术化"理论讨论生命、精神与情感,其关键就是要成就美的人格和美的生命。在通向以美的情感和美的精神为标志的理想生命境界时,它又选择了以艺术作为自己的理想标杆。可以说,艺术至美构成了中国现代"人生艺术化"理论关于美的判断的基本尺度。作为中国现代"人生艺术化"理论最为重要的审美参照系,艺术美是其与现实丑相对举,否定、批判、超越现实丑的重要武器。中国现代"人生艺术化"的重要理论家都对艺术倾注了巨大的热情,作了深入的研究。这些具体的研究既有纯理论的,也有作家作品的;既有文学的,也有其他艺术门类的;既有中国的,也有国外的;既有传统的,也有当下的。如梁启超,他在艺术门类中,较为关注文学和美术,尤其偏重诗歌与书法;而在艺术的审美品格中,他最注重的是情感与个性,倡导艺术的崇高趣味。宗白华的视阈兼及中西艺术,但他所有研究的立足点就是意在发掘中华文化的美丽精神,他以对艺术意境的诗意阐释生动地圆成了美、艺术、人生的关系,使艺术真正审美地成为生命与宇宙的诗意表征。在美学与艺术发展史上,对于艺术美,并非只有一种价值尺度。中国现代"人生艺术化"理论对于艺术的探析,重在宏扬艺术之自由、真率、情感、生动、圆满、完整、和谐、秩序、创造等等美的精神与品格,而非追求艺术的那种单纯的形式美、片面的感官美。中国现代"人生艺术化"理论崇尚的是艺术的深情之美、艺术的诗意之美,而不是视艺术为感官欲望的满足和粗鄙情感的宣泄。中国现代"人生艺术化"理论追求的是艺术的生动和谐之美、艺术的自由创造之美,试图超越的就是理性机械的人生和麻木虚伪的人生。通过对艺术的美的精神和品格的标举,尤其是对美的趣味和诗意的标举,中国现代"人生艺术化"理论不仅体现了对粗鄙、丑陋的现实的批判精神,也突显了对趣味人格精神和自由人生境界的美的提升的理想。通过这种价值取向,中国现代"人生艺术化"理论也彰显了对于人生意义和人生价值的形上追求,彰显了实践并体行一种有味的自由生活的诗意理想。由于把艺术的品格、艺术的精神、艺术的境界作为人生提升的美的参照系,因此,中国现代"人生艺术化"理论也较多地把艺术教育视为理想实现的重要途径,主张通过艺术教育涵养美的情感,提升人格趣味与生命境界。

中国现代"人生艺术化"理论以对生命、情感、精神和艺术的价值向度,凸显了一种远功利而入世的独特的审美人生旨趣。杜卫先生曾提出:"人生艺术化意味着一种脱俗的生活。"[52]这一观点我亦赞同。但我以为,更准确地说,中国现代"人生艺术化"理论标举的是一种既脱俗而又入世的生活,追求的是出世与入世的和谐关系及其本质上的诗意超越。它是一种宏扬超越个体得失与现实局限的入世哲学与情感美学,它的基本精神是此岸的但又是超越的,是现实的而又是诗性的。正是在这一点上,中国现代"人生艺术化"理论树立了自己的精神标识,它不仅构成了与出世的宗教哲学的区别,也构成了与入世的功利(实用)哲学的区别。它的目光不停留于生活的直接目的,而超向生命存在的精神与姿态,超向生命生存的意义与价值。同时,它在倡导生命的升华和意义实现时,又把这种境界的实现返归于感性生命实践及其舒展。在解决功利与脱俗、此岸与超越的矛盾时,它选择的是以审美作为中介的诗性之路。因此,在本质上,它也是一种浪漫主义的人生美学和哲性诗学。同时,与整个中国现代美学的特点相统一,中国现代"人生艺术化"理论又具有内在的启蒙性质,表现了"借思想文化作为解决问题的路径"[53]的方法意识。美在现代中国不仅是一个学术的问题,也是人性启蒙的重要武器。以儒家美学和道家美学为代表的中国传统人生美学以精神成人与精神自由为最高理想,但其在必须与丑相抗争而提升人格精神与人生境界时,却常常选择了中庸哲学与顺世哲学,所谓"有道则见,无道则隐"[54],这种反冲突与安己全身的准则,其结果必然会导致对主体精神和自由意志的某种消解。中国现代"人生艺术化"理论则以启蒙主义的使命感、审美主义的内在理路呈现了对丑的现实的强烈批判与否定,体现出以情感、生命、诗意为核心的在动中追求韵律寻求和谐的新的审美人生精神,从而内在地激荡着深切的主体意识、深刻的忧患意识和强烈的人生责任感。

毫无疑问,中国现代"人生艺术化"理论是有着自身具体的问题语境的,这就是国民性改造和人性涵育的问题。而中国现代"人生艺术化"理论的主要倡导者又大多具备游历或留学异域的经历,这使得他们相对于同时代的人,就拥有了更开阔的视阈和更广阔的胸襟。在对中西文明的真切感受和直接比对中,在深厚的中国文化传统和丰富的西方文化滋养中,他们又进一步跳出了问题的具体语境,而拓展到人类的普遍层面。正是基于深广的忧患意识和严肃的责任意识,这些生性锐敏的中国现代文化人较早地超前地敏感到一些问题,思考了一些问题,其中既有对中国科技落后所导致的现实困境的忧思，又有对西方现代化高速发展所带来和可能带来的弊病的忧患。在现代科技与传统文明、物质主义和理想主义、工具理性和精神诗意的思考与观照中，他们试图找到一条改造社会与塑造人格、生命提升与人性完善相统一的精神自由之路，这不仅是对民族精神启蒙之路的思索，也是对人类自由解放之途的思考。

中国现代"人生艺术化"理论的主要奠基人之一梁启超，是中国现代文化史上自觉吸纳西方文化的先行者之一，也是中西文化"化合""结婚"论的始创者。早在20世纪初年，他就运用西方启蒙理性精神来改造中国传统儒教理想，提出了"淬历其所本有而新之"和"采补其所本无而新之"相统一的塑造中国"新民"的理想[55]，从而成为中国历史上第一位自觉关注"文化的现代化和人的现代化"的新型知识分子。[56]"现代化"按照西方经验，主要是指经济的发展，即工业化。但在19至20世纪之交的中国（直至今天），现代化不仅标志着科技、经济的发展而强国的梦想，也是包括政治、文化、道德乃至人在内的全面的现代性改造的理想。相对于科技（经济）、政治（制度）的现代化，经过戊戌变法惨痛教训的梁启超，更重视的是思想文化、是人的心理和精神的现代化。这在当时的中国确实是走在历史的前列的。台湾学者黄克武指出："现在多数学者都认为在19世纪末、20世纪初年梁启超是第一位主要倡导'现代化'的中国思想家，这一取向后来并成为中国思想界的主流。"[57]而从20世纪初年到20世纪20年代，在倡导现代化的问题上，梁启超自己的思想也有一个发展的过程。20世纪初年，他主要倾向于用西方现代思想文化来改造国民心理和精神上落后的东西，通过与传统儒家那些优秀的部分的融合，来塑造符合时代需要的"新民"。"新民"是具有生命活力与责任意识的、拥有新理想和新精神的社会和国家改造的主人。就其人格特征来说，"新民"是直接指向现实的。也就是说，20世纪初年，梁启超的"现代化"思想更具有现实主义的品格和道德主义的理想。20世纪20年代，梁启超继续延续了这种以启蒙为内核的"现代性"思想,同时,又为它注入了浓郁的理想主义精神。1918年底至1920年初,梁启超游历考察了法国、英国、德国、瑞士、比利时、意大利等欧洲主要国家及其二十几个文化名城。欧洲大陆优美的文化遗产和丑陋的战后惨象形成了惊人的对比,给予梁启超以极大的震撼。战后的欧洲,"物价飞涨",生产力锐减。"生存必需之品,已经处处变得缺乏。"黑煤"象黄金一般"金贵,到处是"废墙"和"断砖零瓦"。法国的凡尔登,"地下的铁条网和树上底障穗(用来防飞机侦视的)依然到处满布,树木虽还未毁尽,却把绝好风景的所在,弄成狼藉不堪了";"路上弥望,别无他物,就只有一簇一簇的丛冢,上头插着千百成群的十字架,和那破残零乱的铁条网互相掩映"。梁启超不由从心底发出了深深的感慨:"真不料最可高贵的科学发明,给这班野兽一般的人拿起来戕杀生灵荒秽土地。"梁启超认为这场使整个欧洲社会"创巨痛深",无论赢家还是输家都"倾家荡产",而"各民族感情上的仇恨,则越结越深"的战争,其根结就在于"科学万能"的思想,在于"乐利主义"和"强权主义"的思想。[58]由此,梁启超重新发现了东方文明的意义。他把西方文明归结为物质文明,把东方文明归结为精神文明,这样的区别不免简单化,却突出了西方现代文化注重科技和物质发展,东方传统文化重视心灵和意义追寻的不同价值指向。梁启超提出:"大凡一个人,若使有个安心立命的所在,虽然外界种种困苦,也容易抵抗过去。近来欧洲人,却把这件没有了。为什么没有了呢?最大的原因,就是过信'科学万能'。"[59]他认为在科学万能的哲学下,催生的就是一种"纯物质纯机械的人生观,把一切内部生活外部生活,都归到物质运动的'必然法则'之下",由此导致的也就是人类"自由意志"的丧失。值得注意的是,梁启超特别强调了自己虽绝不承认科学万能,但并不承认科学破产。他以为科学的精神仍然是人生之必要,但科学的原则却非人生之唯一。因为,人类的生活是"心界物界两方面调和结合而成的"。人类之所以贵于万物"在有自由意志",而自由意志之可贵又在于能"与理智良辅"。[60]因此,人类既需要科学精神,也需要自由意志。在梁启超看来,人生观的本质就在于心物调和而成的"一种理想","人生问题,有大部分是可以——而且必要用科学方法来解决的。却有一小部分——或者还是最重要的部分是超科学的","人类生活,固然离不了理智;但不能说理智包括尽人类生活的全内容。此外还有极重要一部分——或者可以说是生活的原动力,就是'情感'。情感表出来的方向很多。内中最少有两件的的确确带有神秘性的,就是'爱'和'美'。……一部人类活的历史,却什有九从这种神秘中创造出来。……想用科学方法支配他,无论不可能,即能,也把人类弄成死的没有价值了"[61]。从对科学万能和机械理性的批判出发,梁启超肯定了生命中情感的价值、爱的信仰、美的意义。因此,尽管他宣称自己既"非唯物"也"非唯心",实际上,他是非常重视主体精神及其意义的。可以说,这种走向也正是整个中国现代"人生艺术化"论者的基本走向。对于主体精神和自由意志的宏扬,梁启超最终将其落实到"人格"上。他说:"把国家挽救建设起来,决非难事。我们的责任,这样就算尽了吗?我以为还不止此","人类生活的根本义,自然是保全自己发展自己",但"人生最大目的,是要向人类全体有所贡献"[62]。梁启超认为"人格不是单独一个人可以表现的,要从人和人的关系上看出来"[63],因此,人格的养成不仅仅是个体单个自我的向上,也是和与其相附丽的各个自我的向上、与社会人格的向上相通相携的。同时,梁启超也认为"宇宙即是人生,人生即是宇宙,我的人格和宇宙无二无别"[64]。即把和宇宙环境的和谐视为普遍人格的实现,梁启超指出这就是"人格主义",也就是意力和环境的最高和谐,是"天地与我并生,而万物与我为一"、"无入而不自得"的"趣味化"、"艺术化"境界,呈现的是"无所为而为"的生命"春意"。这种在个体生命和众生宇宙运化之进合中实现感性个体的自由创化的生命追求,实际上已经超越了个别的现实问题和具体的历史语境,其哲学理趣和美学意趣也必然会融入到人类呼唤美的永恒心声中。一直以来,梁启超都被视为中国现代功利主义美学的奠基

第六章 特质:"人生艺术化"的基本内容和价值旨趣

人物和代表人物。我以为,这种观点主要来源于对梁启超前期文学革命思想中所蕴涵的功利化审美取向的考察。而全面研究梁启超的美学思想,尤其是后期以趣味为核心的人生美学思想,我们的结论可能就会复杂得多。我以为后期梁启超以趣味精神为核心的"生活的艺术化"思想主要是启蒙主义理想和审美主义精神交揉的结晶,它不仅具有突出的人生问题意识,还在浓郁的浪漫精神下闪烁着某种诗性理想的光芒。

梁启超的"生活艺术化"理想确立了中国现代"人生艺术化"理论的基本致思方向和主导精神取向,它涉及了入世与自得、个体与群体、情感与理智、物质与精神、功利与超越、真善与美等一系列基本问题,提出了通过美的精神和信仰的确立,而成就理想人格、升华生命境界的人生美学的核心命题。可以说,自梁启超始,中国现代"人生艺术化"命题所追求的脱俗而入世的审美人生精神已初步确立。此后,朱光潜以"情趣"范畴的建构和"人生艺术化"口号的明晰不仅在理论上明确树起了"人生艺术化"的中国现代旗帜,也使梁启超所阐发的在生命实践中获得审美升华的中国现代审美人生精神获得了进一步的丰富发展。朱光潜将生命实践的精神由梁启超的"无所为而为"拓展为"无所为而为的玩索",强调生命实践之创造与欣赏的统一,不仅具体丰富了生命实践的内涵,也强化并拓展了生命实践的内在审美意蕴。至丰子恺,他将广义的宗教情怀与人生的美学精神相联系,拓展了以"童心"为核心、"同情"为要旨的真率生命境界,从而对真、美等重要范畴都作出了自己富有特色的阐释。尤其是从生命真趣的体味中实现生命意义和价值的理想,意将最平凡的生命状态与明亮光彩的生命诗境相结合,是对人生的诗性超越的一种丰富和发展。宗白华则通过对中西艺术的生命情调、中国艺术意境的生命情韵的深刻颖悟,独到地揭示了艺术、生命、宇宙之间的美的通道,他的艺术式人生就是生命的艺术化、宇宙的诗情化。他关于艺术和生命的灵动阐释圆成了一个"人生艺术化"的哲性诗境。

应该承认,中国现代"人生艺术化"理论并不否认生命实践的基础意义,或者说在某种意义上它正是极力倡导生命实践的。但无须讳言,它对精神和审美的倚重,决定了它在本质上是一条以精神提升与个体改造为基点、以艺术与美为中介的审美救赎之路。尽管它也蕴含了对大众人格启蒙、民族命运救亡、中华文化重建、现代科技反思、人类命运前途的多重复杂忧思,而在当时严峻的民族与政治危机面前,这种思路与结论明显是超前的,多少是乌托邦的,它所选择的解决现实问题的方法也不可能立杆见效。在面对尖锐的现实问题与沉重的人生困境时,它不免呈现出某种软弱性(政治上)、妥协性(文化上)与不彻底性(思想上),由此使其理论话语在面对与解决具体问题时体现出一定的矛盾性,如征服现实(入世)与超脱现实(出世)的矛盾、理智与情感的矛盾、艺术(美)和人生(善)的矛盾、功利和超功利的矛盾等等。但是,这种不足与矛盾并不能遮蔽其主导精神倾向,也无损于其在中国现代文化演进中的积极意义。正是经过中国现代"人生艺术化"命题的中介,中国文人士大夫深藏已久的朦胧人生情致,终于转化为一个明亮温暖的审美人生口号,并赋予了其以前所未有的高洁、深沉、宏远的新意趣!

注释:

〔1〕梁启超《"知不可而为"主义和"为而不有"主义》:《饮冰室合集》第 4 册文集之三十七,中华书局,1989 年,第 68 页。

〔2〕丰子恺《我与弘一法师》:《丰子恺文集》第 6 卷,浙江文艺出版社/浙江教育出版社,1990 年,第 401 页。

〔3〕可参看拙著《梁启超美学思想研究》,商务印书馆,2005 年,第一章第三节。

〔4〕梁启超《东南大学课毕告别辞》:《饮冰室合集》第 5 册文集之四十,中华书局,1989 年,第 15 页。

〔5〕〔7〕〔9〕〔13〕〔14〕〔15〕朱光潜《谈美》:《朱光潜全集》第 2 卷,安徽教育出版社,1987 年,第 12 页;第 12 页;第 12 页;第 12 页;第 6 页;第 46 页。

〔6〕〔12〕〔60〕〔61〕梁启超《人生观与科学》:《饮冰室合集》第 5 册文集之四十,中

华书局,1989年,第25页;第26页;第25页;第26页。

〔8〕梁启超《治国学的两条大路》:《饮冰室合集》第5册文集之三十九,中华书局,1989年,第119页。

〔10〕梁启超《书法指导》:《饮冰室合集》第12册专集之一百二,中华书局,1989年版,第3页。

〔11〕梁启超《美术与生活》:《饮冰室合集》第5册文集之三十九,中华书局,1989年,第22页。

〔16〕丰子恺《关于学校中的艺术科》:《丰子恺文集》第2卷,浙江文艺出版社/浙江教育出版社,1990年,第226页。

〔17〕梁启超《晚清两大家诗钞题辞》:《饮冰室合集》第5册文集之四十三,中华书局,1989年,第70页。

〔18〕〔44〕〔45〕〔46〕〔47〕梁启超《中国韵文里头所表现的情感》:《饮冰室合集》第4册文集之三十七,中华书局,1989年,第127页;第71页;第71页;第71页;第72页。

〔19〕参见佛雏《王国维诗学研究》,北京大学出版社,1999年,第三章。

〔20〕〔21〕〔22〕聂振斌《王国维美学思想研究》,辽宁大学出版社,1997年,第164页;第165页;第165页。

〔23〕王国维《〈红楼梦〉评论》:《王国维文集》第1卷,中国文史出版社,1997年,第3页。

〔24〕〔25〕朱光潜《诗论》:《朱光潜全集》第3卷,安徽教育出版社,1987年,第54页;第56页。

〔26〕〔28〕〔29〕〔30〕〔31〕〔32〕〔33〕宗白华《中国艺术意境之诞生(增订稿)》:《宗白华全集》第2卷,安徽教育出版社,1994年,第358页;第356—357页;第358页;第358页;第362页;第364页;第374页。

〔27〕欧阳文风《宗白华与中国现代诗学》,中央编译出版社,2004年,第71页。

〔34〕〔35〕〔54〕陈戍国点校《四书五经》上册,岳麓书社,2002年,第197页;第55页;第31页。

〔36〕陈鼓应《老子注译及评介》,中华书局,2010年,第225页。

〔37〕方东美《中国哲学与精神及其发展》上册,台湾成均出版社,1984年,第155页。

〔38〕朱光潜《给青年的十二封信·谈静》:《朱光潜全集》第1卷,安徽教育出版社,1987年,第14页。

〔39〕宗白华《艺术学(讲演)》:《宗白华全集》第1卷,安徽教育出版社,1994年,第545页。

〔40〕梁启超《余之死生观》:《饮冰室合集》第2册文集之十七,中华书局,1989年,第6页。

〔41〕梁启超《什么是文化》:《饮冰室合集》第5册文集之三十九,中华书局,1989年,第103页。

〔42〕梁启超《先秦政治思想史》:《饮冰室合集》第9册文集之五十,中华书局,1989年,第182页。

〔43〕梁启超《国民十大元气论》:《饮冰室合集》第1册文集之三,中华书局,1989年,第62页。

〔48〕〔49〕〔50〕〔51〕朱光潜《给青年的十二封信·谈情与理》:《朱光潜全集》第1卷,安徽教育出版社,1987年,第44页;第44页;第46页;第46页。

〔52〕杜卫主编《中国现代人生艺术化思想研究》,上海三联书店,2007年,第6页。

〔53〕林毓生《中国意识的危机》,贵州人民出版社,1986年,第45页。

〔55〕梁启超《新民说》:《饮冰室合集》第6册专集之四,中华书局,1989年,第5页。

〔56〕参看黄敏兰《中国知识分子第一人——梁启超》,湖北教育出版社,1999年,第2—6页。

〔57〕黄克武《一个被放弃的选择:梁启超调适思想之研究》,台湾中央研究院历史研究所,1994年,第21页。

〔58〕〔59〕〔62〕梁启超《欧游心影录》:《饮冰室合集》第7册专集之二十三,中华书局,1989年,第15页;第10页;第35页。

〔63〕〔64〕梁启超《为学与做人》:《饮冰室合集》第5册文集之三十九,中华书局,1989年,第107页;第107页。

第七章 比较:"人生艺术化"·"生活艺术化"·"日常生活审美化"

西方现代以来的审美与文化史上,与"人生艺术化"问题关系最密切的思潮,应该要数现代唯美派"生活艺术化"的思潮和后现代"日常生活审美化"的思潮了。乍一看,它们与中国现代"人生艺术化"理论颇为相似,但仔细勘察,其间的区别还是显见的。中国现代"人生艺术化"理论的核心标杆是艺术之美的精神,而不论是唯美派"生活艺术化"的思潮,还是后现代"日常生活审美化"的思潮,其关注的视野大多偏向了艺术之外在的或形式性的东西。本章试图通过对中西相关思潮的比较,进一步勘定中国现代"人生艺术化"理论的特质所在。

一、"生活艺术化"的现代唯美哲学及其比较

"英国工艺美术革命者莫理士(莫里斯)(William Morris)曾以提倡'生活的艺术化'著名于世。他同王尔德一样,叹息世间大多数的人只是'生存'而已,极少有真个'生活'的人。他同卡本德(卡彭特)一样,主张生活是一种艺术。但他的主要事业是改良工艺美术品。因此他的所谓'艺术化',偏重了外生活的方面,尤其是日用器物等的形式方面。"[1]丰子恺在这段文字中以英国唯美主义思潮的重要

代表人物之一莫里斯为例,对其"生活艺术化"的实践予以了批评。

"生活艺术化"是19世纪英国唯美主义理论的重要口号。看起来,"人生艺术化"与"生活艺术化"似乎只是文字上的差别,但实际上,它们体现的却是两种不同的人生理想与审美理想,两种对于艺术本质及其价值的不同精神取向与姿态。

19世纪的唯美主义是西方"生活艺术化"思潮的始作俑者。唯美主义作为西方现代艺术思潮的先驱,它以"为艺术而艺术"的口号和对"纯艺术"的倡导,对西方艺术与美学思潮的发展产生了重要的影响。值得注意的是,"为艺术而艺术"本来是强调艺术自身的纯洁性与无功利的美学品格的,但恰恰从这里,唯美主义发展出了与道德原则相抗衡的耽乐哲学,与感觉主义相呼应的刹那哲学,为即时的纯粹的快感找到了美与艺术的外衣。

唯美主义的早期研究者R.V.约翰逊把唯美主义分为三个方面,即"作为一种艺术观"的唯美主义、"作为一种生活观"的唯美主义和"作为一种文学艺术(以及文学艺术批评)的实践方向"的唯美主义[2]。在第一个方面甚至第三个方面,唯美主义主要作为一种理论形态与理论观念而出现,其突出的标识就是"为艺术而艺术"的口号。但是,正如约翰逊所指出的,唯美主义还作为一种生活观而存在。唯美主义的重要代表人物之一佩特(1839—1894)就试图重新来定义艺术与生活的关系,他提出艺术的目的在于培养人的美感,而人生的意义就在于充实每一刹那的美感享受。因此,他倡导"以艺术的精神对待生活",[3]要使生活永远保持"强烈的、宝石般的"、"令人心醉神迷"的状态。他还以绚烂的语言来描绘这种唯美的生命刹那,"诗的激情、美的渴望、为艺术而热爱艺术,乃是智慧的极致。因为艺术来到你的面前,除了为你带来最高品质的瞬间之外,别无其他;而且仅仅是为了这些瞬间。"[4]佩特还宣称,"美不能持久,它是人类生理化学反应达到暂时和谐时的感受",要抓住"美妙的激情"、"感官的激动"、"陌生的色彩"、"奇特的香味"来体验生命中的一切短暂美好的瞬间。[5]佩特所推崇的唯美主义生活观实际上是以感觉主义和快乐主义为内核的。佩特的思想给唯美主义的主将王尔德很大的影响。

唯美主义的另一重要理论家威廉·莫里斯(1834—1896)也是唯美生活观的重要倡导者。他以艺术改造社会为理想,被称为"审美的改革家"。莫里斯认为艺术品是自由康健的人类欢欣的源泉;任何一个文明社会如果不能为它的全部成员提供愉快优美从容舒适的环境,那么它也就没有存在的必要。为了使劳动生活变得愉快,使人类能够自由地生活和发展,莫里斯提出了日常生活必须艺术化的原则。但其具体的途径主要就是装饰艺术的研究与推广,即对生活的日用器物的形式美改造。莫里斯一度热衷于民间实用装饰艺术的研究与推广,并将艺术方法看作改造社会环境的有效方法。莫里斯把艺术看作生活的模本、夸大艺术改造生活的作用、重视生活的形式美追求的美学思想,代表了唯美派理论家、艺术家的一些共同思想特征。

唯美主义最为重要的代表理论家、作家王尔德(1854—1900)从哲学、美学、艺术全方位确立了自己的唯美主义思想体系。他坚持自然与生活一样,都是对艺术的一种模仿。他主张艺术至上,强调艺术应该超越生活,即以艺术的"美"来对抗超越鄙俗现实的"丑"。因此,艺术家的职责在于创造"美的雾",即以美的哲学来导引生活,使生活变得"可爱而美好","带给它进步、多样和变化"。但在美的本体论问题上,王尔德则主张"形式就是一切"。正像他的代表作《道连·葛雷的画像》,一方面把美视为至高至纯的灵魂的主宰,另一方面,又把人的美的真谛表现为青春的容颜。带着这样矛盾的唯美哲学,王尔德力行身体的感性美化和生活的唯美做派,热衷于将自身作为生活艺术化的唯美实验田。他的唯美派的典型行头是:"齐膝的短马裤、黑色丝袜、天鹅绒上衣、绸缎衬衫、蝴蝶结领带、胸前别一朵百合花或向日葵。"[6]有时,他也"胸佩绿色康乃馨、戴着紫红色手套"、"夹着香烟"亮相[7]。他周旋于伦敦的各种社交圈,还向美国和加拿大人宣讲文艺复兴和居室美化。他着力演绎着风流倜傥而又不无做作的时尚生活,并很快成为大西洋两岸家喻户晓的人物,成为所谓"高雅的美学使徒"。王尔德的所作所为也一度成为英美上流社会的谈资。据说,王尔德于1882年1月2日抵达纽约,当海关检查人员问他有什么要申报时,王尔德的回答是:"除了我的天才,我没有什么需要申报";而当纽约的一位记者问他是否手持百合花走过皮卡迪利大街,他则回答:"这样做了并没有什么,但让人们认为一个人这样做了则是一大胜利。"而据王尔德自己宣称,他曾为了照顾一棵得病的报春花而彻夜未眠,不仅唉声叹气,还泪水涟涟。[8] 王尔德式的唯美主义行径在一些艺术家、知识分子和艺术爱好者那里得到了极力的追捧,追随者们模仿他的着装打扮、行为举止以及个人习惯等等,他们用奇装异服和对生活的过分美化给天然本色的生活添上矫揉造作的装饰,有时甚至以违背自然人性的怪僻行为以及性变态等来追求官能感觉上的快乐。他结交了相差26岁的年轻美貌的男友阿尔弗雷德·道格拉斯。这一切,都为颓荡放诞、玩世不恭的"花花公子主义"生活拓展了市场,引领了19世纪西方文化中的"纨绔子"形象。

唯美主义"为艺术而艺术"的口号实际上也包含了"为艺术而生活"的观念,艺术家被视为抛弃了俗人的实用追求而尽忠于"美的宗教"的祭司,其精致甜腻到腐败的气味恰恰是19世纪后期欧洲文明陷于穷途末路的病态表现,其生活艺术化的哲学追逐实质上是美的享乐。

同样以艺术作为人生美的理想尺度,中国现代"人生艺术化"理论与唯美主义"生活艺术化"思潮呈现出的是两个不同的终点。中国现代"人生艺术化"理论主要以艺术的情趣美为艺术性的标准,其目标是要建构人的精神品格和人生境界的诗意化。而唯美主义"生活艺术化"的思潮则主要以艺术的形式美为艺术性的标准,与此相应的是它追逐和试图改变的是人的生活方式、环境与身体的感性美化。

具体比较中国现代"人生艺术化"理论与唯美主义"生活艺术化"思潮,我们可以发现其思想精神上的三个主要区别。

首先,中国现代"人生艺术化"理论追求的是形而上的价值,是人生的整体诗性境界与人格的诗性精神。唯美主义"生活艺术化"思潮着眼的则是形而下的存在,是日常生活行为、环境与人体感性的艺术性。王尔德说:"人要么成为一件艺术品,要么穿上一件艺术品。"[9]可见,在唯美主义者眼里,要使生活成为艺术,也是可以通过"服装哲学"来实现的。因此,他们从起居、穿着、装饰到谈吐,每句话、每个想法、每个举止,都要张扬其审美的形式的层面,将感觉与官能的审美效应张扬到极致。当然,中国现代"人生艺术化"理论的倡导者也并不排斥对日常生活的美化。如丰子恺就谈到了扇子的艺术、房间的艺术、玻璃建筑的艺术等,他对工艺实用品、商业艺术等也都提出了具体的见解。但丰子恺并不认为形式的与外在的要素可以完全代表艺术的根本精神。他再三强调了"小艺术"与"大艺术"的区别,指出艺术以心为主、技为从。他主张"技术与美德合成艺术"[10],把"美德"解释为"芬芳的胸怀"与"圆满的人格"。他说:"建筑,工艺美术品,广告画,以及各种宣传艺术等,实用物中附加一些美饰,使人乐于接受,就好比糖花生,糖核桃,糖圆子等,在别物中附加一些甜味,使人容易入口。在这种艺术中,美不过是附加的一种装饰而已。"[11]丰子恺主张完整的艺术是艺术心与艺术技能的完美结合。在两者中,艺术心更具有本质的意义。因此,在丰子恺看来,艺术教育也是人格的培育,是人生中"很重大很广泛的一种教育",决"不是局部分的小知识小技能的教育"。他说:"我们的身体被束缚于现实,匍匐在地上,而且不久就要朽烂。然而我们在艺术的生活中,可以瞥见生的崇高、不朽,而发见生的意义和价值了。"[12]艺术之美不排斥形式与技巧的因素,但其终极追求并不停留于感性的层面。宗白华更是把这种"人生艺术化"的追求所体现的形上价值和诗性境界阐释得深刻而灵动,他通过意境的范畴对这种天地诗心、宇宙韵律和生命情调的交渗给予了生动的呈示,主张将人的人格与心灵超拔出感性和形式的俗境而引向美的至境化境。这正是中国现代"人生艺术化"理论与唯美主义"生活艺术化"思潮的重要区别之一。

其次,中国现代"人生艺术化"理论是"绝我而不绝世"的[13],它试图超越的是我的物欲性与功利性,由此,它在本质上潜隐着某种内在的崇高意向。唯美主义"生活艺术化"思潮则以超越平庸生活为标榜,实际上潜行的却是享乐主义的行为原则。唯美主义大师王尔德的一生是其鼓吹的唯美哲学和耽乐原则的践履者。王尔德1956年10月16日出生于都柏林的一个著名医生之家。他的家是都柏林的重要社交中心,父母都喜爱文学。王尔德从小受到家庭熏陶,酷爱文学艺术。后入都柏林三一学院、牛津大学等学习,不仅接触并喜欢上古希腊、意大利等的文学艺术,也受到了唯美主义的先驱罗斯金与佩特的影响,形成了唯美的艺术观与耽乐主义的生活哲学。在牛津求学期间,王尔德就频频光顾各种聚会,以与众不同的谈吐、带有戏剧性夸张的举止成为众人关注的中心。他扬言:"我总是要出名的,没有美名也有恶名。"[14] 1880年,王尔德来到伦敦,他身着齐膝短马裤、胸佩百合花的漫画形象出现在《喷趣》(*Punch*)杂志的封面上,他的奇闻趣事也成为伦敦社交圈的谈资。1881年底,王尔德由文化商人卡特出资赴美作巡回演讲。他于1882年1月2日抵达纽约,1月3日《纽约世界报》即对他做了报道。王尔德向美国人宣讲英国的文艺复兴和室内装潢,他唯美派的姿态,婉转顿挫的优美音色,字字珠玑的雄辩口才,吸引了众多新大陆的听众。据说他的演讲才华令爱尔兰著名诗人叶芝也不能不佩服。叶芝回忆道:"我以前从未听谁与人交谈是讲完完整整的句子的,好像前一晚就用心写好,却又句句自然……我还发觉,凡听王尔德说话的人,都留下了做作的印象:这印象来自他圆满无瑕的句法,和造句时的那种刻意求工。他善用这种印象,正如诗人善用韵律,而17世纪的作家善用对比的文体;因为他能从迅不可测的灵机一闪,顺理成章地转向精密的潜思。几夜之后我又听他说道:'给我《冬天的故事》吧,"水仙开了,燕子还不敢飞来",可是别给我《李尔王》。《李尔王》有什么呢,无非是倒霉的人生在雾里挣扎。'那从容不迫起伏细腻的旋律,我听来自然入耳。"[15]王尔德原计划在美国停留四个月,做50场演讲,结果延长到一年,做了近140场演讲。英美两国报刊对他的追踪报道使他成了大西洋两岸家喻户晓的人物。1883年,王尔德赴巴黎,半年后花光在美国的收入因经济窘困重回英国演讲。1884年,他和康斯坦丝结婚,靠女方父亲留下的嫁妆生活。王尔德不会吃苦,连在杂志社每周上三天班、每天一小时的轻松工作在他看来也是苦差事。但王尔德的作品声誉日隆。据说在他的剧作《认真的重要》伦敦首演当晚,雪花飘飘,天寒地冻,但身穿貂皮大衣的名媛淑女、胸佩百合花或向日葵的翩翩少年们准时信步步入剧场,演出获得了巨大的成功。但王尔德还是很快陷入到与道格拉斯的同性恋丑闻中,道格拉斯的父亲昆斯伯里侯爵将王尔德告上了法庭。最终,王尔德以有伤风化的罪名被收审先后羁押辗转于多家监狱服刑。1900年11月30日,王尔德病逝于巴黎拉丁区一家不知名的旅馆。王尔德是他所生活的维多利亚时代的叛徒,他厌弃平庸、狭隘、唯唯诺诺的社会,倡导对美的艺术的绝对追求。但他的反抗行为寄于放荡不羁的感性生活。他绝对的个人享乐原则,使得他的反抗与批判更多地表现为恃才傲物、负才任气,虽敢作敢为,但不免幼稚浅薄,不仅不见容于上流社会,也难以撼动整个社会的原则与根基。王尔德式的新个人主义唯美哲学充满了理想主义者的热情,但他对感官之美的纵情追求使他最终陷入到颓荡任诞的官能快乐上。由此,他确立的生活模仿艺术的唯美准则也只能被他自己玩世不恭的行止所颠覆。与"生活艺术化"的唯美哲学侧重于美的形式和感官享乐不同,中国现代"人生艺术化"理论主张的则是美的艺术精神在人格中的浸润及其在生活中的践履。这种践履不是超拔于物质生活,而是要超越于人的个体的物质功利追求。这种个体与群体、物质与精神之间的关系原则,朱光潜将其表述为"绝我而不绝世"。1926年,朱光潜在《悼夏孟刚》一文中,提出了人生的三种态度,即"绝世而兼绝我"、"绝世而不绝我"和"绝我而不绝世"。他对这三种人生态度作出了明确的价值判断,倡导"绝我而不绝世"的人生精神。他说:"所谓'绝我',其精神类自杀,把涉及我的一切忧苦欢乐的观念一刀切断。所谓'不绝世',其目的在改造,在革命,在把现在的世界换过面孔,使罪恶苦痛,无自而生。"因此,"绝我"并不是目的,目的是由"不绝世"到"淑世","努力把这个环境弄得完美些,使后我而来的人们免得再尝受我现在所尝受的苦痛"。[16]朱光潜也把这个"绝我而不绝世"的精神概括为"以出世的精神,做入世的事业"。与唯美主义者追求个人的享乐恰恰相反,朱光潜等所倡导的"人生艺术化"理论标举的是超越个体的物欲享乐与功利追求。这种以"绝我"为前提的"人生艺术化"精神有着一种悲壮的英雄主义情结和救世情怀,它要求个体"只求满足理想与情趣,不斤斤于利害得失"[17]。苏格拉底下狱不肯逃脱,陶渊明不为五斗米折腰,都成为朱光潜所欣赏的生命史的杰作。对于个体与群体、物质与精神的关系,梁启超也有深入的思考。这种思考构成了其趣味理想建构的核心。梁启超提出,人生在世,应践履"知不可而为"和"为而不有"的生命精神。所谓"知不可而为"和"为而不有"也就是在生命实践中要"破妄"与"去妄"。"破妄"是破成败之执,"去妄"是去得失之计。这两种生命精神倡导的就是超越小我之忧患得失,将个体融入众生运化与宇宙大化中,从而获得个体生命的自由与解放,实现不有之为的"趣味"境界,也即蕴溢春意的"生活的艺术化"境界。无论是朱光潜还是梁启超,他们都不是出世主义者,但他们又不以个体的小有小用为目的,他们的生活(人生)艺术化理想都是追求在大化化我中,在超越直接的个体物欲需求中实现生命的美与意义。

最后,中国现代"人生艺术化"理论的本质是改造人生的精神理想,它坚持的是艺术和美来源于生活又提升生活的实践方向。唯美主义"生活艺术化"思潮也试图改变美化现实人生,但由于它在美学立场上认为只有艺术才是美的,因此如果说它倡导了艺术具有美化生活的功能,其实质也只是为了维护"为艺术而艺术"的唯美立场,只是要让生活为艺术服务而已。唯美主义是19世纪中后期欧洲一批有才华的作家、艺术家不满于鄙俗黑暗和商品化的现实,憎恶功利哲学、市侩习气和庸俗作风,以对唯美之艺术的倡导追求来体现思想上的批判、反抗与精神的自卫的产物。因此,唯美主义本身也是一种精英文化对资本文化的批判。但是唯美主义在付诸生活实践时,却不断地向日常生活和流行文化靠拢。唯美主义的功绩之一是使艺术成为时尚而通俗。其"生活的艺术化"涉及服装用具、室内装饰、书籍装订、言行举止等日常生活的一切方面,追求其感性审美效果的极致。正是在"生活艺术化"的实践中,唯美主义构筑了自己的悖论,形成了高雅文化与通俗文化的两张面孔,呈现了资本对审美感性的全面渗透。有些批评家就认为,唯美主义者也是关于自己的艺术品与商品,是对自我的膜拜与商业展示。如王尔德就是一个比较典型的范例。他以惊世骇俗的装扮与行止吸引公众的注意,实际上已在某种程度上将自我商品化典范化了。他自己明确意识到这一点。他说:"我这个人象征着我的时代的艺术与文化。"[18]王尔德才华横溢,但他又自负地割断美与生活的联系,使美陷入神秘主义、形式主义之中,这种无根的美实际上也让王尔德自己迷惑与绝望,最终迷醉于美的官能享乐中。"生活艺术化"的唯美理想是以资本社会及其文化批判者的姿态面世的,但它并未成为提升生活的现实武器,也未"足以激励战场上怯懦的人,让迅猛的骑手奋勇冲杀"[19]。当情感表达只剩下感性审美,当唯美追求与商业运作同轨,审美与艺术的批判性也就难以把捉了。20世纪上半叶,"人生艺术化"的倡导者也是直面中国社会的某些问题而作出的文化呼应,它鲜明地呈现出反思、批判和启蒙的立场。梁启超是中国近现代重要的启蒙思想家,他对中国传统的制度、文化与精神心理进行了全面的批判,更为可贵的是,他通过对欧洲的实地考察和西方文化的考研,深刻认识到科技理性和物质文化的无序发展所可能带给人类的灾难。20世纪20年代,梁启超通过"趣味"范畴与"生活的艺术化"理想的建构,提出了美、情感、理想等在人格完善与人类生活中的本体意义的问题。他在《欧游心影录》中,对"纯物质的纯机械的人生观"、对"乐利主义强权主义"进行了批判。他还以欧洲文学中的自然派文学为例,指出:"这自然派文学,将社会实相描写逼真,总算极尽画犬马之能事了。诸君试想,人类既不是上帝,如何没有缺点?虽以毛嫱西施的美貌,拿显微镜照起来,还不是毛孔上一高一低的窟窿纵横满面。何况现在社会,变化急剧,构造不完全,自然更是丑态百出了。自然派文学,就把人类丑的方面兽性的方面,赤条条和盘托出,写得个淋漓尽致。真固然是真,但照这样看来,人类的价值差不多到了零度了。总之,自从自然派文学盛行之后,越发令人觉得人类是从下等动物变来,和那猛兽弱虫没有多大分别,越发令人觉得人类没有意志自由,一切行为,都是受肉感的冲动和四围环境所支配。"[20]当然,我们不能把社会的情状简单地归结为文学影响的结果。但是,梁启超在文中所提出的文学"总要凭主观的想象力描出些新境界新人物,要令读者跳出现实界的圈子外","梦想一种别开生面完全美满的生活",倡导一种"斥摹仿,贵创造,破形式,纵感情"的"偏于乐观"的文学,还是非常突出地表现了对文学的理想主义性质和提升生活的价值功能的肯定和倡扬。1932年,朱光潜在其成名之作也是其"人生艺术化"思想的经典文本《谈美》中开宗明义提出:"要求人心净化,先要求人生美化","我坚信情感比理智重要,要洗刷人心,并非几句道德家言所可了事,一定要从'怡情养性'做起,一定要于饱食暖衣、高官厚禄等等之外,别有较高尚、较纯洁的企求"。他说:"人要有出世的精神才可以做入世的事业。现世只是一个密密无缝的利害网,一般人不能跳脱这个圈套,所以转来转去,仍是被利害两个大字系住。在利害关系方面,人己最不容易调协,人人都把自己放在首位,欺诈、凌虐、劫夺种种罪孽都种根于此。"[21]朱光潜对社会上"象蛆钻粪似地求温饱,不能以'无所为而为'的精神作高尚纯洁的企求"的俗人给予了批评,他认为要免俗,就要提高艺术与美感的修养。他的心愿就是通过艺术与审美实践使人"懂得像什么样的经验才是美感的,然后再以美感的态度推到人生世相方面去"。他倡导把生活变成艺术品,认为美的生活就是艺术的"源头活水","完美的生活"与"上品文章"都是艺术化的杰作,因此,"过一世生活就好比做一篇文章",每个人都有责任把自己的"生命史"由"顽石"雕成"伟大的雕像"。以艺术之美为生命的标杆,这是中国现代"人生艺术化"理论最为核心的精神之一,也是其文化批判、人文启蒙、理想建构的重要扭结点。宗白华对中华民族在现代社会中灵魂的粗野、卑鄙、怯懦、庸俗也给予了批判,提出我们的生活需要旋律的美、音乐的境界,他以意境来阐释生命韵律、天地诗心和宇宙灵境,这不仅是对中国艺术精神的深刻发掘,也是以艺术的诗性之真来映照美的人格和生命境界,标举了艺术源自生活又提升生活的精神品格。

  法国学者皮埃尔·布迪厄曾把鉴赏分为"感官鉴赏"(taste of sense)和"反思鉴赏"(taste of reflection),并认为"反思鉴赏"可贵于"感官鉴赏"之处就在于其内蕴的反思、批判、提升的精神意义。事实上,艺术与审美的价值正在它的反思观照、价值批判及其理想提升。正是在这个意义上,中国现代"人生艺术化"理论与唯美主义"生活艺术化"思潮之区别,就在于前者突入了生活与人生的深层,后者侧重于外在或形式的层面;前者以真善为艺术之美的基础,后者则以美为自足之目的;前者内蕴着反思、批判和理想的渴望,后者虽不乏对资本文化的批判,但终流滞于对官能享乐的认可。当然,我们也不能无视唯美主义的"新感性"所蕴涵的某种批判的成分。事实上,唯美主义本身就孕生于对资本文化的厌倦、幻灭与反抗。它在哲学上承接了康德、席勒、歌德等对审美活动独立性的宏扬,以及叔本华的唯意志论、尼采的反道德倾向等,同时,它也直接为19世纪的欧洲社会所孕育。19世纪中后期,欧洲处于大变动的前夜,资本走向垄断,社会矛盾加剧,人心动荡不安。唯美主义正孕生于精英艺术家对现实的批判与不满。它在当时既是对现实的一种批判与反抗,也是一种精神上的乌托邦,一种逃避与解脱。唯美主义的象牙之塔最终并未成为资本文化的有力抗衡者,相反,这一审美反抗的形式主义思潮在世俗生活场景中以浮夸、虚荣、物质主义、解构道德而成为审美文化与消费文化的某种连结点,从而为与消费文化紧密连接的感官欲望的全面登场留下了某种通道。

二、"日常生活审美化"的后现代命题及其比较

19世纪的唯美主义思潮实际上已内在地包孕了对美的建构与解构的双重矛盾性。20世纪,随着西方文化后现代思潮的勃兴,尤其是大众审美文化的蔓延,多少还是温文尔雅的"生活艺术化"思潮转眼间已为无所不在的"日常生活审美化"的大潮所挟裹,终于拓衍为对传统美的哲学与艺术哲学的全面挑战,冲击了审美、艺术、生活乃至经济、技术的多重领域。无可争议,"日常生活审美化"的命题近年来正迅速引起学界的关注,因为这不仅仅是一个理论的问题,也是一个实践的问题。

"日常生活审美化"的命题来自西方后现代理论家。对国内影响较大的有德国后现代哲学家沃尔夫冈·韦尔施、英国社会学家迈克·费瑟斯通。此外,与该命题联系较密切、为国内学界引用较多的西方后现代理论家还有法国的布尔迪厄、鲍德里亚,美国的杰姆逊、舒斯特曼、丹尼尔·贝尔等。

德国哲学家沃尔夫冈·韦尔施(Wolfgang Welsch)在《重构美学》一书中明确提出了"日常生活审美化"的命题。在这部1998年出版、收入作者1990至1995年间文稿的著作中,韦尔施郑重提出了我们的世界实在是被过分审美化了的问题,提出了审美泛滥与美学消解的问题、物质审美化与精神审美化的问题、表面的审美化与深层次的审美化的问题。事实上,"日常生活审美化"的实质就在于美的泛滥,或者用一个稍为优雅的词,那就是"蔓延"。韦尔施指出,"'审美化'基本上是指将非审美的东西变成、或理解为美"。[22] 这种审美化,"最明显地见之于都市空间中",几乎涉及"每一块铺路石、所有的门

户把手和所有的公共场所"。[23]同时,这种审美化,也涉及商品及其包装与广告,以至于倘若能"成功地将某种产品同消费者饶有兴趣的美学联系起来,那么这产品便有了销路,不管它的真正质量究竟如何"。[24]而在这种日常生活审美化的普遍潮流中,被改变的不仅仅是物质的和社会的现实,还有作为主体的现实。韦尔施提出了"美学人"(homo aestheticus)的概念。他认为当前的审美化已经触及了个体的存在形式,"我们无处不见身体、灵魂和心智的时尚设计——这些高雅的新人们所欲所求(或为其所占有)的一切东西"。[25]韦尔施把这类"十分敏感,喜好享乐,受过良好教育","有着精细入微的鉴别力"的"自恋主义"的时尚新人称为"新的模特儿",或曰"美学人"。这类"美学人""抛弃了寻根问底的幻想,潇潇洒洒站在一边,享受着生活的一切机遇",并以时尚杂志和礼仪课程传授的审美能力"补偿了道德规范的失落"。[26]作为西方后现代哲学的代表人物之一,韦尔施对于冲击以艺术美学为根基的传统美学理想的"日常生活审美化"思潮并未一味叫好,而是给予了分析和批判。他指出这种日常生活的审美化的实质"只是从艺术中抽取了最肤浅的成分,然后用一种粗滥的形式把它表征出来",它并非"实现了前卫派延伸和冲破艺术限制的计划"。[27]恰恰相反,它的致命要点是:"审美化意味着用审美要素来装扮现实,用审美眼光来给现实裹上一层糖衣",这类"表面的审美化"或"物质的审美化"追求的是"最肤浅的审美价值:不计目的的快感、娱乐和享受",还有"服务于经济的目的"。于是,现实被"赤裸裸地化装打扮",无人问津的商品也因为"同美学联姻"而能销售出来。更为致命的是,"那些基于道德和健康的原因而滞销的商品,通过审美提高身价,便又重出江湖,复又热销起来"。[28]对于消费者来说,首要的是审美的氛围,"商品本身倒在其次"了。生活环境、生活方式在今天为审美伪装所主宰,主体自我因时尚设计而为审美因素所润饰与包装。"日常生活被塞满了艺术品格",但"美的整体充其量变成了漂亮,崇高降格成了滑稽"。[29]在《重构美学》中,韦尔施一方面细致而详实地揭示了当前西方社会正经历着的这样"一场美学的勃兴"及其"它从个人风格、都市规划和经济一直延伸到理论。现实中,越来越多的要素正在披上美学的外衣,现实作为一个整体,也愈益被我们视为一种美学的建构"的审美化现实,另一方面,他也对这场审美化由"墙面变得漂亮了,商店更加生机勃勃,鼻梁也更见完美"的浅表层面演进到"诸如紧随新材料技术的物质现实、作为传媒传递结果的社会现实,以及作为由自我设计导致的道德规范解体的结果的主体现实"等"影响到现实本身的基础结构"[30]的更深的层次,而深表忧虑。如果说,"日常生活审美化"的命题在很大程度上是来自韦尔施的发现与描述,那么,韦尔施在描述的同时也给予了批评。事实上,韦尔施不仅批评了传统美学专与艺术结盟的狭隘特征,也否定了现代审美中排斥内容、只重快感与形式的唯美态度。当然,韦尔施也提出了正是因为"日常生活审美化"的新现实与新浪潮,当代美学必须超越艺术和哲学问题,而涵盖日常生活、传媒文化乃至现代科技的新审美现象。

英国社会学家迈克·费瑟斯通在其著作《消费文化和后现代主义》中则指出,我们正在进入一个文化与消费都在社会组织内起着更为关键的作用的新阶段。与'消费文化'相联系的是,"商品世界及其结构化原则对理解当代社会来说具有核心地位"。[31]而在这个具有突出的消费文化新特征的时代中,"艺术不再是单独的、孤立的现实,它进入了生产与再生产过程,因而一切事物,即使是日常事物或者平庸的现实,都可归于艺术之记号下,从而都可以成为审美的"。[32]费瑟斯通将这种审美、艺术大举进军日常生活的后现代"日常生活的审美呈现"概括为三个方面:第一,一战以后出现的达达主义、历史先锋派及超现实主义等艺术亚文化,消解了艺术的神圣性,从而也将"消解艺术与日常生活的界限"[33]。第二,与此相联系的是,高雅艺术的衰落和将生活转化为艺术作品的谋划。"花花公子"就是现代人的典型形象,他"把自己的身体,把他的行为,把他的感觉与激情,他的不折不扣的存在,都变成艺术的作品"。[34]其三,日常生活充斥了符号与影像,以致影像与实在混淆,美学的神奇诱惑无处不在。

美国重要的新马克思主义代表杰姆逊也对消费时代的文化特征与审美问题进行了考察。他指出:"美是一个纯粹的没有任何商品形式的领域,而这一切在后现代主义中结束了。在后现代主义中,由于广告,形象文化,无意识以及美学领域完全渗透了资本和资本逻辑,商品化的形式在文化、艺术、无意识等领域是无处不在的。"[35]由于受消费社会的文化语境制约,在后现代社会中,"美学的封闭性空间从此也向充分文化化的语境开放:在那里,后现代主义者对原有的'艺术作品的自律性'和'美学的自律性'的观念加以攻击,甚至可以说是它的哲学基石。自然,从严格的哲学意义上讲,现代的终结也必然导致美学本身或广义的美学的终结:因为后者存在于文化的各个方面,而文化的范围已扩展到所有的东西都以这种或那种文化移入的方式存在的程度,关于美学的传统特色或'特性'(也包含文化的传统特性)都不可避免地变得模糊或丢失了"。[36]

值得注意的是,这种植根于西方后现代语境的"日常生活审美化"理论不仅描述揭示了消费时代"审美内爆"(鲍德里亚语)的"后美学"现象与现实,却也在"种种描述中渗透着深深的焦虑与不安"。[37]毛崇杰先生在《知识论与价值论上的"日常生活审美化"——也评"新的美学原则"》一文中指出:提出、研究、直接或间接涉及"日常生活审美化"命题的"这些西方学者对日常生活审美化的批判立场和角度各有不同,丹尼尔·贝尔主要是比较接近传统的道德主义对审美形式的消费主义取全面否定的态度,费舍斯通寓褒贬于描述之中,杰姆逊在分析中渗透着社会历史批判","布尔迪厄的批判不取马克思主义名号而在立场和方法上与马克思主义非常贴近。鲍德里亚的批判表现出后现代非本质主义的影响,其激烈程度可能有深刻的片面性问题,然而可以在西方值得一提的学者中还没有见到有全面肯定这个命题者,包括实用主义的舒斯特曼以及强调'快感'的费斯克也不是没有批判"。[38]

以沃尔夫冈·韦尔施、迈克·费瑟斯通等为主要代表的"日常生活审美化"的理论于2000年后成为中国美学与文艺学领域一个引人注目的理论话题,在稍后几年引起了一场广泛而热烈的讨论。

应该承认,"日常生活审美化"作为后现代文化与大众审美文化的某种典型表征,它与文化工业的产业模式、市场模式,现代大众的消费模式、生活方式息息相关。经济动力因素、文化产业因素、大众趣味因素的注入及融合,确实使以大机器和高技术为依托的西方后工业社会进入到一个生产与消费同等重要的时代。大生产需要大消费。这就为泛审美化的文化策略、生活模式、审美态度提供了内在的依据。

对"日常生活审美化"的命题,中国学界主要呈现为两种不同的态度。一派为该命题的倡导与赞成者。他们认为:"对中国大众而言,生活审美化的现象也并不陌生。在我们的生活空间中,特别是城市生活空间中,审美活动与日常生活的界限日益模糊乃至消失,审美与艺术不再是贵族阶层的专利,不再局限于音乐厅、美术馆、博物馆等传统的审美活动场所,它借助现代传媒特别是电视普及化、'民主化'了";"审美从传统的理论思辨和纯文艺领域急剧扩展到社会生活的各个方面";"文化的物质化与物质生产的文化化在今天这个所谓'知识经济'的时代的日常生活中处处可以观察到,它不仅印证了日常生活的审美化,同时也使得文化/物质生产、意识形态/上层建筑的二元模式受到挑战"。[39]这一派还进一步论证道:"当代人类审美活动、包括日常生活的审美追求,在不断提升人的感性利益与满足过程中,进一步张扬了人的日常生存的感性权利";[40]"日常生活无需因为它的粗鄙肤浅、缺少深度而必须由美学来改造;相反,在今天,美学却是因为它在人的感性之维证明了日常生活的视觉性质及其享受可能性而变得魅力十足";"人的日常生活把精神的美学改写成为一种'眼睛的美学'";"与人在日常生活里的视觉满足和满足欲望直接相关的'视像'的生产和消费,便成为我们时代日常生活的美学核心";"'过度'不仅不是反伦理的,而且成为一种新的日常生活的伦理、新的美学现实"。[41]另一派则是该命题的反对与批评者。他们首先质疑的是"日常生活审美化"的命题是否适合中国的语境。对此,他们的基本观点是:"日常生活审美化""不是当下中国人日常生活的全部美学现实",[42]"反之是将少数人的话语在学术研究的合法名义下偷梁换柱,换成普遍性话语"。[43]对于当前中国来说,"百分之九十的农民、城市打工者、下层收入者,并没有进入消费主义的时代"。[44]他们认为:"对于中国的绝大多数的人来说,后现代还是一个空洞的概念,消费还是一件奢侈的事情,他们关心的还是劳作的身体而不是欲望化的身体,他们还只是时尚的看客而不是时尚的主人。"[45]其次,他们也对"日常生活审美化"的中国论者所倡导的价值取向与生存理想提出了批评,认为这是一种"技术化的、功利化的、实用化、市场化的美学理论"[46],其在本质上是一种粉饰现实、追求感官享乐、缺乏历史忧患意识的新中产阶级的生存哲学。他们指出:"日常生活审美化"是一种"审美膨胀与价值迷失"[47]的"新美学",其观点可能导致人们对于中国社会文化当下现实的片面的、错误的理解;"这种以'感官享受'为指归的'审美价值观'从根本上说是'非审美'甚至'反审美'的,是以'审美'为名的消费主义、享乐主义的理论变相";"更根本的,'日常生活审美化'表面上是对人的感性的解放,实质上却是工具理性对于人的更为严酷的操控"。[48]他们不无忧患地提出:"消费时代的审美正在把传统审美中的教育功能转化为享受功能;把传统审美中富有个性特征的创造功能转化为具有文化工业性质的机械复制功能并产生出新的问题与现象";"而尤为突出的是,消费时代的审美并非是一片令人赏心悦目的风景,它在造就出新的审美风尚和范式,为当代人提供和营造出感性的生存氛围的同时,也带来了一系列令人困惑的矛盾与问题,带来新的人性分裂与新的人性误区"[49]。他们尖锐地批评道:日常生活审美化"遮蔽了在现阶段不同人们的日常生活差异,以及人们美的观念上的分歧,即抹杀了与非人化联系的非审美的东西,把悖论式东西平面化地掩埋于过多透支的超前欢愉之中。'日常生活审美化'的提出主要只是文化消费主义一种'建构'姿态的颠覆谋略,是中产阶级生活方式的美学和文化表达及意识形态反映,其主要哲学基础仍为虚无主义和实用主义。它使主体,特别是对平庸的、非审美的日常生活采取'审美'态度的人,沉湎于'世俗欢乐',对现实有不合理方面采取容忍、妥协,失去了人作为主体的批判理性"。[50]

可以说,审美意识与审美观念的变迁是时代前进的必然。"日常生活审美化"虽非中国的本土命题,也非中国当下一个带有普遍意义的文化现实。但是,随着全球化的进程,随着生活审美化的蔓延,当前中国现实生活中的某些新的审美现象与审美现实必然会引起文化学者的关注。确实,斑斓的色彩、迷人的外观、炫目的光影开始日渐进入我们的生活,视觉快感、感官欲望开始为更多的人所关注,花园别墅、大型展会、高档商场、明星选秀等刺激与释放着大众的快感。不管对"日常生活审美化"与当前中国的审美现状、生活现状之切合程度的评判如何,我们都需要对这种已经广泛呈现于西方后工业社会、并"深深侵染了今日中国的生活和学术层面"[51]的文化新潮与美学情状给予关注。

事实上,"日常生活审美化"的命题无疑已经构成了对当代中国美学与文化的挑战。不管是对这个命题的崇扬、批判拟或反思,我以为关键还在于对美与审美原则的厘定问题。而这个问题也正是本文讨论"日常生活审美化"及其相关问题的主旨所在。

撇开"日常生活审美化"的西方语境与中国语境,这一命题所直接传达的都是一种解构美和艺术与日常生活之界限的泛审美理念。这种解构首先冲击的是传统美学视艺术为美的最高理想的美学理念,其次它冲击的是以精神享受和理想追求为美的根本目标的审美原则。事实上,寄生于消费主义土壤中的"日常生活审美化"现象,虽然呈现出精英审美与大众审美之界限消解的后现代审美狂欢景象，但其诉求的核心却是大工业生产的经济目的，其基础是大工业生产的现代高科技，其目标更是直接的欲望享受。它塑造了后现代背景下的"无距离的美"的美学景象和以身体审美、视像审美等为代表的感官欲望审美的美学情状。"日常生活审美化"现象的基本逻辑是：美（艺术）即生活，现实即美（艺术）。因此，它对一切存在的现实与生活大包大揽，采取的是一种无批判的审美立场和实用主义的生活准则。这种美学原则与其说是对日常生活的一种美学提升，还不如说是以日常生活欲望为准的对传统美学理想的一种改造。

有学者指出，这种诞生于西方后现代语境中的"日常生活审美化"命题与20世纪西方现代文化背景下的唯美主义"生活艺术化"思潮有着极为微妙的关系："这一口号（指"日常生活审美化"，笔者注）是对上一世纪早期的'审美主义'（汉译为'唯美主义'）的承接与反动。"[52]也有学者认为："唯美主义'艺术非生活'的观念，就是所谓'艺术即生活'的直接理论背景。"[53]唯美主义是西方现代美学与艺术思潮的鼻祖之一，也是审美至上与艺术自律的始作俑者之一。"直到18世纪，随着资产阶级社会的兴起以及已经取得经济力量的资产阶级夺取了政治权力，作为一个哲学学科的系统的美学和一个新的自律的艺术概念才出现。"德国现代文论家彼得·比格尔指出：正是在现代资产阶级文化背景下，"在哲学美学中，一个有着许多世纪之久的过程的结果被概念化了"，"艺术活动被理解为某种不同于其他一切活动的活动。各种艺术被从日常生活的语境中抽离出来，设想为某种可被当作一个整体对待的东西……作为一个无目的的创造和无利害快感的王国，这一整体与社会生活形成了鲜明的对比"[54]。现代美学的出现与发展，艺术自律概念的诞生，其直接结果就是"艺术家也变成了专门家"，并造成了艺术与生活的人为对立。"就其阐释现实或仅仅在想象中为剩余需要提供满足而言，艺术尽管与生活实际相脱离，却仍与它有着联系。只有唯美主义才使直到它兴起之前仍保持着的与社会的联系被切断。"[55]唯美主义以"纯艺术"的姿态和"为艺术而艺术"的准则建构了美高于一切、艺术先于生活、艺术形式与技巧之美即美的真谛的审美原则与艺术理念。事实上,唯美主义正是在对生活美的否定中,即"艺术非生活"的命题中完成了"艺术即生活"的逻辑。艺术为生活的本源,先有美的艺术,然后才有生活(或我们对生活的感受),这就是王尔德所谓的先有关于伦敦的雾的画,然后我们才感知伦敦的雾的存在的特殊逻辑。王尔德说:"人们在看见一事物的美以前是看不见这事物的。"[56]因此,在王尔德的世界里,是先有美的艺术,才有我们的美的生活。以艺术的美来对抗鄙俗黑暗的现实,是唯美主义的基本姿态。同时,通过艺术美的建构来建构生活的象牙之塔,也是唯美主义的重要精神取向。由此,唯美主义表现出这样的矛盾倾向,一方面是要切断艺术与生活的联系,着力纯化艺术,维护艺术的自足,使艺术成为生活的理想;另一方面,又着力要将艺术推入生活,用艺术来影响生活,改造生活,并力图使生活艺术化。唯美主义内在地潜蕴了解构艺术自律的现代性话语之悖论。因此,它也理所当然成为对现代性反叛与改写的后现代主义"日常生活审美化"命题的某种理论前提。

当然,"日常生活审美化"的命题与唯美主义"生活艺术化"的理想还是有着显著的差别的。唯美主义的诞生,有其美学、哲学思想的渊源。18世纪德国美学对审美活动独立性的探讨及审美判断无利害性的界定,19世纪叔本华的唯意志论、尼采的反道德倾向等共同为唯美主义构筑了美学与哲学的基础。其次,唯美主义也直接为19世纪的欧洲社会所孕育。"19世纪中后期,欧洲处于大变动的前夜,社会矛盾加剧,人心动荡不安。"一批富有才华的作家和艺术家不满于鄙俗黑暗的现实,不满于时下流行的"功利哲学、市侩习气和庸俗作风","他们对于现实产生了幻灭感与危机感,将最大的热情倾注于艺术,企求建立起一座艺术的'象牙之塔'"。[57]因此,唯美主义在本质上是拒绝与现实的妥协的。在"显然矫枉过正的言论中,包含着思想过度敏感、情感过度强烈的唯美主义者对于西方艺术的商品化、道德的日益沦丧,以及资本主义制度下人们物质欲望的高度膨胀和无止境的追逐等社会现象的不满与抗议"。[58]在唯美主义者看来,"在这动荡和纷乱的时代,在这纷争和绝望的可怕时刻,只有美的无忧的殿堂可以使人忘却,使人欢乐。我们不去往美的殿堂还能去往何方?"[59]"生活艺术化"是唯美主义用形式与技巧搭建起的美的生活的幻美殿堂,它抽离了生活的现实根基,只能使唯美主义者"暂时摆脱尘世的纷扰与恐怖",[60]而无法真正改变黑暗丑陋的现实。

可以说,唯美主义"生活艺术化"思潮与后现代"日常生活审美化"命题还是有着重要而显著的区别的。前者是一种有距离的审美,是以反抗与批判现实为标志的。后者则是一种无距离的美,是对现实生活的普遍认同,它以经济目的与消费主义为核心,以现代科技和大众文化为根基,"一方面通过日常生活实践与唯美主义对峙,以大众文化挑战精英主义;另一方面又把审美主义推向广泛平庸的日常生活,以泛化'美'的消费主义替代审美"。[61]前者主要追求的是一种新奇时尚的生活,他们面对的是西方现代社会日趋机械、物质的生命,在内心情感上愤怒大于痛苦,更多的是对现实的讽刺。后者则更多的是在追求一种感性至上的生活,他们直面的是西方后现代社会的商业背景、逐利目的,主体在消费主义原则下彻底欲望化,被直接的感官享乐所淹没。由此,前者是由理想始而激愤终,除了以外在的新异夺人眼球外,更多的还是对现实之世俗的无奈。因此,"生活艺术化"虽是唯美主义手中对抗世俗生活的精神武器,但最终却在生活的形式和物质性上与生活妥协了。像王尔德、莫里斯等唯美主义的倡导者和力行者的行径言止,更多地表现为对生活形式、生活享受的奢靡趣味,以至于人们认为唯美主义事实上也蔓衍着颓废主义的气息。唯美主义提升的主要是大众对于生活的形式观感,而并没有真正提升他们内在的人生品位和人格情趣。当然唯美主义在骨子里还是源自理想的。而后现代"日常生活审美化"命题,则体现出某种对理想的悬搁。"日常生活审美化"的拥塞者是欣欣然优游于生活中的主体。其哲学前提就是生活与艺术的界限消失,现实与理想的界限模糊。因此,生活就是艺术,存在就是美。这种美学原则与其说是美和艺术向生活泛化,还不如说是美和艺术向生活等齐。当杜尚将一只坐便器直接放到艺术展厅中,当吃死婴成为一种行为艺术表演时,它所呈现的美学品味确实是够生活的了,而且还是生活中最原始的、最生物性的。在"日常生活审美化"的语境中,艺术可以说是有史以来最普众的艺术,也是有史以来最不是艺术的艺术。艺术超越于生活的内在诗意早已消弭于滚滚的生活洪流中。"日常生活审美化"命题为主体的彻底生活化,为主体的精神世界从美和艺术的理想高度回到最世俗的日常生活之欲望,打造了直接的土壤。

因此,从唯美主义"生活艺术化"思潮到后现代"日常生活审美化"命题,看似是以艺术和审美作为生活的一种理想方向,但在实际的生活实践和人生实践中,它们都尚未真正担负起人生和生命导引之职责。当然,唯美主义"生活艺术化"思潮对资本及其文化原则所可能导致的人性戕害还是保持了一定的警醒并试图寻找到相抗衡的武器的,后现代"日常生活审美化"命题则大有失却这种批判意识与理想精神,从根本上认同于消费主义文化情趣的趋势。值得注意的是,在西方当代"日常生活审美化"的大潮涌动中,沃尔夫冈·韦尔施、迈克·费瑟斯通等西方学者正是通过对这种生活思潮的研究与总结,内隐着或表现出某种反思与批评的。

"日常生活审美化"命题作为西方后现代话语的一个突出表现,已经渗透并影响到中国当代的生活、文化与学术语境中,我们不能因自身的经济发展与后现代社会的数据指标距离尚远,就视而不见,或简单否斥。"日常生活审美化"命题的挑战正在于,不管我们对其采取何种价值判断,作为一种与现代大工业、高新科技、商品经济、消费社会、大众文化密切联系的美学思潮和文化现象,它都将随着社会经济发展的进程而扩展蔓延,影响与之相应的文化阶层与社会领域。

由此,对于西方当今"日常生活审美化"命题的解读,其意义不应在于超越中国现实的经济与社会发展现状,无批判地推广倡导这样一种"新的美学原则",恰恰相反,其启迪应在于警醒我们去关注去研究这些社会文化的新趋势、新现象,对这类已有表现的新的生活、文化与学术现象予以发言,加以导引。面对"审美与生活一体化"的新现实,知识分子不应只充当"阐释者",甚而抛弃"反思之主体"与"反思之意识"。[62]不管"审美与生活一体化"在当前中国是否成为普遍的现实,事实是,在历史发展中存在的并不一定都是合理的,在文化演化中新生的也并不一定等于有价值的。马克思主义创始人早就在他们的学说中提出了物质生产与艺术生产发展的不平衡规律。经济和科技的进步为艺术与美的提升提供了可能,却并不标志着必然。因此,西方当今社会的种种文化、艺术、审美的现实也不一定是我们将来要完全重复的道路。"反思之意识"的倡导和"反思之主体"的确立恰恰是当今知识分子的重要职责。这并不等于我们就要以精英自居,割断与社会大众与社会生活的血肉联系,不关注大众的精神与物质生活以及他们的现实需求。事实上,先进知识分子总是在对社会大众的最深切的关注中,在反思与批判中完成他们的精神使命,并融入和推动现实的历史进程的。而文化反思与理论建构就是这类知识分子介入社会历史进程的突出而有效的武器。发掘整合中西文化资源,充实创新民族文化思想,解决我们这个时代的新现象新问题,无疑将是处于新的世纪之交,处于传统、现代、后现代诸种文化思潮空前激烈交锋之中的当代中国知识分子的基本责任。

而正是基于这样的一种思路与态度,我以为,中国现代"人生艺术化"理论不仅与以唯美主义为代表的西方现代"生活艺术化"思潮构成了冲突与张力,也与西方后现代主义的"日常生活审美化"命题构成了冲突与张力。这不仅表现在对美的终极理想源自生活还是艺术的分歧,也表现在对实存生活的反思拟或认同的分歧。毫无疑问,对于尚处于现代化进程之中的中国当代社会而言,我们所面对的并不是被物包围的普遍现实,也不是人格与人性高度审美化的伦理现实。由此,中国式的"人生艺术化"理论作为民族美学与文化的一个富有特色的思想与理论资源,在面对当代种种文化与思潮的冲击挑战中,应该也需要挖掘并发挥其积极的理论与思想效应,扬弃其理论与学说中消极的和过于理想化的方面。

注释:

〔1〕丰子恺《房间艺术》:《丰子恺文集》第5册,浙江文艺出版社/浙江教育出版社,1992年,第523页。

〔2〕R. V. Johnson, Aestheticism, London: Methuen, 1969, p.12.

〔3〕Walter Pater, Appreciations, London: Macmillan, 1924, p.62.

〔4〕Walter Pater, The Renaissance: Studies in Art and Poetry, London: Macmillan, 1913, p.252.

〔5〕〔6〕〔7〕〔8〕〔14〕吴其尧《唯美主义大师王尔德》,浙江大学出版社,2006年,第11页;第16页;第25页;第14—16页;第13页。

〔9〕Oscar Wilde, Complete Works of Oscar Wilde, London: Collins, p.1206.

〔10〕丰子恺《桂林艺术讲话之二》《丰子恺文集》第4册,浙江文艺出版社/浙江教育出版社,1990年,第19页。

〔11〕丰子恺《艺术与人生》:《丰子恺文集》第4册,浙江文艺出版社/浙江教育出版社,1990年,第399页。

〔12〕丰子恺《关于学校中的艺术科》:《丰子恺文集》第2册,浙江文艺出版社/浙江教育出版社,1990年,第226页。

〔13〕〔16〕朱光潜《悼夏孟刚》:《朱光潜全集》第1卷,安徽教育出版社,1987年,第75页;第76页。

〔15〕余光中《一跤绊到逻辑外——谈王尔德的〈不可儿戏〉》:载《理想丈夫与不可儿戏——王尔德的两出喜剧》,辽宁教育出版社,1998年版。

〔17〕〔21〕朱光潜《谈美》:《朱光潜全集》第2卷,安徽教育出版社,1987年,第6页;第6页。

〔18〕Oscar Wilde, Complete Works of Oscar Wilde, London: Collins, p.912.

〔19〕William Gaunt, The Aesthetic Adventure, London: Jonathan Cape,

1945, p. 13.

〔20〕梁启超《欧游心影录》:《饮冰室合集》第七册专集之二十三,中华书局,1989年,第14页。

〔22〕〔23〕〔24〕〔25〕〔26〕〔27〕〔28〕〔29〕〔30〕(德)沃尔夫冈·韦尔施著,陆扬、张岩冰译《重构美学》,上海译文出版社,2002年,第13页;第6页;第7—8页;第11页;第11—12页;第6页;第7页;第6页;第13页。

〔31〕〔32〕〔33〕〔34〕(英)迈克·费瑟斯通著,刘精明译《消费文化和后现代主义》,译林出版社,2000年,第123页;第23页;第96页;第97页。

〔35〕(美)杰姆逊著,唐小兵译《后现代主义和文化理论》,陕西师大出版社,1987年,第147页。

〔36〕(美)杰姆逊著,胡亚敏等译《文化转向》,中国社会科学出版社,2000年,第108—109页。

〔37〕〔38〕〔50〕〔52〕〔61〕毛崇杰《知识论与价值论上的"日常生活审美化"——也评"新的美学原则"》:《文学评论》,2005年第5期。

〔39〕陶东风《日常生活的审美化与文艺学学科的反思》:《天津社会科学》,2004年第4期。

〔40〕王德胜《为"新的美学原则"辩护——答鲁枢元教授》:《文艺争鸣》,2004年第6期。

〔41〕王德胜《视像与快感——我们时代日常生活的美学现实》:《文艺争鸣》,2003年第6期。

〔42〕〔48〕姜文振《谁的"日常生活"？怎样的"审美化"？》:《文艺报》,2004年2月5日。

〔43〕陆扬《论日常生活"审美化"》:《理论与现代化》,2004年第3期。

〔44〕童庆炳《"日常生活审美化"与文艺学》:《中华读书报》,2005年1月26日。

〔45〕赵勇《再谈"日常生活审美化"》:《文艺争鸣》,2004年第6期。

〔46〕鲁枢元《评所谓"新的美学原则"的崛起——"审美日常生活化"的价值取向析疑》:《文艺争鸣》,2004年第3期。

〔47〕范玉刚《审美膨胀与价值迷失——诉求日常生活审美化的"新美学"何以可能》:《临沂师范学院学报》,2006年第1期。

〔49〕李西建《消费时代的审美问题——兼对"日常生活审美化"现象的思考》:

《贵州师范大学学报》,2005年第3期。

〔51〕陆扬《论日常生活"审美化"》:《理论与现代化》,2004年第3期。

〔53〕张公善《批判与救赎——从存在美论到生活诗学》,安徽人民出版社,2006年,第299页。

〔54〕〔55〕(德)彼得·比格尔著,高建平译《先锋派理论》,商务印书馆,2002年,第111页;第100—102页。

〔56〕〔59〕〔60〕(英)王尔德著,杨烈、黄杲忻译《谎言的衰朽》:《王尔德全集》第4卷,中国文学出版社,2000年,第349页;第27页;第27页。

〔57〕丁子春主编《欧美现代主义文艺思潮新论》,杭州大学出版社,1992年,第84页。

〔58〕张玉能主编《西方文论》,华中师大出版社,2002年,第266页。

〔62〕参见李春青《在审美与意识形态之间——中国当代文学理论研究反思》,北京大学出版社,2006年。

下 编
重构:人生艺术化与当代生活

第八章 艺术性的三个层面和人生艺术化

从人类历史实践和思想资源看,对于生活或人生的艺术性(化)方面的追求中西都不乏其例,但在内在旨趣与精神实质上却有着内在的差异,其关键就在于对艺术美、艺术性、艺术精神的理解与把握存在差别。因此,对于艺术性、艺术美、艺术精神本身的理解与辨析就非常重要,只有在厘清这个问题的基础上,我们对于人生艺术化的理解和阐释才可能更准确更恰切,也才可能在当代生活中更好地建构与践履人生的艺术化。

一、艺术性的三个层面及辨析

艺术性是指艺术的独特品格与精神。它是艺术美的根基,也是艺术活动确立的基础和衡量艺术作品价值的根本标准。从本质上说,没有艺术性就没有艺术活动或艺术作品。

事实上,自有人类以来,就有了人类对艺术的向往、创造与欣赏的实践。人类追求艺术的过程也是人类对艺术性理解、把握、阐释、建构的过程,是艺术美呈现、发展、演化、提升的过程。在人类生活中,艺术并不是孤立存在的。艺术作为美的象征和体现,一直是人类心灵的慰藉和精神的光芒,它渗透进人类生活的方方面面,与真、善相交融和辉映。但是,在漫长的人类历史和丰富多样的实践活动中,艺术本身在不断地发展与变化,艺术性、艺术美、艺术精神也成为发展中的概念与现实;同时,艺术美作为一种以趣味判断为核心的价值美,它本身也不具有科学美的客观性和划一性。各个时代、各个民族、各个个体对艺术性及其艺术美、艺术精神理解与践履上的差异是必然的存在。艺术性是"有高低之分、程度之差、雅俗之别"[1]的。这就使得艺术性不仅在艺术活动、艺术文本中呈现出多样的面貌,也使得人类在具体的生活实践中对艺术美的把握和艺术化的践履呈现出多样的丰富性和差别性。也因此,对艺术性、艺术美、艺术精神的辨析与界定,对于我们来说,就尤为迫切与重要。

概括起来,我们大致可把人类对艺术性(美)的理解以及与之紧密相连的生活实践中的艺术化追求归为三类。

第一类是把艺术性主要理解为形式性东西。这一类在生活实践中主要表现为对生活形式的艺术性(化)追求,崇尚对生活用品、生活环境、人体等的艺术性(化)装饰、修饰等,追求装饰性、新奇性、感官享受等外在的东西。对生活形式的艺术性(化)追求,在一定程度上有助于提升日常生活的品味与情趣,但对于外形式和感官享受的过分重视亦可能流衍为奢靡、颓废、媚俗等生活情状。

艺术的元素多种多样,但不管哪个时代哪种艺术,都不可能撇开形式的元素。重形式的艺术在生活实践中更多地体现在那些实用性艺术样式上,如建筑、实用工艺品等;体现在追求美化的生活环境中,如城市绿化带、室内装修等;体现在人体美化修饰上,如时装、饰品等。其实,在生活实践中追求艺术化的形式性元素,早在原始人那里就已萌蘖,并随着人类征服外部自然能力和审美能力的提升而不断发展。如人们所用的器皿,由旧石器时代满足实用的简单粗糙的状态,到新石器时代的彩陶,在色彩、形状等方面都具有了明显的装饰性和形式感。再如人对自我身体的装扮,也是随着生产能力的提高而不断提升的。最初是用兽骨和树叶来遮体,后来发明了织布的技术,再后来织布印染的技术不断发展,服装也从最初的裹体的功能发展出实用与审美的双重功能,服装成了人体自我修饰美化的重要手段。随着生产力和经济水平的不断提升,人对室内装饰、环境美化等的要求也不断提高,以至于人们开始惊叹艺术审美元素的日常生活化。现代科技和新材料的发展,也使得人们对生活元素审美化的欲望获得了更强有力的支撑。由简单趋向精细,由粗糙趋向光洁,由单一趋向多样。技术的融入使任何形式审美的法则都可以获得最大程度的实现。当然,关注形式,就不可能离开感官享受。形式首先就是作用于目、耳、口、鼻、肤诸感官的感性元素。

在中国传统文化中,文人士大夫就非常钟情于生活要素的艺术化。如晚明士人对日常生活的口腹之美、美色之美等就颇嗜好。他们"好精舍,好美婢,好娈童,好鲜衣,好美食,好骏马,好华灯,好烟火,好梨园,好鼓吹,好古董,好花鸟"[2],意欲"目极世间之色,耳极世间之声,身极世间之安,口极世间之谭"[3]。那种"一庭一院,一花一石,一帘一几,一尘一屏,一茗一香,一卷一轴,然后一妾一婢,一丝一竹,一愁一喜,一谑一嘲。乘兴则一楼一台,一觞一咏。倦游则一枕一簟,一蝶一槐。梦觉徐徐,娭美在侧,一瘵一瘠,一偎一抱。当此之时,只愁明月尽矣"[4]的日常生活的雅适之致,在晚明士人的生活场景中并不罕见。自然、形貌、衣食、厅室,均成为中国士人着意美饰把玩的对象。清代李渔的《闲情偶寄》专门辟有声容、居室、器玩、饮馔、种植、颐养诸部,更是把这种嗜好与追求发挥到极致。且看声容部中细分选姿、修容、治服、习技四大类。各类又分细目。如选姿下列肌肤、眉眼、手足、态度四目,修容下列盥洗、薰陶、点染三目,治服下列首饰、衣衫、鞋袜、妇人鞋袜辨四目,习技下列文艺、丝竹、歌舞三目。每目各自详细探讨了如何使姿容服技等更美更令人赏阅的道理与办法。如"眉眼"就详细探讨了眉毛和眼睛这两种器官的修饰和搭配。李渔说:"'眉若远山'、'眉如新月',皆言曲之至也。即不能酷肖远山,尽如新月,亦须稍带月形,略存山意,或弯其上而不弯其下,或细其外而不细其中,皆可自施人力。最忌平空一抹,有如太白经天;又忌两笔斜冲,俨然倒书'八'字。变远山为近瀑,反新月为长虹,虽有善画之张郎,亦将畏难而却走。"[5]这是讲眉的修饰。眉的美还需与眼搭配:"眉眼二物,其势往往相因。眼细者眉必长,眉粗者眼必巨,此大较也,然亦有不尽相合者。如长短粗细之间,未能一一尽善,则当取长恕短,要当视其可施人力与否。"[6]又如"盥栉"就详细讲了洗脸、擦粉、梳头等方法。光是梳头,作者就用了不下千字,强调发髻要自然而富有变化,要与形状、颜色相匹配。他把美人的发髻以姿态万千的龙和瞬息多变的云作比,细数了种种具体的梳法。如他提出"肖龙之法:如欲作飞龙、游龙,则先以己发梳一光头于下,后以假髲制作龙形,盘旋缭绕复于其上。务使离发少许,勿使相粘相贴,始不失飞龙游龙之义,相粘相贴则是潜龙、伏龙矣。悬空之法,不过用铁线一二条,衬于不见之处,其龙爪之向下者,以发作线,缝于光发之上,则不动矣。戏珠龙法,以髲作小龙二条,缀于两旁,尾向后而首向前,前缀大珠一颗,近于龙嘴,名为'二龙戏珠'。出海龙亦照前式,但以假髲作波浪纹,缀于龙身空隙之处,皆易为之。是数法者,皆以云龙二物分体为之,是云自云而龙自龙也。予又谓云龙二物势不宜分,'云从龙,风从虎',《周易》业有成言,是当合而用之。同用一髲,同作一假,何不幻作云龙二物,使龙勿露全身,云亦勿作全朵,忽而见龙,忽而见云,令人无可侧识,是美人之头,尽有盘旋飞舞之势,朝为行云,暮为行雨,不几两擅其绝,而为阳台神女之现身哉?"[7]对发髻的梳理精研到如此地步,连李渔自己都不禁感慨:"噫!笠翁于此搜尽枯肠,为此髻者,不可不加尸祝。"[8]不管这样的生活态度之下有着怎样的潜话语,对于生活形式之美的刻意讲求,在中国传统文人士大夫中并非个案。而这种刻意讲求的趣好,自魏晋时代起,体现于日常用品、生活环境、人体等生活中的各个方面。其要求之苛刻,有时几近恶俗。《世说新语》载晋代文学家石崇将家里的厕所也修建得美轮美奂,在厕所里备有蚊帐、垫子、褥子、香水、香膏等讲究的陈设,还有十多个打扮艳丽的婢女捧着香袋恭立侍候。客人在石家如厕后,这些婢女就侍候客人脱下旧衣换上新衣才让其出去。有个官员刘寔年轻时家贫,后来当了大官仍保持俭朴的美德。相传他去石家拜访如厕,以为自己错进了石崇的内室。尽管石崇告他这是自家厕所,刘寮亦坚拒了这个享受。石崇有姬妾数十人,他将沉香屑洒于象牙床,让姬妾践之,无迹者赐真珠百粒;有迹者就节其饮食,令其体轻。女性之美在中国封建社会逐渐演化为男性亵玩的对象,要求女性以弱甚至以病为美。中国古代女性缠足就是病态审美趣好的一种牺牲品。这样的对生活审美元素的追求,难免奢靡颓废之嫌。

在西方,19世纪英美"生活艺术化"思潮在审美理论与艺术实践上主张"唯美",在生活实践上则崇尚感官享乐。除王尔德乃彻头彻尾的唯美生活的信徒外,他的模仿者和追随者们也把化妆品称为艺术,撰写讴歌胭脂的诗歌。一时间,设计、插图、布艺、瓷器和家居用品的制作广为流传,审美服装-装潢、厨艺、园艺的著作大量问世。伦敦的花卉市场也十分繁荣,当时称为"花草时尚"(vegetable fashion)。唯美主义者大都崇尚东方情调,他们钟爱并收集青花瓷器、孔雀羽毛、中国折扇、日本屏风与浮世绘、各种东方的奇花异草等,沉醉于东方艺术品、工艺品所表现的线条美、形态美、色彩美、结构美等形式美感。唯美主义画家惠斯勒留下了迄今为世人所赞叹的"孔雀厅"。孔雀厅原是一位英国船商伦敦宅第内的餐厅。它最初被房主委托给室内设计师杰奇尔装修,杰奇尔在餐厅设计装修基本完成后离开了伦敦。此后,惠斯勒对餐厅装修做了改动。他以金属叶片覆盖天花板,在上面大量绘饰了孔雀羽毛状的涡状图案,并用四只羽翼丰满、造型华丽的孔雀装饰木制百叶窗,将杰奇尔设计的核桃木格架镶金,并最终以蓝色小地毯完成了房间装修。惠斯勒餐厅命名为《蓝色与金色的和谐》。房主去世12年后,孔雀厅被单独移出住宅,送往伦敦艺术画廊展出。后由弗利尔美术馆的创办人弗利尔(Charles Lang Freer)将整个孔雀厅买下运至美国。弗利尔去世后孔雀厅重新安装在新建的华盛顿弗利尔美术馆内。迄今,孔雀厅几经维护修复,其铜质的金色、灿烂的蓝色、涡形装饰的绿色,组成了如同孔雀羽毛绚烂多彩的图形,与厅内格架上陈设的房主收藏的 17 世纪后期至 18 世纪初年中国清代康熙年间的瓷器明亮的青花图案、支撑格架的镶金杆件熠熠呼应,充满了东方的情调、动感和装饰艺术的韵律美感。这间创作于 1876—1877 年的美轮美奂的餐厅被王尔德誉为"在色彩和艺术装修方面,这是自意大利的科雷吉奥画出的那间美妙的房间之后世界上最好的作品"[9]。唯美主义者试图把物质世界转换为物质世界的表象,他们在美学观念上还是康德的信徒,希望审美与实用功利无关。但实际上,这种对美的快感体验的极致追求,已经使审美不仅成为情感的载体,也为消费快感的出场作了铺垫。1881 年,唯美主义重要阵地《喷趣》(*Punch*)杂志曾刊有这样一首小诗:

原诗:
Two pence I gave for my sunshade,
A penny I gave for my fan,
Three pence I paid my straw-foreign made,
I'm a Japan-Aesthetic young man!
中译:
两便士我买了这把阳伞,
一便士我买了这把折伞,
三便士我付清了这个草帽——外国制造,
我是一个日本式的美学青年。[10]

这首小诗表明在唯美主义者那里,审美与消费并不是脱节的。但对唯美主义者来说,物品的交换价值高于使用价值,这就打造了审美价值与商业价值融合的前提,构筑了由日常消费通向审美快感的通道。尽管王尔德毕生都在和庸俗性和小市民习气作斗争,试图用唯美主义的意识形式来拯救现实、提升生活,但他对艺术和生活中形象与外观的关注和刻意追求,表露了一种唯美主义和消费主义的纠结,因为在唯美主义那里,艺术和商品都是可以作为纯粹的形象或形式的。艺术性为商品形式所浸染,这一现象在唯美主义那里已然呈现。所以,唯美主义尽管具有相当的复杂性与两面性,但它在生活实践中对生活艺术化的追求,实质上也是一种对生活的形式美感和身体快感的感性追逐。

这种将艺术性改造成感性和形式性的生活情状,在西方后现代"日常生活审美化"思潮中体现得更为彻底。韦尔施在《重构美学》中描述了一个有趣的场景:"德国的火车站不再叫做火车站,而是根据它们的艺术装饰,自命为一个'由轨道连接的经验世界'。"[11]美的艺术变成了美的设计,由技术、经验、时尚等等来亮分。韦尔施批评这一类生活场景"是从艺术当中抽取了最肤浅的成分,然后用一种粗滥的形式把它表征出来"。[12]韦尔施是带有某种尖锐的嘲讽的。在他看来,"现实赤裸裸的化妆打扮固然可以博得一笑,但是触及作为总体的文化,它可不再是好笑的事情"。[13]

崇尚形式和感官的这一类艺术化(性)生活实践,一方面是日常生活水平提升与审美需求强化的一种现实,另一方面也吁求着我们对此保持一种警醒,持有一种合宜的分寸与尺度。

第二类是把艺术性主要理解为艺术创造、艺术表现的具体技巧与方法。这一类在生活实践中主要表现为对生活技巧、方法与社会关系的艺术化(性)追求,崇尚对生存技巧、人际关系等的处理方法。这类艺术化化衍得当,也确实有助于生存环境、人际关系的润泽,但过分雕饰则可能流衍为精神的退化和圆滑的生存哲学。

艺术需要完美的表现,技巧是艺术表现必不可少的因素。古今中西的艺术理论,都不缺少对技巧的探讨与重视。自古希腊以来,关于艺术和美的一个普遍共识是,刻画一个美的人和美地刻画一个人是不同的。由此推论,同一个对象,可以因为刻画技巧的高低不同,而产生不同的结果,这就是技巧对于艺术的作用。柏拉图曾借伊安之口对荷马的艺术才能予以了评价,认为即使是相同的题材,荷马的方式也比其他诗人的更好。柏拉图的学生亚里士多德在《诗学》中则具体地探讨到了许多诗的技巧问题。比如说悲剧的情节,他就认为要长短适度,首要原则是"易于记忆";在这个前提下,是"越长越美",要能"有条不紊"地"容许事物的相继出现,按照可然律或必然律能由逆境转入顺境,或由顺境转入逆境";同时,情节的任何一个要素都必须是整体中的有机部分,不能任意挪动或删削,尤其是"发现"、"突转"等情节中的复杂行动必须由情节的结构因果中自然产生出来。[14]亚里士多德对诗人的"艺术手腕"非常重视,认为借此可以"显出诗人的才能"。在探讨悲剧效果借"形象"引起还是借"情节的安排"引起更佳时,亚里士多德倾向于"以后一办法为佳",因为前者还要依靠演员的帮助,而后者主要在于作者的技巧。当然这种认识未必人人赞同,但悲剧美感与艺术技巧之间的关联性应该是可以认可的。各类艺术在岁月的长河中大浪淘沙,熔铸成自己独到的各种技巧,涉及了艺术的题材处理、情感发抒、故事讲述、结构安排、语言表达等方方面面。古人评价绘画、音乐等技艺之高超,常有以假乱真、余音绕梁之叹。执意推敲,苦吟细琢,体现了一个艺术家基本的品格。《论崇高》的作者郎加纳斯认为,即使是像崇高这样巨大的激烈情感,也是需要"理智的控制"的,需要"来自实践和经验的恰当性"。[15]而完美的技巧应该就是这样一种东西。在《论崇高》中,郎加纳斯详细讨论了语言修辞的技巧,具体到:"不同修辞方式的联合运用最能导致文辞的遒劲;两三个互相联合,就会互相加强语言的气势、说服力、和美。"[16]

但是,值得注意的是,来自实践和经验恰当性的技巧不是可以随时随地无限制地照搬的,它所使用的量值也不与艺术的美感效果成绝对正比例。因此,在艺术史上,最伟大最优秀的艺术家从来就不一定是艺术院校培养出来的,而最迷人最美的艺术也一定不会单纯地由技巧即可成就。在《论崇高》中,郎加纳斯也批评了"文辞的夸张"和"无谓的雕琢"等种种盲目追求漂亮、精致的技巧错误,嘲讽这是

"愚蠢的做作的人所犯的"，其结果是把艺术"搞得死死板板，索然无味"，最终陷入琐屑和无聊。而那种"在无须抒情的场合作不得当的空泛的抒情，或者抒发了远远超过情境所许可的感情"的技巧，最终带来的只能是"假感情"。[17]他感叹："修辞方式的使用，和一切其他风格之美一样，是常有过分的倾向的，这是一个无须深论的明显真理。正因如此，甚至柏拉图也遭受了大量的责备，因为他常常为一种对于语言的热爱所迷惑而陷入无节制的使用生硬的比喻和牵强的寓言。"[18]因此，技巧和艺术的关系既不可分离又永远必须以恰当为原则，过之就会产生反作用。

而在生活实践中，中国文化是比较重视人际相处的问题，重视人际关系处理的艺术的。《易经》讲阴阳均衡，《论语》讲中庸合度，都是要求个体在做事时首先要把自我摆放到一种群体关系中先达到人伦的和谐。因此，当个体要求与外部条件不一致时，西方文化可能选择以悲剧性的抗争来实现个体自由，而中国文化大都教导灵活变通的种种处世哲学。如《论语·微子》曰："天下有道则现，无道则隐"，这一句和前一句的"危邦不入，乱邦不居"大体是一个意思，就是教导人要明哲保身，不要以弱抗强。这个话实在没有错误，但人人都只求自保，这个"危邦"、"乱邦"的改观就难以乐观了，天下由"无道"变"有道"也不知何时才能实现了。当然，儒家文化总体上是刚健精进的，"君，君；臣，臣；父，父；子，子"[19]的伦理之道最终还是要为"修身"、"齐家"、"治国"、"平天下"[20]的人生抱负和宏大理想服务的。但"君，君；臣，臣；父，父；子，子"仍然教导了一种个体要先恪守身份各安其位的处世技巧和哲学，说到底就是要人遵循封建伦常，化衍开来就是要安于现状。事实上，孔子一辈子都在四处宣讲他的学说，希望被人认可被明主采纳，根子里一心要改良社会，并非安于现状。因此，他苦心教授的种种哲学与技巧实在也是从痛苦现实中获得的应对智慧。在今天，是需要我们辨证地分析对待的。

中国传统文化的另一重要代表人物是庄子，庄子也是中国艺术精神的重要象征之一。但是,庄子对人生之理解与追求,同样也是需要我们辩证地分析对待的。庄子的人生哲学可以分为对人生境界的追求和生存技巧的探讨两个层面。在对人生境界的追求上,庄子体现出高远旷达的逍遥自由精神,不仅抚慰超拔了无数痛苦的心灵和芸芸众生,也成为中华民族艺术精神传统的重要始源与象征。《庄子》开篇即为恢弘的《逍遥游》:"北冥有鱼,其名为鲲。鲲之大,不知其几千里也。化而为鸟,其名为鹏。鹏之背,不知其几千里也;怒而飞,其翼若垂天之云。"鲲鹏展翅,"搏扶摇羊角而上者九万里,绝云气,负青天"。何等气魄!何等洒脱!不仅令人心生感慨:"若夫乘天地之正,而御六气之辩,以游无穷者,彼且恶乎待哉!故曰,至人无己,神人无功,圣人无名。"鲲鹏之意象生动展现了庄子所憧憬的生命自由境界。自由的前提是无待。庄子对生命的这一深刻哲学解读,内在地契合了艺术之情致,由此为多少中国文人墨客引为同道。但是,在庄子身处的动荡社会、纷扰现实中,如何才能真正达致这种境界?庄子也是充满了无奈的。我以为,庄子还是不想绝望的。如果果真绝望了,我们应该就读不到这些精彩纷呈、精妙绝伦的瑰丽文字了。流传至今的33篇文字,告诉了我们庄子心灵的纠结和痛苦,一方面展现了庄子试图超越现实的高旷襟怀与心灵境界,另一方面也展示了庄子在乱世中"保身"、"全生"、"尽年"的哲学与技巧。庄子生活在战国中期,这是一个"窃钩者诛,窃国者为诸侯"的时代[21],战乱与杀戮、贪欲与欺诈使得人间世成为"福转乎羽,莫之知载;祸重乎地,莫之知避"的凄惨之地[22]。在先秦诸子的典籍中,"争地以战,杀人盈野;争城以战,杀人盈城"[23],"饥者不得食,寒者不得衣,劳者不得息"[24],这一类对"天下沉浊"的描写几乎随处可见。民不聊生的现实一方面是因"昏上乱相"、暴君虐政——"轻用其国"、"轻用民死"[25],但更深层次的原因庄子认为是因人丧失了自己的本性、人为物役——"丧己于物,失性于俗"[26]。因此,庄子认为拯救人类的根本道路就是恢复人的自然本性和自由本真,这就是"无己"、"无功"、

"无名"的"逍遥游",也是"无待"、"无用"的"逍遥游"。庄子循循告戒世人,事物是没有分别的,是非是没有界限的,有无是没有绝对的,生死是没有差别的。在某种意义上,有就是无,无就是有,有用就是无用,无用就是有用。有一棵大树,"其大本臃肿而不中绳墨,其小枝卷曲而不中规矩,立之途,匠者不顾",于是,人们就认为其"大而无用,众所同去也",却不知这样的大树可以"树之于无何有之乡,广漠之野,彷徨乎无为其侧,逍遥乎寝卧其下"[27]。而"毛嫱、西施,人之所美也",但"鱼见之深入,鸟见之高飞,麋鹿见之决骤"[28],究竟谁"知天下之正色"?庄子的深刻在于超越了事物的表象和单一性。"是亦彼也,彼亦是也","彼亦一是非,此亦一是非","是亦一无穷,非亦一无穷"[29]。对于事物的这种复杂性和相对性,庄子虽力倡把其道纽,以心明物。但是,在相对主义、虚无主义的助翼下,对人生世事的深刻颖悟,使庄子不可能采取玉石俱焚的英雄主义姿态。他以无用为用的价值态度也必然隐含了在乱世中保身求生的消极性,其所教导的处世哲学与人际技巧也就难免衍向保身全生的混世哲学和滑头主义。"桂可食,故伐之;漆可用,故割之"[30],由此联想,难免叫人藏巧装拙。"物固有所然,物固有所可。无物不然,无物不可","其分也,成也;其成也,毁也。凡物无成毁,复通为一"[31],由此联想,又似让人坦然处弱。庄子的哲学就像一把双刃剑,既有斩辟人间迷雾之犀利,又有游刃黑暗世道之柔滑。鲁人颜阖去做卫灵公太子的师傅,不免感叹纠结:"与之为无方,则危吾国;与之为有方,则危吾身。"[32]怎么办?他向高人蘧伯玉请教,蘧就给他出主意,教他办法:"形莫若就,心莫若和。虽然,之二者有患。就不欲入,和不欲出。形就而入,且为颠为灭,为崩为蹶。心和而出,且为声为名,为妖为孽。彼且为婴儿,亦与之为婴儿;彼且为无町畦,亦与之为无町畦;彼且为无崖,亦与之为无崖。达之入于无疵。"[33]总而言之,处事不可盲干,要分析把握双方形势条件,以退为进,以就图入。知己知彼,做任何事都需要;以退为进,在双方力量悬殊时,也可能是弱方制胜之法宝;以就

第八章 艺术性的三个层面和人生艺术化　　　　　　　　　　　　　223

图人,在敌我矛盾中,可能也不失为一种办法,但用在一个朋友的身上,或一个甚至单纯如"婴儿"者身上,也难免让人有不磊落之感。在现实生活中,处处计较,事事谋划,难免予人机巧圆滑之感,恐也会身陷患得患失之中,难成大事。相对于人生境界的高旷追求,在生存技巧层面,颖悟如庄子,也难免让人有随波混世之诮。有学者把庄子的"游"分为心灵之游和行为之游、无待的游和物化的游,认为"这两者都是庄子生活艺术化的重要组成部分",[34]并从生存论角度对其复杂性予以了分析批判,指出了逍遥的自由精神和滑头的保身哲学之纠结。应该说,行为之游和物化之游在庄子主要是切入了生活艺术化的第二个层面,即对现实生存中艺术化生存技巧与方法的探讨。相对于心灵之游和无待之游的高迈,行为之游与物化之游中的庄子是需要我们具体考量辨证对待的。

儒道相济。"有道则见,无道则隐。"[35]"穷则独善其身,达则兼善天下。"[36]在传统文化熏陶下,中国文人涵养出了这种能屈能伸的处世哲学,以此为生存的智慧,屈原式的"All or nothing"的精神相比之下就要稀缺多了,这种要么完美要么毁灭的刚烈,恐让很多中国人的神经吃不消。在能屈能伸的处世智慧下,中国人的处世艺术也特别丰富。20世纪30年代,林语堂所倡导的以"中等阶级生活"为基础的"一种实际的生活艺术"[37]大概也可归于此类。何谓"生活艺术",林语堂说,人是尘世的"过路的旅客",尘世与人"一日不可分离",而"天堂终究是飘渺的",因此,人应该将不管是美丽的还是黑暗的尘世生活努力"加以调整,在生活中获得最大的快乐"。可以说,快乐是林语堂"生活的艺术"的最高目标。那么,如何成就快乐的生活,林语堂又找到了"中庸生活"的原则。所谓"中庸生活",在林语堂的理想中,是一种"介于两个极端之间的那一种有条不紊的生活",既不太多,也不太少,"在动作和静止之间找到了一种完全的均衡,所以理想人物,应属一半有名,一半无名;懒惰中带用功,在用功中偷懒;穷不至于穷到付不出房租,富也不至于富到可以完全不做工,或者可以称心如意地资助朋友;钢琴也会弹弹,可是不十分高明,只可弹给知己的朋友听听,而最大的用处还是给自己消遣;古玩也收藏一点,可是只够摆满屋里的壁炉架;书也读读,可是不很用功;学识颇广博,可是不成为任何专家;文章也写写,可是寄给《泰晤士报》的稿件的一半被录用一半退回——总而言之,我相信这种中等阶级生活,是中国人所发现最健全的理想生活"。因此,这种"中庸"的哲学对群体言大概就是"冲突"的"妥洽"了,而对个体言就是"旷达地忍耐",由此,使"人们对于这个不得完美的地上天堂也感到了满足"。林语堂自诩这是一种"智慧而愉快的人生哲学"[38]。他还情不自禁地引用了清代诗人李密庵的《半半歌》为这种理想生活作注:"看破浮生过半,半之受用无边。半中岁月尽幽闲,半里乾坤宽展。半郭半乡村舍,半山半水田园。半耕半读半经廛,半士半姻民眷。半雅半粗器具,半华半实庭轩。衾裳半素半新鲜,肴馔半丰半俭。童仆半能半拙,妻儿半朴半贤。心情半佛半神仙,姓字半藏半显。一半还之天地,还将一半人间。半思后代与沧田,半想阎罗怎见。饮酒半酣正好,花开半时偏妍。半帆张扇免翻颠,马放半缰稳便。半少却饶滋味,半多反厌纠缠。百年苦乐半相参,会占便宜只半。"[39]如此的生活"艺术"和"智慧"哲学实在是明白了人"须在这尘世上活下去",哲学也必须由"天堂"回到"实际"人间之道理。当然,林语堂也非常明白,对于这个生活"艺术"和"智慧"哲学而言,感到"最快乐的人还是那个中等阶级者",他们"所赚的钱足以维持独立的生活,曾替人群做过一点点事情,可是不多;在社会上稍具名誉,可是不太显著"。而这个等级也"只有在这种环境之下,名字半隐半显,经济适度宽裕,生活逍遥自在,而不完全无忧无虑的那个时候","精神才是最为快乐的,才是最成功的"[40]。看起来,仿佛一派歌舞升平。但是,林语堂先生的这本宣传"久为西方人所见称"的"中国人之生活艺术"的大作《生活的艺术》是发表于日寇侵华全面爆发的1937年。据说此书在美国出版后被选为美国"每月读书会"1937年12月特别推荐的书,成为美国

1938年最畅销的书。读着这样的信息,我的心不免有些隐隐作痛。试想一下,在炮火硝烟中的抗日将士和苦难国人大概是没有心情去吟味"到底国人如何艺术法子,如何品茗,如何行酒令,如何观山,如何玩水,如何看云,如何赏石,如何养花、蓄鸟、赏雪、听雨、吟风、弄月。……此中底奥及一般吟风弄月与夫家庭享乐之方法"的[41],即便他们有此心情,时代也没能给予他们这样的环境和条件。林语堂也许没有写错书,这部书在美国重印了四十多版,被译成十几种文字,产生了世界性的影响。但林语堂自己也非常明白,即使除却那个特定的烽火岁月,这种"生活的艺术"于现实中的绝大多数人也有着或多或少的距离,就是那个他自己所界定的主体阶层——"中等阶级",要把握这个"度",营造这个"半",似乎也不那么容易。这种"生活的艺术"确乎似不只带来愉乐恐也需要费心费力。林语堂自己也慨叹"世间非有几个超人——改变历史进化的探险家、征服者、大发明家、大总统、英雄——不可"的[42],而这当然是在孜孜于"生活的艺术"的中产阶级的尺度和可能之外了。有学者曾针对当时周作人等京派知识分子文化性格予以了尖锐的批评:"切断了与更为广阔现实人生联系的怡情养性,顾盼自怜的生活的艺术很容易滑落到单求自保的生存的艺术。"[43]不是说,这种"生活的艺术"就一无是处了,他们所追求的生活情调、中庸尺度、快乐哲学,在生活中也有一定的怡情养性的功效,但这一类生活艺术若陷入了境界与技巧的分离、方法对精神的优先,其所产生的作用和获得的成效在不同的社会语境中就可能会产生较大的差异。

  实际上,多数西语中,"艺术"一词最初的含义就是技艺、技巧。在艺术发展的初级阶段,艺术品和实用物品、艺术活动和工匠制造、艺术家和匠人尚未有严格的区分。艺术发展至今,技艺和技巧仍是必具的要素,但也不是最本质的要素。把艺术性理解为一种技艺性、技巧性,有其合理性。但过度追求,不仅无助于艺术境界和艺术品格的提升,亦可能会阻隔或淡化艺术精神方面的诉求。而在日常生活中，人对于生活技巧、方法与社会关系的艺术化（性）追求，如何不致流于庸俗甚至自私和奸猾，更是需要我们省思的。席勒在《审美教育书简》中就曾尖锐指出，文明阶级的"懒散和性格败坏"是令人作呕的。野人是感觉支配了原则，其堕落的极端充其量是变成一个"疯子"。而有教养的人秉承了理智的启蒙，也带上了物质和利己的枷锁，精于世故，逆来顺受，有可能堕落成一个"卑鄙之徒"。这种"蛮人"失去了"同情的心"，"每个人都只是设法从毁灭中抢救自己的那点可怜的财物"[44]。文明假如没有促进人性的自由和精神的提升，那么这种文明进步和人性退化之间的悖论，是需要我们警醒的，也是我们考察对艺术性理解的第二种维度时需要予以关注的。

第三类则把艺术性理解为艺术美的内在精神与整体品格。相对于前两类把艺术性（美）归结为艺术的某些局部性、外在性、技巧性的要素，这一类在生活实践中倡导的是人格与心灵的艺术性（化）追求，关注的是人对于整体自我人格与生命境界的审美提升，它的本质是人格与心灵的美（艺术）化。

在古希腊，柏拉图肯定了技巧对于艺术的作用，但他又提出了技巧之根的问题。在《伊安篇》中，他说："诗人对于他们所写的那些题材，说出那样多的优美辞句，象你自己解说荷马那样，并非凭技艺的规矩，而是依诗神的驱遣"。[45]他敏锐地意识到艺术技巧背后的东西，但这个东西究竟是什么，他还不能清楚地把捉。因此，他把这个根本的东西解为"神"："优美的诗歌本质上不是人的而是神的，不是人的制作而是神的诏语"。[46]这个解释似是而非，在根底上是不能令人满意的，但他据此把诗人在层次和品位上区别了开来，一类是诵诗人，一类是大诗人，前者只识得歌咏的技巧，后者则有神力凭附。柏拉图感叹，"荷马的本领并不是一种技艺"[47]，而是因为他的心灵与诗神相通。在他看来，技艺非寺人专属，在现实生活中，既有"诵诗人的技艺"，也有"医生的技艺"、"渔人的技艺"、"御车人的技艺"、"将官的技艺"等，而纯粹停留在技艺层面上，它仅仅是与知识相关联。技

第八章　艺术性的三个层面和人生艺术化

艺的最高境界就是通向神,是由灵感来启化的。尽管柏拉图最终并没有说清楚艺术之美究竟是什么,以"所有美的东西都是困难的"[48]这一千古之叹结束了他对美本身的追索,但他在人类艺术和美学思想的源头上开启了一条探索艺术内在精神品格的道路。撇开他的神秘主义因素,他对艺术内质与神性的关注,确有他的深刻所在,他的思想也深刻影响了西方艺术与审美理念的演化发展。

黑格尔是沿着柏拉图的路子前行的。柏拉图认为"美在理念",黑格尔则演化为"美是理念的感性显现"。不过,与柏拉图不大瞧得起人世的艺术才能的态度相比,黑格尔还是对现实中艺术的美赞叹有加的,他的美学的中心实际上是围绕艺术展开的,因此,也有人认为黑格尔的美学在一定意义上可以称为"艺术哲学"。对于艺术美的本质,黑格尔明确提出,"艺术美是由心灵产生和再生的美",因为"只有心灵才是真实的,只有心灵才涵盖一切,所以一切美只有在涉及这较高境界而且由这较高境界产生出来时,才真正是美的"[49],由此,黑格尔主张艺术作品"不仅是作为感性对象,只诉之于感性掌握的,它一方面是感性,另一方面却基本上是诉之于心灵的,心灵也受它感动,从它得到某种满足"。[50]不否定形式感知,但更关注心灵与精神,这种对艺术性(美)的根本取向在黑格尔的同时代人康德那里亦获得了精妙的表达。康德首先以情感愉悦性来区分"机械的艺术"和"审美的艺术",又将和情感相联系的审美的艺术区分为"快适的艺术"和"美的艺术",指出前者与表象相关联,单纯以享乐为目的,"快适的艺术是单纯以享受为目的的艺术;所有这一类艺术都是魅力,它们能够给一次宴会的社交带来快乐:如有趣的谈话把聚会置于坦诚生动的交谈中,用诙谐和笑声使之具有某种欢乐的气氛,在这里,如人们所说的,有的人可以在大吃大喝时废话连篇,而没有人会为自己说过的东西负责,因为这只是着眼于眼前的消遣,而不是着眼于供思索和后来议论的长久的材料。(应归于这里面的还有如何为餐桌配以美味,乃至于在盛大宴席中的宴会音乐:这是一种可怪之物,它只应当作为一种快适的响声而使内心情绪达到快乐的消遣,有利于邻座相互之间自由的交谈,而没有人把丝毫注意力转向这音乐的乐曲。)此外还应归于这里的是所有那些并不带有别的兴趣,而只是使时间不知不觉地过去的游戏。"[51]这种"快适的艺术"的目的"是使愉快去伴随作为单纯感觉的那些表象",[52]其品味大概可归于我们所界定的艺术性的第一个层面。而"美的艺术"在康德看来具有"一种愉快的普遍可传达性","它本身是合目的性的",并且"把反思判断力、而不是把感官感觉作为准绳"。[53]它"是那种想象力在其自由中与知性的合规律性的适合","要求有想象力、知性、精神和鉴赏力"。[54]康德指出:美的艺术的本质就在于"精神和理念相配","精神,在审美的意义上,就是指内心的鼓舞生动的原则",而"这些原则不是别的,正是把那些审美理念(感性理念)表现出来的能力"。[55]即在艺术和审美里,只有通过想象使精神和理念借助表象表现出来,才使一切鲜活起来,使形式和技巧有了生机。没有精神和理念只留下形式和技巧的艺术可能只是戏台上炫耀、矫饰的"小丑"。康德把美的艺术视为天才的自由杰作。通过对美的艺术的鉴赏,"人把自己通过审美提升到理念"[56]。而人对只是为了享乐的"快适的艺术"的鉴赏,"在理念里不留下任何东西,它使精神迟钝,使对象逐渐变得讨厌,使内心由于意识到他的在理性判断中违背目的的情绪而对自己不满和生气"。因此,康德是西方美学史上第一个赋予审美以情感独立性的,同时他还潜藏着这样一种精神取向,即把美的情感视为一种向上提升的独立愉悦的至善情感。康德认为,美的艺术如果不与这种情感相结合,那么它只能沦为"后一种情况":"它们于是就只是用来消遣,当人们越是利用这种消遣,以便通过使自己越来越无用和对自己越来越不满而驱赶内心对自己的不满,他就越是需要这种消遣。"[57]黑格尔康德之后,西方的浪漫主义者也是高举艺术美的心灵与精神旗帜的。歌德说:"艺术要通过一种完整体向世界说话。但这种完整体不是他在自然中所能找到的,而是他自己的心智的果实,或者说,是一种丰产的神圣的

第八章 艺术性的三个层面和人生艺术化

精神灌注生气的结果。"[58]

我们不赞同把艺术美的本源归于上帝或天才的不可知论,也不赞同把艺术的美感完全等同于精神,但主张艺术的语言、风格、结构、技巧、意境、意蕴等要素都是需要精神去贯通的,主张艺术的内质和精神在艺术性的生成中之于形式和技巧等外在或局部的要素更具本质和深刻重要的意义。爱尔兰小说家伊丽莎白·鲍温在谈论劳伦斯的作品时说:"我们需要自然主义的表层,但它的内部必须燃烧着火焰。"[59]借用她的表达方法,我们要说的是,在艺术活动中,我们需要形式和技巧,但在它们的内部必须潜蕴着精神。只有精神,才为形式和技巧在艺术中灌注了生气,让它活了,使它完整而美。

这种不局限于外在形式和单纯技巧而将目光投向内在精神和整体品格的艺术性追求引导了生活实践中的这样一种倾向,不简单沉溺于日常生活的感性享受,不斤斤计较于人际关系的细枝蔓节。它乐享的不是以生活技巧的圆滑性而游戏于生活,也不是以生活形式的奇美性而耽乐于生活。它并不反对生活用品、生活环境、人体、生活技巧等等的艺术性追求,但它更重视的是人格与心灵的艺术化建构,期待在艺术化的生命情致与人格境界中追求、实现、体味、享受生命之美。陶渊明求官弃官乐居田园的真诚与达观,歌德"各种生活皆可以过,只要不失去了自己"的执着与丰富[60],常为人所称道,也体现了中西文化对艺术化人格追求和艺术化生命践履所确立的聚焦于主体人格和心灵境界的一种方向与维度。

这种人生的艺术化建立在对美和艺术精神的深度理解上,它要求艺术的美能从形式与技巧的层面提升起来,导向内在的美丽情感与高洁情致;也要求人与生命的审美品格能从个别的外在的技巧性的要素提升起来,导向整个人格情致与生命境界的美化。它对人生艺术化的追寻,是以艺术化人格和心灵为核心的整体生命境界和生活状态,是整个生命过程、生存状态和人格心灵的美化。

应该注意的是,第三种艺术性与前两种艺术性之间,并不存在截然对立的关系。它们作为艺术性的不同层面,共同构筑了艺术性的完整世界和其丰富性。它们各自在生活实践中的渗透及其影响、交叉、冲突、融合,正体现了艺术与生活联系的多样维度与丰富样态。同时,第三种艺术性作为艺术性的最高层面,以前两种艺术性为基础又含融前两种艺术性;同时它在艺术性的系统场中,又具有灵魂的意义,可以给前两种艺术性注入精气神让它们活起来,也能够使各种艺术性贯通交融而通向至美。

二、艺术精神和人生艺术化

人生艺术化以艺术美(性)为人生立基。而艺术精神作为艺术美的内在根基,又是艺术美最集中和最高的体现。因此,在这个意义上,缺失了艺术精神的艺术就不复存在了,而游戏了艺术精神的生活自然也不能算是人生的艺术化了。艺术精神在人生艺术化的践履中构成为生命情致和人格情韵不可或缺的核心要素,也成为人生艺术化实现的必要基础。为此,我们不仅需要辨析艺术精神在此中的重要意义,还需要进而追问,艺术精神究何?

古往今来,对于艺术精神的实质和具体内涵,人们的理解与阐释实在是多彩多姿,莫衷一是。

中国最早的音乐理论作品《乐记》曰:"情动于中,故形于声;声成文,谓之音",但音如何成为"乐",《乐记》没有直接讲。而是转换了一个角度,讲"乐者,通伦理者也"。因此,"知声而不知音者,禽兽是也。知音而不知乐者,众庶是也。惟君子为能知乐"[61]。显然,音乐美在《乐记》中有三个层次,即"声"—"音"—"乐"。这个"乐"如何成就,美在哪里,《乐记》并没有直接去说,而是首先确立了一个审美主体的标准,那就是"知乐"之"君子"。"君子",在儒家学说中,就是修养极高之人。孔子对"君子",在视、听、色、貌、言、事、疑、忿、见等九个方面有"九思"之要求,后世儒家还有"三费"、"三乐"、"四不"等种种的规范。总之,"君子"就是修养人伦之典范。"文质彬彬,然后君子"[62]。

"君子"内外兼修,堪为儒家的理想之人。《乐记》把"情"—"声"归于感性层面,"文"—"音"归于知性层面,"君子"—"乐"归于德性层面。起自感性,通于知性,成于德性,这就是《乐记》所描摹的音乐之美的生成路径。若按现代人的说法,"声"大概相当于音乐的音符,"音"大概相当于音乐的旋律,而"乐"则是音乐的美感了。也就是说,光有感性和知性,只能成就音乐的音符与旋律,而德性的融入,才使感性激扬的音符和契合知性的旋律成就为一首完整美妙符合社会人伦的乐曲了。这样的认识是将德行和善界定为艺术精神的必要内涵。"子谓《韶》:'尽美矣,又尽善也。'谓《武》:'尽美矣,未尽善也。'[63]""尽善尽美"不仅成为儒家对音乐的审美尺度,也成为儒家艺术审美的根本尺度,即以善为美。这种将善作为艺术精神的根本要素的审美取向,在中西艺术与美学思想史上并不乏拥塞者。这种对艺术精神的理解是将社会与伦理意义上的善作为一种衡量的标准,要求艺术有益于个体的伦理修养和社会的伦理规范。这种以善为美的艺术观,往往直接赋予艺术以政治的道德的种种超越自身本性的宏大使命,由此也存在着异化艺术本真的某种危险性和片面性。

文艺复兴以降,西方人文主义的传统对于文学艺术与审美精神的演化产生了重要的影响。人性的尺度上升为艺术精神的一个重要维度。德国伟大作家和美学家席勒认为:"诗的概念不过是意味着给予人性以最完美的表现而已。"[64]他明白无误地提出了人性即艺术的根本尺度和基本内涵。在他发表于1795年的开创性美育著作《审美教育书简》里,他批判了文明的发展将人的天性的内在联系即感性和理性的一体性撕裂了开来。要么是由人的物质存在或感性天性产生的感性冲动处于绝对支配地位,从而成为"野人";要么是由人的绝对存在或知性冲动产生的形式冲动处于绝对支配地位,从而成为"蛮人"。在这两种状态下,人或"将不是他自己",或"将不是其他"。而席勒开出的药方就是通过艺术的审美教育功能恢复人性的和谐与完整,克服感性冲动和形式(知性)冲动的片面性和强迫性,并最终达致理性(道德)自由的王国。这样的人才是"完全意义上的人",他可以"承担起审美艺术以及更为艰难的生活艺术的整个大厦"[65]。克服感性或理性的片面强制性的完美人性成为席勒认定的美与艺术之根本。"诗的精神是不朽的,它决不会从人性中消失;它只能同人性本身一起消失,或者同人的感觉一起消失。"[66]席勒认为,完美人性是人的"天禀",是人性的自然性,古希勒人就是范例。"审美生活"和"审美心境"要做的就是恢复这种人性的天性和自然性。席勒天才地敏感到了艺术与生活的某种亲切关联,但他基本上还停留在思辨抽象的层面,理想的"审美艺术"和"生活艺术"映照的只是那个早已模糊远逝的希勒人,使这个以自然人性实质上是艺术化的理想人性为核心的艺术精神在获得诸多回应的同时,也不免让人为它的乌托邦而叹惋。

科学技术不仅改变了人类生活的面貌和方式,也极大地冲击了艺术与审美的理念。17世纪以后,真逐渐在艺术美的评判中占据了重要的位置。从古典主义的"三一律"和"只有真才是美的"的宣告[67],到社会学美学所宣称的"美学本身便是一种实用植物学"[68],再到自然主义鼓吹的文学艺术应反映生活的"原生态"[69],种种理性的、实证的艺术观念凸显了一种以真为美的艺术与审美观。"真"成为衡量艺术作品价值的根本标准,要求艺术向生活看齐,成为生活的"镜子"。这种观念最早可上溯到柏拉图和亚里士多德的"摹仿说"。但在柏氏和亚氏那里,就已经对艺术摹仿的性质和价值产生了分歧。柏拉图认为,艺术摹仿是对真实完美的理式的摹仿的摹仿,故它"只是外形的摹仿"[70],"都只是得到影象,并不曾抓住真理"[71]。亚里士多德则认为,诗人的摹仿"不在于描述已发生的事,而在于描述可能发生的事",是"有普遍性的事"、"比我们今天的人坏的人"或"比我们今天的人好的人"[72]。他坚信,"为了获得诗的效果,一桩不可能发生而可能成为可信的事,比一桩可能发生而不可能成为可信的事更为可取"[73]。可见,在柏氏和亚氏那里,就已对艺术真实的标准问题存有争议了。柏氏以神性的理式为唯一真实,实质上已经颠覆了真的客观标准。而亚里士多德对艺术真实的唯物主义态度和创造性理解,在后世主要是在现实主义艺术思潮中获得了较好的回应与发展。而古典主义、自然主义等思潮,虽超越了柏拉图以理式之真为最高真实的思想,但其固守程式和"自然即是一切"的艺术真实观,其核心是拘泥于科技理性的尺度,在一定意义上其对艺术本质和价值的偏离恐怕比柏拉图走得更远了。

进入20世纪以来,人类价值观逐渐呈现出多元的状态。各种现代后现代艺术与审美思潮粉墨登场,令人目不暇接。而对人类无意识(非理性)、直觉(本能)的探究与描摹,是这类艺术思潮对有史以来的人类艺术观念和审美观念所产生的最大冲击。19世纪以前的艺术,无论是关注真善关系,还是关注真美关联,拟或是关注艺术对人性的疗救,主要都是把人放在理性动物的地位上,侧重于探讨人对外部世界的主体关系以及个人的社会责任。现代主义后现代主义思潮则把目光投向了人自我,投向人的内在世界,投向人与自我的关系。在他们的视野中,人不仅是理性的,也是非理性和直觉冲动的。弗洛伊德第一个把艺术解释为人的"白日梦",认为"美的观念植根于性的激荡"[74]。他把人的心理分为意识、前意识、无(潜)意识三个层面,认为相对于意识内容为社会规范认可和人所可把握的特性,无(潜)意识的内容则是不见容于社会规范的性本能冲动(即"里比多Libido")。但无(潜)意识却是"真正的'精神实质'"[75],是冰山那个藏于海平面下的部分,庞大幽暗而不可把捉。艺术创作在弗氏看来就是这个"里比多"以社会认可的方式所实现的宣泄和升华,它是对压抑自己的意识的一种反抗和在意识状态下无法实现的本能欲望的一种精神补偿和润饰。弗洛伊德及其精神分析学说给人类打开了一扇认识自我的新的大门,自苏格拉底向人类发出"认识你自己"的呼声以来,以亚里士多德为代表的"人是理性的动物"的理性主义声音成为哲学与文化的主流,而弗洛伊德,为现代哲学、文化、艺术带来的则是非理性的喧哗。它使艺术超越了传统美学与真与善的种种关系立场,"把丑的、恶魔般的、扭曲的、畸形的、怪异的、非规则的、癫狂的、厌恶的、非对称的、不合比列的和阴森恐怖的东西作为审美和艺术的内在方面,从审美和艺术创作的动力机制上确定了下来",[76]并给予了它们本体论上的合法地位。如果说自然主义已经为丑的出场埋下了伏笔,但它在主体情感上还想尽力保持中立的零度立场;而现代主义的审丑学则迷情于"恶之花",用"丑恶之魅力"为"强者消魂"。这种艺术观不仅是非理性的,在一定意义上也可能是反理性的;不仅是非道德的,在一定意义上也可能是反道德的。当然,现代的后现代的艺术观念也呈现出多元的倾向。但现代主义的艺术思潮体现出了这样的共同性,即强调艺术的自足性和突出肯定了艺术活动中主体的意义。而20世纪下半叶以来,随着后现代思潮在西方哲学和艺术舞台上的登场,无论是弗洛伊德的无意识人,还是尼采的超人、柏格森的绵延人、卡西尔的符号人、克罗齐的直觉人,这种种被现代主义推上前台的把无意识、直觉、本能、欲望等统统作为人的生命的最本真内蕴展示出来的主体的地位开始面临挑战。现代主义的酷烈可能在于人否定了客体又走向了自我的否定,而后现代主义则承担了否定之否定、对那个现代舞台上的自我主体予以解构的使命。当然,后现代主义没有回到那个传统意义上的自然客体或理性主体。在哲学层面上,它要解构的就是逻各斯中心主义的形而上学体系,消解中心、确定与意义。在艺术中,作者的决定性和文本的权威性被终结。接受者和创作者一样被推上了艺术的前台。艺术活动只是一种来回往返的自由游戏。贝尔认为艺术即行动本身,由此消解了艺术独立自足的地位及其与生活的界限。杰姆逊否定了人是语言的中心,认为人把握不了语言,不是我说语言,而是语言说我。因此,在艺术中,语言的特色是"沉默"。本亚明则提出,依赖于机械复制的艺术,"本源"已经丧失,"灵韵"已经消逝,纷扰着我们的当代艺术只是各种人造的"类象"。后现代主义审美把"不确定性"和"不可表现性"作为自己的内在规定,以为"美的艺术可以理解为对于不可表现的事物的惬意表现"[77],而其核心就是"差异",是异我的、碎片的、偶然的、混杂的、非原则的、无深度的等等。后现代主义宣告了一种对人在世界中的中心主体地位的谦让,也必然会引发一种新的人与世界关系的建构。艺术和审美也不会从此退出历史的舞台,它也必然会在历史的进程中确立自己新的精神与价值坐标。

从社会伦理到科技理性,从自然人性到直觉本能,从拯救世界到自我放逐,艺术对人与外部世界以及自我关系的探讨几乎触及了人类哲学文化的所有相关方面,使得艺术精神的坐标从来就不是在一个封闭自足的体系中确立。它不仅始终与生活与世界的变化相伴随,也与建构阐释理解践履它的主体相激荡,映照呈现着人在现实生存中孜孜求索前行的脚步与心灵。

正如席勒所说:"有了人的理想,也就有了美的理想。"[78]有了人的生命与生存,也就会有人对艺术的理解与践履,会有生命对艺术精神的体认与建构。如果说,西方后现代主义哲学和艺术是对现代主义哲学和艺术将那个孤独绝望的人最终抛向荒诞和虚无予以了解构,那么今天对于我们来说,就"不仅需要拯救,而且需要对拯救本身加以拯救"[79]。或者说,后者更为需要与迫切。这就要求我们回归到那个最基础也最核心的问题上来,解决何为人与何为人的艺术的根本问题。事实上,在当今全球化的文化语境中,在今天价值日益多元和纷纭复杂的现状下,确实更需要沉淀,需要辨析,需要我们真诚地发出自己的声音,也需要美的艺术深入介入这个喧哗的时代、躁动的生命和多样的心灵。为此,我们试图去接近、体认、践履一种美的人生艺术精神——一种生命的谐和、归真与诗意,一种生命知情意相通之自由化生和诗性翔舞。

注释:

[1] 顾建华主编《美学与美育词典》,学苑出版社,1999年,第372页。

〔2〕张岱《陶庵梦忆》,西湖书社,1932年,第123页。

〔3〕袁宏道著《龚惟长先生》:钱伯城笺校《袁宏道集笺校》,上海古籍出版社,1981年,第205页。

〔4〕汤传楹《闲余笔话》:虫天子编·董乃斌等校点《中国香艳全书》,团结出版社,2005年,第246页。

〔5〕〔6〕〔7〕〔8〕李渔《闲情偶寄》上册,时代文艺出版社,2001年,第183页;第183页;第201页;第201页。

〔9〕Oscar Wilde, Essays and Lectures, ed., Robert Ross, London: Methuen, 1908, p.166。

〔10〕*Punch*, 30 July 1881。转引自周小仪《唯美主义与消费文化》,北京大学出版社,2002年,第119页。

〔11〕〔12〕〔13〕(德)沃尔夫冈·韦尔施著、陆扬等译《重构美学》,上海译文出版社,2002年,第5页;第5页;第7页。

〔14〕〔15〕〔16〕〔17〕〔18〕〔45〕〔46〕〔47〕〔58〕〔70〕〔71〕〔72〕〔73〕伍蠡甫等主编《西方文艺理论名著选编》上卷,北京大学出版社,1985年,第58—59页;第116页;第123页;第117页;第124—125页;第7页;第8页;第6页;第452页;第27页;第30页;第16—60页;第90页。

〔19〕〔20〕〔23〕〔35〕〔36〕〔62〕〔63〕陈成国点校《四书五经》上册,岳麓书社,2002年,第40页;第1页;第98页;第32页;第127页;第27页;第22页。

〔21〕〔22〕〔25〕〔27〕〔28〕〔29〕〔30〕〔31〕〔32〕〔33〕陈鼓应注译《庄子今译今注》上册,中华书局,1983年,第252页;第140页;第107页;第30页;第80页;第54页;第142页;第61—62页;第128—129页。

〔24〕吴毓江撰《墨子校注》上册,中华书局,1993年,第374页。

〔26〕陈鼓应注译《庄子今译今注》中册,中华书局,1983年,第408页。

〔34〕包兆会《庄子生存论美学研究》,南京大学出版社,2004年,第34页。

〔37〕〔38〕〔39〕〔40〕〔42〕林语堂《生活的艺术》,陕西师大出版社,2006年,第15页;第107页;第124页;第124页;第125页。

〔41〕林语堂《关于〈吾国与吾民〉及〈生活的艺术〉之写作》。转引自刘炎生《林语堂评传》,百花洲文艺出版社,1997年,第160页。

〔43〕刘晓林《"自己的园地"与人生的艺术化——京派知识分子群体文化性

格论》:《青海师范大学学报(哲学社会科学版)》,2004年第3期。

〔44〕〔65〕〔78〕(德)席勒著、冯至等译《审美教育书简》,上海人民出版社,2003年,第39—41页;第124页;第135页。

〔48〕(古希腊)柏拉图著、王晓朝译《柏拉图全集》第4卷,人民出版社,2003年,第61页。

〔49〕(德)黑格尔《美学·全书序论》:伍蠡甫等主编《西方文艺理论名著选编》上卷,北京大学出版社,1985年,第504—505页。

〔50〕(德)黑格尔著、朱光潜译《美学》第1卷,商务印书馆,1979年,第42—43页。

〔51〕〔52〕〔53〕〔54〕〔55〕〔56〕〔57〕(德)康德著、邓晓芒译《判断力批判》,人民出版社,2002年,第148—149页;第148页;第149页;第164—165页;第158页;第172页;第172页。

〔59〕(美)马·肖勒《技巧的探讨》:伍蠡甫等主编《西方文艺理论名著选编》下卷,北京大学出版社,1985年,第236页。

〔60〕歌德语。转引自宗白华《歌德之人生启示》,载《宗白华全集》第2卷,安徽教育出版社,1994年,第5页。

〔61〕于民主编《中国美学史资料选编》,复旦大学出版社,2008年,第50页。

〔64〕〔66〕(德)席勒《论素朴的诗与感伤的诗》:伍蠡甫等主编《西方文艺理论名著选编》上卷,北京大学出版社,1985年,第474页;第473页。

〔67〕《西方美学史资料附编·布瓦洛》:《朱光潜全集》第6卷,安徽教育出版社,1990年,第458页。

〔68〕(法)丹纳著、傅雷译《艺术哲学》,安徽文艺出版社,1991年,第51页。

〔69〕〔76〕〔79〕周来祥主编《西方美学主潮》,广西师范大学出版社,1997年,第764页;第842页;第1069页。

〔74〕(德)弗洛伊德著、林克明译《爱情心理学》,作家出版社,1986年,第53页。

〔75〕(德)弗洛伊德著、孙名之译《释梦》,商务印书馆,1999年,第512页。

〔77〕王岳川等编《后现代主义文化和美学》,北京大学出版社,1992年,第248页。

第九章　人生艺术化与生命之归真

古往今来,对生命的关怀和自我的探究一直是哲学的核心问题之一。这样的问题也必然永远以开放的方式存在着。人生艺术化,表达的就是一种生命关怀之方式和自我归真之理想。它要为孜孜前行的生命拂去漫漫旅途的尘埃,让其无时不在自身的澄明和本真。

一、生命之本和"真我"之问

我是什么？这是人对于自我的追问,也是人对于存身其中的自然宇宙的追问,对于展开于其中的人生和生命过程的追问。

"人啊,认识你自己吧！"这一传说中阿波罗神的神谕早由古希腊特尔菲人镌刻在特尔菲神庙上,成为人类世界中最震撼人心的文字之一。"我不知道是谁把我安置到世界上来的,也不知道世界是什么,我自己又是什么？"[1]作为17世纪法国最具天才的数学家、物理学家、哲学家之一的帕斯卡尔也不免被这样一个问题所困扰;而同样的提问在19世纪法国著名印象派画家高更的画作中再一次出现:"我们从哪里来？我们是谁？我们到哪里去？"[2]

何为我？何为真我？这是哲学永恒的苦恼与人类根本的痛苦。茫茫尘世中无尽的诱惑,使人常常迷失了自我。于是,人不断寻觅自己,寻觅自己的本原与本真,寻觅那个理想的和永恒的自我。

原始人和大自然融为一体,他们并"不把自身与外物明确区分开来"[3],因此也没有明确的个体自我意识。就像一个幼儿,你称他"贝贝",他肚子饿了,就说"贝贝要吃饭",而不说"我要吃饭",因为在他这里,"贝贝"和"亮亮"和"悦悦"或其他外物都是一样的,他不明白"我"与"他"或"它"的区别。生产劳动、私有财产、奴隶制度促成了人的个体自我意识的最初萌芽。"我"在早期奴隶社会的文字中开始出现。西方文化中,第一个自觉走上认识自我的道路的是古希腊哲学家赫拉克利特,他说,"我寻找过我自己",并相信"人人都禀赋着认识自己的能力"。[4]但赫拉克利特的思想没有得到应有的重视,就像另一个古希腊哲学家普罗塔哥拉所说的"人是万物的尺度"[5],实际上只是强调了人的主观尺度的存在,而对人本身的认识还局限于自我的外围。古罗马哲学家奥古斯丁推进了古希腊哲人的思考,第一次较为深入地探讨了关于自我的奥秘。他批评人们总是流连于外物而疏忽了自我:"人们赞赏山岳的崇高,海水的汹涌,河流的浩荡,海岸的逶迤,星辰的运行,却把自身置于脑后"[6]。奥古斯丁提出了"探索我自己"的命题。在《忏悔录》中,他问自己:"我是谁?我是怎么的一个人?"[7];"在这个时期以前我是怎样?"[8];"我本身凭什么而存在?"[9];"有什么东西比我自身更和我接近呢?"[10]在《独语录》中,他又换了一个角度来质询自己,"你这个想认识自己的人,你知道你存在么?";"你知道自己从哪里来的么?";"你觉得自己是单一的呢?还是复合的呢?";"你知道自己在运动么?";"你知道自己在思想么?""你在思想是千真万确的么?"[11]虽然奥古斯丁从神学立场出发把"我的存在"在本源上归于上帝的"赐予",但他可贵地发出了"我是自有的"的呼唤。[12]他肯定"我存在,我认识,我愿意;我是有意识、有意志;我意识到我存在和我有意志;我也愿意我存在和认识"[13]。他省察了自我的丰富性:"我有生命,我有感觉,我知道保持自身的完整,……我心力控制我全部思想行动,在我微弱的知觉上,在对琐细事物的意识上,我欣然得到真理。我不愿受欺骗,我有良好的记忆力,我学会了说话,我感受友谊的抚慰,我逃避痛苦、耻辱、愚昧。"[14] 作为一个教父,奥古斯丁也认为人是灵魂和肉体的结合,但灵魂更加重要。他说:"'我是人'。有灵魂肉体,听我驱使,一显于外,一藏于内";"藏于形骸之内的我,品位更高。"[15] 上帝创造了我,上帝又非我,最终,奥古斯丁陷入了这样的纠葛中,他无法给自己一个满意的回答。"我的天主,我究竟是什么? 我的本性究竟是怎样的? 真是一个变化多端、形形色色、浩无涯际的生命!"[16];"我为我自身成为一个不解之谜"[17]。奥古斯丁以"自我之谜"实现了西方哲学中第一次深刻的自我发现,但他思想的神学框架却多少遮蔽了这个伟大发现的光芒。17世纪,笛卡尔横空出世,他以"我思故我在"为哲学的第一原理,对自我的存在尤其是自我意识进行了更为细致系统的研究。笛卡尔从"我在怀疑"的事实出发,提出了"我思想,所以我存在"的原则。这个观点为后人所承继,产生了巨大的影响。但"我究竟是什么东西呢"? 笛卡尔认为"我是一个实体,这个实体的全部本质或本性只是思想",它"就是在怀疑、理会、肯定、否定、愿意、不愿意、想象和感觉的东西"[18]。"我"作为一个思想的实体,"并不需要任何地点以便存在,也不依赖任何物质忹的东西"[19]。笛卡尔这一"思想"的"我""可以没有肉体而存在"[20]的观点,又遭到了后人的诘疑。同时,笛卡尔对"我"来自何处也充满了疑惑,他以"自在"和"完满"作为"我"的必然规定,否定了"我自己"和"我父母"作为"我"的本原,最后,他得出的结论只能是上帝创造了"我",并赋予"我"以"天赋观念",即那个本来在我"心"中的心灵之"思"。笛卡尔以"我思"为"我在"奠定了唯理主义的坚实起点,并且将人类探索自我的目光引向了心灵深处。但是,令人遗憾的是,生活于近代的笛卡尔仍然不能完全摆脱神学的影响和时代发展的局限,他对"我"之本源的神秘解释也不可避免地遭到了后人的批评。比笛卡尔稍晚的科学家兼哲学家帕斯卡尔在对宇宙的探究中认识到观察人自我、认识人自身的重要性,他在大自然的宏阔背景中颖悟了人的渺小和局限,体悟到人是自然界中的"无穷"和"虚无"。帕斯卡尔和他的前辈一样,也提出了"我是谁"或者说是"什么是我"的问题,但他的独到在于他是从"我"与"世界"的关系中来考察这个问题的。"人在自然界中到底是什么呢?对于无穷而言就是虚无,对于虚无而言就是全体,是无和全之间的一个中项。"[21]帕斯卡尔指出,人类在"大规模地探讨自然"以前,应先"返求自己并考虑一下比起一切的存在物来他自身是个什么"[22]。帕斯卡尔承认人"是由两种相反的并且品类不同的本性,即身体和灵魂所构成的"[23]。在人的由来问题上,帕斯卡尔也崇信人是上帝的创造物。他认为物质是低等的存在,只有"思想形成人的伟大"[24],"人的全部尊严就在于思想"[25]。身体可随时而变,故支撑人格的根本因素是灵魂或精神。在精神决定自我的本质这一点上,帕斯卡尔和他的前辈们看法一致。但在对人的精神特性的解读上,帕斯卡尔却成了那个时代的悲观主义者。他指出人的意识具有社会性,但其本性是自私,人"只爱自己并且只考虑自己"[26],希望"自己成为一切的中心"和"其他一切人的暴君"[27]。人吞没于宇宙中追索不到实在的根基,同时,这个无根的人又陷于自我人性的迷途,试想,这样的洞悉对于帕斯卡尔这般敏慧的人来说,是怎样的痛苦啊!他撕心裂肺地哀叹人类的命运:"让我们想象有一大群人披枷带锁,都被判了死刑,他们之中有一些人在其余人的眼前被处决,那些活下来的人就从他们同样的境况里看到了自身的境况,他们充满悲痛而又毫无希望地面面相觑,都在等着轮到自己。这就是人类境况的缩影。"[28]因为人类的"盲目",因为人类"真与善的原则"的"稀少","人类被遗弃给自己一个人而没有任何光明";但帕斯卡尔也惊奇于人"在这样一种悲惨的境遇里竟没有沦于绝望","迷途者""环顾自己的左右,看到了某些开心的目标,就要委身沉醉其中"。[29]在西方思想史上,帕斯卡尔对自我探索的贡献或许主要不在解答,而在提问。他对人和宇宙关系以及人性的深刻洞悉并不能解决他对人生的迷惑,最后他把人生比喻成难以证实的梦中幻影,以不可知论来告慰自己的痛苦、无奈和困扰。在帕斯卡尔身上,我们也仿佛看到了后世存在主义和中国老庄的某种身影。18世纪,休谟提出了"自我是知觉的组合"的观点,认为"真正的自我"是"隐含于经验之中的深层自我,并在日常语言中为经验自我所代表,同时也是经验自我得以形成的根据"[30]。休谟的观点是对西方哲学中关于人自我认识的唯理主义的思想实体和经院哲学的灵魂实体的突破。此后,康德把"自我"区分为"先验自我"和"经验自我"。先验自我是作为思维主体的我,是本体的自在的反思的我,有时康德也称其为"真我"。经验自我则是作为知觉对象的我,康德也把它称为经验统觉。由此,康德也区分了"我思"和"我在"的范畴,认为"我思"是经验命题,"我在"则是自在规定。"我思"并不一定能直观"我在"。康德以天才的思辩把人类对自我的探索进一步推向了深入。康德之后,费希特把自我称为"绝对自我"或"纯粹自我",他反对康德哲学自在与经验并存的矛盾格局,认为自我就是"自我设定自我","我是什么,我知道";"我既是主体,又是客体"[31];"既是活动者,也是活动的产物;既是行为者,又是行为产生的结果"[32]。费希特号召:人"不仅要认识,而且要按照认识而行动,这就是你的使命"[33]。人以行动来证实自我,并进而由"自我设定非我",促成"非我和自我合一"。因此,费希特的"绝对自我"还是一种"大我",由它派生了"有限自我"。"有限自我"又通过"理论自我"和"实践自我"返回"无限自我"。"有限自我"和"无限自我"通过行动不断分化、对立、统一、超越,从而人类常新宇宙永恒。费希特的哲学确实达到了人类对自我认识的一个高度,但他主要还是停留在一般理论层面上,很少触及现实中自我与他人的异同及其关系的解决。

在西方哲学史上,几乎所有伟大的哲学家都没有回避"我"的问题。如黑格尔也给自我下过定义:"自我是自我本身与一个对方相对立,并且统摄这对方,这对方在自我看来同样只是它自身。"[34]黑格尔的定义及其立场具有很大的代表性,就像我们上面列举的各家之说,西方人大都是从认知的立场来看待人的自我问题的,把这个问题也当作宇宙中的一个需要求真的现象,希望获得真理。因此,他们往往在科学的还是神学的、理性的还是经验的原则上徘徊。相比之下,中国哲学纯粹对"我"本身的关注,就要少多了。中国哲人更关注"我"与社会群体与自然宇宙的关系及其和谐问题。无论是儒家,还是道家,对"我"的探讨,均少进入纯粹思辨的层面从知识上理性逻辑地考量,也少进入信仰的层面用上帝或神的造化来解释。中国文化主要是结合人生践履和人格修养来讨论对自我的认识的。其中较为深入地触及本体层面的思考和价值层面的建构的,应首推庄子。庄子对"人"的认识是与他对"真"的认识密切相连的。在中国文化史上,庄子是第一个提出"真"范畴并加以深入讨论的[35]。据徐克谦《庄子哲学新探》查考,《诗经》、《尚书》、《易经》、《春秋》、《论语》、《孟子》、《左传》、《国语》、《管子》等先于《庄子》或与《庄子》差不多同期的古籍中,都未见"真"字。只有《墨子》一书,"真"字出现过一次。今本《老子》中"真"字出现过3次,楚简本《老子》中则未见。而至《庄子》,"真"字突然用得多了起来。"粗略统计,《庄子》书中共有65个'真'字",其中"除了一两个与人名有关,少数几个用作副词以外,大多用作形容词或名词"。[36]《庄子》之后,"真"字的出现逐渐频率高了起来。"《荀子》2次、《韩非子》9次、《吕氏春秋》13次、《淮南子》27次、《春秋繁露》14次、《列子》20次。"[37]据此,徐克谦认定,《庄子》以后,"在中国思想典籍中,特别是在道家和道教的话语系统中,'真'成了一个十分重要的概念"。[38]这个论断应该说是符合实际的。围绕"真"这个概念,庄子提出了"真人"的理想。何谓"真",《庄子》曰:"真者,所以受于天也,自然不可易也。"[39]所以,这个"真"就是万物的本原本真,是自然本然的那个存在。它通于"天",因此,这个"真"也就是"天真"。"天真"不是今人所谓的孩子式的心地单纯。这个"真"是与"伪"、与"俗"相对的。在《庄子》中,与"真"相比较,也提出了"礼"的问题,认为"礼者,世俗之所为也","故圣人法天贵真,不拘于俗"。[40]至此,庄子非常明白地表达了自己的价值取向,他把"真"与"天"与

"自然"相联系,把"礼"与"俗"与"为(伪)"相联系。"真人"秉性天然,是庄子所推崇的。反之,则人"为"也,拘"俗"也,为庄子所批评。庄子把"俗"的根源归于人"为"。《说文解字》则直接把"人为"解为"伪":"伪者,人为之,非天真也。故人为为伪是也。"[41]"人为"导致"伪",使事物失去本真,这个思想与《庄子》具有直接的联系。《庄子》以回归本真顺应天然为最高价值与追求。它给我们说了许多故事,可以说是描摹了许多"真人"的形象。庖丁解牛很有名,讲了一个屠夫"以神遇不以目视"、"所好者道"、"依乎天理"来杀牛的故事,让文惠君也不免感叹"得养生焉"!卫国的哀骀它是个相貌丑陋的人,鲁哀公"授之国",此人"竟去寡人而行",令鲁哀公不免惊叹"是何人者也"!庄子慨叹:"有真人而后有真知。"[42]这些"真人"的"智慧"就在于"知之能登假于道者也",即智慧与"道"的相通,顺应宇宙生命之天然。在《大宗师》、《徐无鬼》、《刻意》等篇中,庄子对真人的品性反复进行了具体的规定。《大宗师》曰:"何谓真人"?"古之真人,不逆寡,不雄成,不谟士";"古之真人,其寝不梦,其觉无忧,其食不甘,其息深深";"古之真人,不知说生,不知恶死;其出不欣,其入不距;翛然而往,翛然而来而已矣;不忘其所始,不求其所终;受而喜之,忘而复之,是之谓不以心损道,不以人助天";"古之真人,其状义而不朋,若不足而不承;与乎其觚而不坚也,张乎其虚而不华也;邴乎其似喜也!崔乎其不得已也!滀乎进我色也,与乎止我德也;厉乎其似世也,謷乎其未可制也;连乎其似好闭也,悗乎忘其言也"[43]。《徐无鬼》曰:"无所甚亲,无所甚疏,抱德炀和,以顺天下,此谓真人。"《刻意》曰:"能体纯素,谓之真人。""真人"的这种种品性归根结底就是顺应天然。因此,庄子最终得出结论:"天与人不相胜也,是之谓真人。"但人的形体是千变万化的,人的生命也是有生有死的,因此,"人"要能做到与"天""不相胜",达到天人合一的境界,就要超越自身的局限,其根本解决的途径就是要与"万物之所系"、"一化之所待"的"道"相融。"道"是什么?庄子说:"夫道,有情有信,无为无形;可传而不可受,可得而不可见;自本自根,未有天地,自古以固存;神鬼神帝,生天生地;在太极之上而不为高,在六极之下而不为深,先天地生而不为久,长于上古而不为老。"[44]"道"是一切万物的本源,"道"也是一切万物的依持。"真人"与"道"相通,自然也就拥有了最高的本真,从而拥有了"真知",回复了"真性"。实际上,整个庄子哲学都体现了对人类文明的一种反思。怀疑、拒斥、否定文明的发展及其价值,这是庄子思想消极和需要商榷的一面,但是,以这种质询撕开文明发展所付出的代价,促进人类的生存智慧和生存境界不断提升和完善,则体现了庄子深刻睿智的一面。"真知"也就是"道",是万物自然天然的规律与本性。拥有"真知",也就是体"道",去顺应万物之天然。伯乐以"善治马"著称。"牛马四足",本为"天"性。"龁草饮水,翘足而陆",乃"马之真性"。"落马首,穿牛鼻,是谓人。""及至伯乐","烧之,剔之,刻之,雒之,连之以羁絷,编之以皁栈,马之死者十二三矣!饥之,渴之,驰之,骤之,整之,齐之,前有橛饰之患,而后有鞭筴之威,而马之死者已过半矣!"[45]在庄子看来,这是"以人灭天"。庄子提出"反其真"的主张。所谓"反其真",也就是要回到本真天性上去。因此,在庄子这里,"真"并不直接与我们今天所说的"假"相对。庄子从哲学的层面,赋予了"真"这个范畴本真天然的内涵。因此,庄子的"真人"也就是文明社会中拂去一切后天人为的东西而回复到本真天然状态中的那个"我"。那个我才是"真我"。与"真我"相联系,庄子也提出了"养心"、"天放"等范畴,要求着重陶养人的心灵和性情,从而自然与"道"相契,与"德"相合。庄子的思想虽然主要是在哲学层面的建构,但却内在地契合了审美和艺术的精神,他的"真人"形象及旨趣对后世如魏晋文人等产生了重要影响。儒家学说以伦理为中心,对人格修养尤其关注。如果说"真"是庄子学说的重要概念,"仁"就是孔子学说的核心概念了,而孔子的理想人最重要的就是以"仁"为修养境界与目标的"君子"了。据有关学者研究,"'仁'在《论语》中出现了107次",虽在具体语境中意义"有所变化,但其主要的指向,是一种兼含众善的道德修养和人格能力"[46]。这样的看法基本上是准确的。"仁者人也"[47]，因此，孔子首先把"仁"界定为人应具的本质，但他强调了"仁"也是需要通过后天的个人修养来实现的，即"仁者先难而后获"[48]，"我欲仁，斯仁至矣"[49]。在《论语》中，孔子对"仁"的内涵有多方面的阐释："克己复礼为仁"[50]；"能行五者于天下（即"恭、宽、信、敏、惠"，笔者注），为仁矣"[51]；"仁者先难而后获，可谓仁矣"[52]；"孝弟也者，其为仁之本与"[53]；"观过，斯知仁矣"[54]等。在《论语》中，孔子也以"爱人"、"己所不欲，勿施于人"、"非礼勿视，非礼勿听，非礼勿言，非礼勿动"、"博学而笃志，切问而近思"等来界定"仁"。在孔子看来，"仁"是"君子"立身的根本及与"小人"的主要区别："君子去仁，恶乎成名？"[55]；而"君子而不仁者有矣夫，未有小人而仁者也"[56]。孔子还讲："文质彬彬，然后君子。"[57]"仁"作为人的本"质"是内在的，还需要相得益彰的外在之"文"。"文"这个字的意思，在孔子那里有多种，有时指"文化典籍"，有时指"礼乐"，有时指"文采"。在"文质彬彬"中，"文"的含义应该是指"人的礼乐修养"。因此，"孔子'文质彬彬'的要求，其实质是强调君子应内具仁德，外现文雅，既有着高尚的道德情操，又有着优雅得体的艺术修养"[58]。孔子希望一种内外兼修、相益相融的情状。而这样的"仁人""君子"并不是整日陷于枯燥的道德修炼中乏味终日，而是时时享受着道德自足的心境和乐，即"仁者不忧"[59]。在孔子看来，富贵也好，贫贱也好，"仁人""君子"都可享受快乐的生活。他描摹自己，"饭疏食，饮水，曲肱而枕之，乐亦在其中矣"[60]；赞美颜回："一箪食，一瓢饮，在陋巷，人不堪其忧，回也不改其乐"[61]。"乐"在汉语里既是作为艺术形态的音乐，也可指情感愉悦之快乐。孔子也以"乐"来形容一种生命成就的至美之境，是"兴于《诗》，立于礼"而终"成于乐"[62]。礼乐文明与艺术精神本无隔阂，在孔子看来，它们正是在互相贯通中才可化成"吾与点也"的审美人格。徐复观先生指出："曾点由鼓瑟而呈现出的'大乐与天地同和'的艺术境界；孔子之所以深致喟然之叹，也正是感动于这种艺术境界。此种艺术境界,与道德境界,可以相融合。"[63] 道德与艺术相融,高度概括了孔子对人的问题看法之神髓。因此,曾点之境,非庄子式的逍遥,而是以仁礼的执着修持为基础和前提的。诗礼乐相融相通,在本质上还是君子健行合于天地大化的自在自得。"君子"形象从伦理价值建构出发触及了艺术和审美的本体维度,对中国文化性格有很大很深的影响。只可惜后儒常有曲解。

实际上,西方哲学从奥古斯丁到帕斯卡尔到费希特,透过其神学的或认知的体系,内中也隐含着本体的价值层面的质询。人认识自己,不仅需要感知自己的身体,把握自我的精神,获得关于自身的客观知识,还需要颖悟自己的存在和存在的意义,洞悉那个构成自我生命的真正主体和永恒价值,因此,人需要返回自我。费希特以后,"返回自我"的呼声在存在主义者那里获得了强烈的体现。存在主义强调对"孤独存在的个人"的关注,认为人不仅优先于物质而存在,而且赋予世界以秩序和意义。同时,只有通过个人的直觉和体验,才能领悟存在之真谛。克尔凯郭尔指出,现代人丧失人的本质,从而成为"孤独的个体",这不是由于经济或制度的原因,而是因为人失掉了自己的内在精神,丢掉了"自我"。由此,克尔凯郭尔呼吁"回到自我"!主张通过恐怖、厌烦、忧郁和绝望的苦闷悲沉的意识震动来唤醒并意识到自我。海德格尔则第一次从本体论意义上深刻地阐述了如何返回自我的道路。他批判传统形而上学指向的是"在者",而不是"在"本身。要把握"在",就必须回到"在",通过"从自身显示自身"的方式来呈现[64]。"在"即"去蔽"和"出场"。而人就是活生生的"在"。但海德格尔不同意用"生命"、"主体"、"灵魂"、"人格"、"精神"、"意识"甚至"人"这些词来指称"人",他为"人"这种特殊的"在者"选用了一个特定的术语——Dasein("此在")。"此在不只是在,而且知道自己在";"此在不是一种现成的僵固的在者",而是"不断地规定自己、实现自己"的"一种自由的、未被规定的在者";"此在与世界是混沌未分的统一现象"。因此,在海德格尔看来,"'在'在其他一切在者中都是深藏着的,唯独在此在中获得了充分的显现";"此在才是我们接近'在'的窗口,在的光亮是通过此在发射出来的,此在处于在的澄明之中";世界就是"此在的存在状态或此在之在的敞开状态或澄明之境"[65]。但"此在"在世界中要与世界内的在者发生关系,即要与他人他物打交道。"此在的世界是共同世界,'在之中'就是与他人共同存在。"[66]他人以"用具"("物")为中介进入"此在"之中。"人们"之间具有互相约束和排它的关系,当"此在"陷入"人们"之中,就会受制于"人们"社会的独裁,失去个性和自由,从而成为"非本真"的自己。"此在"转化为"人们",在海德格尔看来就是"此在的沉沦"。因此,返回自我就是回到此在本身的澄明和本真状态,那就是此在与世界混沌统一的现象世界,它需要通过呈现、领悟、体验的方式实现。而艺术可以去掉"此在"在现实中的种种遮蔽,使存在处于敞开和本真的状态。"艺术就是真理的生成和发生";"(艺术)作品的作用并不在于某种(像理性/科学/逻辑那样)制造因果的活动;它在于存在者之无蔽状态(亦即存在)的一种源于作品而发生的转变"[67];"美是作为无蔽的真理的一种现身方式"[68]。因此,艺术和审美也成为海德格尔返回自我与生命存在自身的道路。"诗意的栖居"作为这种存在方式的写照,也成为海德格尔最为经典的哲学命题。

尽管中西思想家对人与自我问题求索的道路有所差异,但在其中都体现出一种趋向,那就是对人之生命的本质与审美艺术精神的关联的肯定,这种肯定在中国哲学文化中蕴含较早余韵绵延,在西方哲学文化中则逐渐加强尤其在海德格尔等现代思想家身上较为突出。中西哲学在这个问题上分分合合,是否终会归于像梁漱溟先生所言之"使人处于诗与艺术之中"[69]?

二、人生艺术化与生命之归真

人关于自我的认识体悟,永远走在发现自我和完善自我的路上,从而也成为悉心体验生命思考人生的人生哲学家与美学家们的共同重要问题。20世纪"人生艺术化"的诸多思想家,几乎无一例外地触及了这个问题。

1918年,梁启超发表了一篇文章,题目就叫《甚么是"我"》。在这篇文章里,梁启超提出讨论了"小我"、"大我"、"无我"、"真我"等概念,提出了"俗人的'我'"和"豪杰的'我'"、"圣贤的'我'"之区分。他认为俗人的"我"只是指"我"的肉体,实际上只不过是物而已。物与物界限分明,即是"小我"。而"豪杰的'我'"、"圣贤的'我'"追求的是"大我","大我"才是"真我"。他说:"拼合许多人才成个'我',乃是'真我'的本来面目。"[70]"真我"的境界是"此我"与"彼我"可以在精神上化合为一体。因此,梁启超把"我"认定为超越物质界以外的普遍精神及其同一性质。在这个意义上,梁启超提出,人的生命的最高意义就在于精神的生活,这是人与其他动物的区别所在。因此完全无缺的"真我",也就是超越了物质小我束缚之"大我"与"无我"。在《新民说》中,梁启超提出"辱莫大于心奴,而身奴斯为末矣"。"身奴"为外在的束缚,"心奴"则是思想与精神的束缚。"心奴"非由他力之所得加,而是"如蚕在茧,着着自缚;如膏在釜,日日自煎"。梁启超说,要获得人的真正自由,必先"除心奴",即解除人的精神的各种奴役,恢复先天本有的生机与灵性。而欲除"心奴",又必先找根源。梁启超总结了导致"心奴"产生的四种原因。一是言必诵法孔子,"为古人之奴隶";二是动必仰俯随人,"为世俗之奴隶";三是听天由命,随遇而安,"为境遇之奴隶";四是追逐物欲,心为形役,"为情欲之奴隶"。[71]"欲求真自由",必"自除心中之奴隶始"。因此,梁启超的"真正自由的人"主要是要追求个体精神的自由,是超越古人、世俗、境遇、情欲之束缚而成一个"真人"。20世纪20年代,梁启超提出了"趣味"的范畴。在对趣味思想的建构阐释中,梁启超不仅继续倡导个体与众生合一的生命伦理追求,更是从人与人的关系层面拓进到人与宇宙运化的本质关联,从而把对个体生命问题的思考上升到了哲学与美学相统一的层面。梁启超的"真我"不仅是还原为"一个真正自由的人",[72]同时也生成为以"趣味"立命的人。所谓"趣味",就是"内发情感和外受环境的交媾",它贯通了情感激发、生命活力和创造自由三个层面。"趣味"精神乃是不有之为的生命践履。因此,梁启超的"趣味人"或曰"真我"就是一个本真情感和高旷情致相统一的"大我",他能超越"小我"的成败之执和得失之忧,以"知不可而为"的纯粹和"为而不有"的高逸成就生命的春意。

朱光潜以"情趣"为艺术和生命的核心,认为人生就是"广义的艺术",生命就是完美的"作品","人格"就是"艺术的完整性"。他的"情趣"范畴,也以"物我交感共鸣"为基本立足点,实质上是吸纳了梁启超"趣味"范畴立生命于不有之为的基本精神,但同时也发展强化了对这种生命形态本身的体验与欣赏。由此,朱光潜可以更为自由地出入于生命的演与看、动与静、为与不为之中,实现他自己所理想的"以出世的精神做入世的事业"的那种兼具严肃与豁达、认真与摆脱的艺术化情趣人格境界。具体来看,朱光潜的情趣人主要有以下几个特征。首先,他的情趣之人是有情感的人。他说:"人是有感情的动物。有了感情,这个世界便是另一个世界,而这个人生便另是一个人生"[73]。在情与理对于生活哪个更具重要性上,朱光潜态度坚决地选择了情,认为"我们不但要能够知(know),我们更要能够感(feel)"[74]。其次,朱光潜的情趣之人是能处理好出世和入世之关系的人。与情趣之人相对立的就是"俗"人。他特别列举了"借党忙官的政治学者和经济学者"、"冒牌的哲学家和科学家"等作为俗人之例。总之,俗人是陷于现世的利害之中不能超乎独立的人,他"缺乏美感的修养",没有艺术的襟怀,不懂得将美感态度推及人生。而情趣之人能很好地处理好入与出的关系、实用与理想的关系,从"环境需要的奴隶"提升为"自己心灵的主宰"。再次,朱光潜的情趣之人也是真善美兼具之人。他说:"真善美三者具备才可以算是完全的人。"[75]在真善美三者的关系上,他主张"'至高的善'还是一种美,最高的伦理活动还是一种艺术的活动",而"不但善与美是一体,真与美也并没有隔阂","所以科学的活动也还是一种艺术的活动"[76]。实际上,朱光潜把真善美的统一是统一到艺术境界上去,以艺术境界来说明和具象生命之情趣。他最后得出的结论就是"所谓人生的艺术化就是人生的情趣化"[77]。因此,朱光潜的理想的自我也就是情趣之人完整地说也就是艺术化的人。在朱光潜看来,这也是最具生命之"本色"的人。

关于人的命题,丰子恺是非常关注的。他在早期就提出了对于"真正的完全的人"的期待。而就其反面,丰子恺也提出了"残废人"、"机器人"、"大人"、"成人"、"俗人"等范畴。他主张"生活是大艺术品",而艺术教育不应局限于"小知识、小技能",就其实质言应该是"人的教育"。"人的教育"的核心是"教人学做小孩子"[78]。当然,丰子恺所谓的"小孩子",也并不是自然意义上懵懂无知的儿童,实质上他是指具有艺术趣味和艺术精神的人。为了区别开来,他用了"顽童"和"儿童"这两个概念。"顽童"之性是缺乏理性和道德的尺度的,是随心所欲。"儿童"的天真则是艺术与美的教育的结果。"童心"在丰子恺这里是经艺术的淘染而拂去为"欲"所迷的尘埃,保有艺术化的"真率"、"同情"之美。"真率"是不造作、无所图。"同情"是无物我、归平等。不求功利、物我交融,才能成就艺术的精神,才能以"我"没入于"无我",体验真生命之"美秀"与无穷"趣味"。这也是丰子恺所理解的艺术"恢复人的天真的功能"[79]。

实际上,梁启超、朱光潜、丰子恺以及宗白华都是把"个体"、"自我"、"人"与"人生"联系起来考量的。宗白华对人生的叩问,使他不仅将目光投向人自身的生命,也投向了人置身其中的纷纭社会和宏阔宇宙。他的具有"高尚健全的人格"的"大我",是既能"纵身大化中与宇宙同流",也能"反抗一切的阻碍压迫以自成一个独立的人格"[80]。这样的"我"也就是能够洞透把玩宇宙本真之人。宗白华把宇宙本真理解为"至动而有韵律"的"生命情调",是"无尽的生命、丰富的动力"和"严整的秩序、圆满的和谐"。实际上,在宗白华这里,生命之真和宇宙之真只有在贯通的意义上才是可以实现的,因此,生命本体论也就是宇宙本体论,生命本真的发现也就是宇宙本质的发现。宗白华批判了科技文明下人的盲目理智,认为这是人以"自己的私欲"突破"自然界限",人在"征服自然"的同时也就付出了失去"生活的旋律"、"音乐的心境"和灵魂变得"粗野"的惨痛代价。宗白华也是主张真善美的统一的,但他把天地运行之"道"即宇宙的本真视为"人生美的基础"和"艺术境界的最后源泉",即善美最后都归于真。他指出,艺术的意义不仅在于"超入美境",还在于能"由美入真",引人返回"失去了的和谐,埋没了的节奏",从而使人"重新获得生命的核心,乃得真自由,真解脱,真生命"[81]。宗白华将这个"真"称为高一级的真,是超于时间的。因此,这是一种本体论意义上的真。这种真,宗白华认为也只有通过艺术的"象征力"才能"呈露",因此,"由美入真"也就是"由幻以入真",即借艺术意境切入人生至境和宇宙真境。在本体论意义上,这也是一条"由美返真"的道路。

中国现代"人生艺术化"的这些代表思想家们,尽管具体说法有异,但都主张艺术是生命挣脱物欲、回归本真的一条道路,并且也都主张美与真善之无隔,艺术化审美化的生命建构之路也就是理想生命的生成之路。实际上,不仅仅是他们,西方那些主张从艺术和审美中回归生命本质的思想家和理论家们,几乎无一例外地以审美为救世之良方,有些甚至将其视为唯一之良方,认为艺术和审美才是生命存在的最高之根据。应该说,他们的生命建构与归真之路主要还是一条泛审美化的精神净化和心灵提升的道路。在这条道路上,对精神或心灵等要素的重视远远高于对物质要素的重视。物质问题和社会问题往往只是提供了理论萌发的一种可能前提,并未以要求自身变革的实现构成为必要基础和强劲推力,因此,不仅物质要素和社会要素最终成为静止的和虚化的东西,也使这条理想之路蒙上了浓郁的乌托邦色彩。

人类思想史上,马克思主义哲学从对私有制本质的揭示出发,探讨了人类解放的历史道路和终极理想,也建立了马克思主义的人学观。马克思指出:人的"生命活动的性质",就是"自由的有意识的活动",这也恰恰是"人的类特性"。人不仅像动物那样"按照它所属的那个种的尺度和需要来构造",人也"懂得按照任何一个种的尺度来进行生产,并且懂得处处都把内在的尺度运用于对象"[82]。即人不仅是必然的,也是自由的。但马克思认为,私有制下的异化劳动使人与自己的对象相对立,由此把自由活动贬低为手段。"只有当对象对人来说成为人的对象或者说成为对象性的人的时候,人才不致在自己的对象中丧失自身。只有当对象对人来说成为社会的对象,人本身对自己来说成为社会的存在物,而社会在这个对象中对人来说成为本质的时候,这种情况才是可能的。"[83]也就是说,作为类活动的主体的人不仅是个体的,也是社会的。只有克服个体与社会的矛盾,扬弃私有制及其异化劳动,将改造外部世界的历史实践和发展塑造自我的主体进程相统一,人才能真正在历史实践的必然性中获得主体生命的自由性。而这种超越必然达成自由的历史进程及其主体状态,马克思就把它表述为"人也按照美的规律来构造"[84]。事实上,在马克思主义理论中,探讨人的自由与历史进程的统一是和探讨美与人性的实现联系在一起的。"正是在改造对象世界中,人才真正地证明自己是类存在物";而"已经生成的社会,创造着具有人的本质的这种全部丰富性的人"。人对自然界的解放和对社会的解放是人自身解放的前提和结果,人对必然的把握和超越是人通向自由的基础和成果。由此,马克思主义在实践的基础上建构了人类自由的唯物学说和辩证立场,也揭示了人对自己本质的回归与实现就是完成个别与类的统一、内在尺度与对象尺度的统一,从而也就在现实的生命活动和社会实践中实现了人对自我的美的构造。马克思主义学说以历史实践和人性建构的辩证统一为生命的归真之路开启了另一种视角,在自由自觉的生命实践和历史进程中,人的生成即人的本质实现也即归真,而美的自由正是起点也是归宿。

就美的自由介入人的生命建构及其归真的意义言,在当代生活实践中,我以为可以特别关注以下四个方面:其一是超越个人中心主义;其二是超越人类中心主义;其三是超越原始自然性;其四是涵育人性的丰富性和成长性。

首先,是超越个人中心主义。马克思在"美的规律"的学说中,强调了人的生命活动是一种"类特性",而人是"社会存在物"。因此,人性的建构在最基本的层面上就应该超越个人的私欲。这种个人的私欲包括"掠夺"。人"喜欢在他们未曾播种的地方有所收获"[85]。人类战争常常起于这种掠夺的欲望,是人的私欲的最直接最粗暴最野蛮的表现之一。个人的私欲也表现在"对他人血汗成果的坐享其成"[86]。马克思说,土地占有和资本统治使"所有者和劳动者之间的关系必然归结为剥削者和被剥削者的经济关系",在这种"卑鄙的自私自利"以"无耻的形式"表现出来的情境下,"死的物质"成为"对人的完全统治","所有者和他的财产之间的一切人格的关系必然终止"[87]。实际上,这也是一种掠夺,掠夺的是他人的劳动。个人的私欲还表现在"对人的漠不关心"[88]。这种人只关注自我的需求和享受,以自我的物质满足与功利满足为中心。当一个人的情感冷漠到只剩下他自己时,私欲就会无限膨胀致使他失去作为社会存在物的基础。慈善事业不可能和这些人发生关系。见义勇为也不可能出现在这些人身上。在这些人面前,众目睽睽下的一切丑恶甚至犯罪也会视而不见。此外,个人的私欲还深层地表现在将他人视为"地狱"。"他人就是地狱"[89],是法国存在主义哲学家萨特的名言。萨特说,人是需要他人的,"他人的注视对我赤裸裸的身体进行加工,它使我的身体诞生、它雕琢我的身体、把我的身体制造为如其所是的东西"。因此,"我被他人占有"[90]。我和他人之间是互为主奴的关系,"一方面我要从他人的掌握之中解放我自己,另一方面他人也在力图从我的掌握之中解放他自己;一方面我竭力要去奴役他人,另一方面他人又竭力要奴役我"[91]。尽管萨特辩解说,"他人就是地狱"并不是说人与他人的关系时时刻刻都是坏的,都是难以沟通的,而是强调一种非正常的被扭曲了的人际关系,在这种状态下,他人只能是地狱。实际上,萨特的理论在西方现代文化思潮中具有相当的代表性,这种理论强调了个人的独立性和自由意志,以及对一切外在束缚和限制的恐惧反抗。当这种理论把个人的独立和自由放大到绝对的地位时,也就违背了人本来就是一种社会存在物的现实。人在社会关系中的自由是相对的,也是有条件的。人只有认清自己作为社会存在物的现实,克服个人和社会的矛盾与冲突,把个人的自由追求和社会的发展利益相统一,才能取得与他人与社会的和谐,超越个人中心主义的狭隘与片面。

其次,是超越人类中心主义。自古以来,人一直认定自己是万物之灵长。西方中世纪神学,以地球为宇宙的中心。现代大工业生产,更使人征服世界的能力和欲望获得了极大的满足。人类无比自豪,高高在上,视自己为世界和万物的主宰!确实,人类是富有智慧和力量的!不要说久远的灯泡发明、火车开航,仅仅20世纪,飞船登月、基因移植、信息革命、克隆技术等,人类征服自然的壮举精彩纷呈。但是,在人类迈开加速征服自然的脚步时,自然界的和谐也正在被撕裂。人类无度砍伐的森林、排泄的污水、毁坏的耕地、猎杀的生灵等,已使人类赖以为生的生态与资源遭受到空前的破坏。人类以及地球正面临淡水枯竭、海洋酸化、气候异常、物种锐减、土地退化、空气污染等种种不断上升的危机。人类对大自然的开发程度实际上已超出了自身的日常需要。无度即贪欲,它使与人相依存的地球遍体鳞伤!在无度的对自然的征服和掠夺中,人也终于越来越意识到,自己的力量是有限的!沙尘暴、地震、洪水、瘟疫,警示人必须重新审视自己与自然的关系,寻求一种人与万物共生共存、协同发展的和谐境界。实际上,在马克思主义的人学理论中,就提出了两个尺度的问题。一个就是人自己这个物种的尺度,另一个就是人以外的"任何一个种的尺度",而人的特性就是能把这两个尺度相统一而从事自由的实践,即按照美的规律来塑造。因此,人类的美与自由的实现,不是意味着人可以随心所欲地以人类自我为中心,无视其他物种的特性和规律。马克思说:"动物只是按照它所属的那个种的尺度和需要来构造"[92]。如果人也像动物一样只能局限于自我的尺度和需要,人也就异化了自我"懂得按照任何一个种的尺度来进行生产,并且懂得处处都把内在的尺度运用于对象"[93]的自由,这就相当于甘于将自我沦为动物。超越人类中心主义,就是客观地正视人类自身,不自大,不虚无,仰望星空,脚踏实地,与自然万物、与大地宇宙互惠互重。

此外,是超越原始自然性。马克思主义在对人性的理解上,从来没有把人抽象为精神的存在物,而是承认人具有"肉体生活"和"精神生活"的双重性。人和动物一样,首先是肉体的存在,"植物、动物、石头、空气、光等等","从实践领域来说,这些东西也是人的生活和人的活动的一部分。人在肉体上只有靠这些自然产品才能生活",即"人靠自然界生活","自然界是人为了不致死亡而必须与之处于持续不断的交互作用过程的、人的身体"。[94]人"必须为物质的生活资料而斗争"。[95]但当"物质的直接的占有是生活和存在的唯一目的"时,对象就成为人的对立面,成为人的异化。马克思举了男人对妇女的关系为例,认为这是"人对人最自然的关系"。"这种关系表明人的自然的行为在何种程度上成为人的行为";"人具有的需要在何种程度上成为人的需要";"从这种关系的性质就可以看出,人在何种程度上对自己来说成为并把自身理解为类存在物、人";"从这种关系可以判断人的整个文化教养程度"。[96]马克思批判了那种"把妇女当作共同淫欲的掳获物和婢女来对待"的关系,认为"这表现了人在对待自身方面的无限的退化"。[97]即人从人退化为动物,只留下动物般的原始自然性。马克思认为人应该通过文化教养来改变他自己的"自然的规定",成为具有"人的本性"和"人的本质"的人,成为"合乎人性的人"。也就是说,虽然"人的本质"和"人的本性"本应该是"合乎人性的人"的题中之义,所以马克思也用了"复归"这个词来形容这种人的生成。

但是,"合乎人性的人"在现实的生活实践中,必须不断地摆脱他的原始自然性和动物性,从而完成对存在和必然的自由超越,实现他向人性的复归。

再次,是涵育人性的丰富性和成长性。在马克思主义视野中,人作为"类存在物"和他具有人性的"全部丰富性"是不相矛盾的。人通过"五官感觉"、"实践感觉"和"精神感觉"与世界发生联系。即人"以一种全面的方式","占有自己的全面的本质"。因此,"视觉、听觉、嗅觉、味觉、思维、直观、情感、愿望、活动、爱"等,都是他的本质的展开和人性的呈现。马克思说:"只是由于他的本质客观地展开的丰富性,主体的、人的感性的丰富性,如有音乐感的耳朵、能感受形式美的眼睛,总之,那些能成为人的享受的感觉,即确证自己是人的本质力量的感觉,才一部分发展起来,一部分生产出来。"[98]因此,人性的丰富性也是在人的现实实践中动态生成的,只有这样,才能和"自然界的本质的全部丰富性相适应"。而只有"具有丰富的、全面而深刻的感觉的人",具有人的本质的"全部丰富性的人",才真正"确证和实现"了他的人性,不致在对象中"丧失自身"。贫穷可能使人丧失对美的感觉,商人可能只有对对象商业价值的判断。"囿于粗陋的实际需要的感觉",也"只具有有限的意义"。[99]在当代生活实践中,以马克思主义视野来观照人性的养成及其实现,它既体现为遵循"美的规律"对物质世界的改造来为自身的丰富性的自由实现创造前提和条件,也表现为遵循"美的规律"自为地动态地发展生产出自己的丰富性来展开、享受、确证和实现自我。

以美的自由介入人的生命建构及其归真之路,最重要的还是要让生命脚踏实地地走在大地上。脚踏实地才能仰望星空。以美来生产人和以美来生产人生存其中的外部世界,从来就不是矛盾的,它们辩证地历史地统一于人的现实实践中。在现实的人生实践中,人的生命的艺术化践履和提升,促进了人自我本质和人性的复归;同样,人自我本质和人性的复归,也是以艺术的眼光和精神践履生活的必需。

在当代生活实践中,从诗和艺术开拓生命归真的道路,就是让生命回归大地,坚实前行。前行是为归真!

注释:

〔1〕〔21〕〔22〕〔23〕〔24〕〔25〕〔26〕〔27〕〔28〕〔29〕(法)帕斯卡尔著,何兆武译《思想录》,商务印书馆,1985年,第92页;第30页;第29页;第35页;第157页;第164页;第52页;第207页;第100页;第328页。

〔2〕王小岩等编著《人一生要知道的世界艺术》,中国戏剧出版社,2005年,第146页。

〔3〕〔30〕〔65〕维之编著《人类的自我意识》,现代出版社,2009年,第1页;第168—169页;第322—324页。

〔4〕〔5〕北京大学哲学系编译《古希腊罗马哲学》,商务印书馆,1961年,第28—29页;第138页。

〔6〕〔7〕〔8〕〔9〕〔10〕〔12〕〔13〕〔14〕〔15〕〔16〕〔17〕(古罗马)奥古斯丁著、周士良译《忏悔录》,商务印书馆,1963年,第194页;第168页;第8页;第25页;第8页;第67页;第186页;第186页;第191页;第201页;第56页。

〔11〕(古罗马)奥古斯丁著、成官泯译《独语录》,上海社会科学院出版社,1997年。

〔18〕〔19〕北京大学哲学系外国哲学史教研室编译《西方哲学原著选读》上卷,商务印书馆,1981年;第369页;第369页。

〔20〕(法)伽森狄著,庞景仁译《对笛卡尔〈沉思〉的诘难》,商务印书馆,1963年,第78页。

〔31〕〔33〕(德)费希特著,梁志学、沈真译《人的使命》,商务印书馆,1982年,第28页;第78页。

〔32〕北京大学哲学系外国哲学史教研室编译《西方哲学原著选读》下卷,商务印书馆,1982年,第338页。

〔34〕(德)黑格尔著,贺麟、王玖兴译《精神现象学》上卷,商务印书馆,1979年,第115页。

〔35〕〔36〕〔37〕〔38〕参见徐克谦《庄子哲学新探》,中华书局,2005年,第66页;

第 66 页;第 66 页;第 66 页。

〔39〕〔40〕陈鼓应注译《庄子今译今注》下册,中华书局,1983 年,第 824 页;第 824 页。

〔41〕段玉裁《说文解字注》,成都古籍书店,1981 年,402 页。

〔42〕〔43〕〔44〕陈鼓应注译《庄子今译今注》上册,中华书局,1983 年,第 168 页;第 168—169 页;第 181 页。

〔45〕陈鼓应注译《庄子今译今注》中册,中华书局,1983 年,第 244 页。

〔46〕〔58〕赵玉敏《孔子文学思想研究》,北京大学出版社,2010 年,第 292 页;第 292 页。

〔47〕〔48〕〔49〕〔50〕〔51〕〔52〕〔53〕〔54〕〔55〕〔56〕〔57〕〔59〕〔60〕〔61〕〔62〕陈戍国点校《四书五经》上册,岳麓书社,2002 年,第 10 页;第 27 页;第 30 页;第 39 页;第 53 页;第 27 页;第 17 页;第 22 页;第 22 页;第 45 页;第 27 页;第 34 页;第 29 页;第 27 页;第 31 页。

〔63〕徐复观《中国艺术精神》,华东师范大学出版社,2001 年,第 11 页。

〔64〕参见徐崇温主编《存在主义哲学》,中国社会科学出版社,1986 年,第 172 页。

〔66〕(德)海德格尔著,陈嘉映、王庆节译《存在与时间》,三联书店,1987 年,第 11 页。

〔67〕〔68〕孙周兴选编《海德格尔选集》上册,上海三联书店,1996 年,第 292—293 页;第 276 页。

〔69〕梁漱溟《孔子学说的重光》,中国广播电视出版社,1995 年,第 301 页。

〔70〕梁启超《甚么是"我"》:《〈饮冰室合集〉集外文》,北京大学出版社,2005 年,第 767 页。

〔71〕梁启超《新民说》:《饮冰室合集》第 6 册专集之四,中华书局,1989 年,第 47 页。

〔72〕梁启超《治国学的两条大路》:《饮冰室合集》第 5 册文集之三十九,中华书局,1989 年,第 119 页。

〔73〕〔74〕朱光潜《给青年的十二封信》:《朱光潜全集》第 1 卷,安徽教育出版社,1987 年,第 44 页;第 46 页。

〔75〕〔76〕〔77〕朱光潜《谈美》:《朱光潜全集》第 2 卷,安徽教育出版社,1987 年,

第 12 页;第 96 页;第 96 页。

〔78〕丰子恺《关于儿童教育》:《丰子恺文集》第 2 卷,浙江文艺出版社/浙江教育出版社,1990 年,第 253 页。

〔79〕丰子恺《艺术的效果》:《丰子恺文集》第 4 卷,浙江文艺出版社/浙江教育出版社,1990 年,第 126 页。

〔80〕宗白华《歌德之人生启示》:《宗白华全集》第 2 卷,安徽教育出版社,1996 年,第 11 页。

〔81〕宗白华《略谈艺术的"价值结构"》:《宗白华全集》第 2 卷,安徽教育出版社,1996 年,第 71 页。

〔82〕〔83〕〔84〕〔85〕〔86〕〔87〕〔88〕〔92〕〔93〕〔94〕〔95〕〔96〕〔97〕〔98〕〔99〕(德)马克思著,中共中央马克思恩格斯列宁斯大林著作编译局译《1844 年经济学—哲学手稿》,人民出版社,2000 年,第 58 页;86;第 58 页;第 35 页;第 46 页;第 45—46 页;第 34 页;第 58 页;第 58 页;第 56 页;第 9 页;第 79—80 页;第 80 页;第 87 页;第 87 页。

〔89〕转引自叶启绩等编著《西方人生哲学》,人民出版社,2006 年,第 187 页。

〔90〕〔91〕(法)萨特著、陈宣良译《存在与虚无》,三联书店,1987 年,第 471 页,第 471 页。

第十章 人生艺术化与生命之和谐

完整和谐的生命与优美和谐的人性是中西哲人的共同向往,尤其是人文思想家们关注的核心之一。人生艺术化将自己的目光指向了现代人性的分裂,把真善美的和谐及其自由升华视为生命的审美形态,从而使这种富有审美精神与艺术情韵的和谐生命成为对单一性、无冲突性、静止性、机械性等形而上学性的超越,也成为丰富差别性、多样矛盾性、动态统一性、情感诗意性等生动属性的矛盾统一和多元平衡。和谐的生命在情感的舒张中达致契真合善的美好境界。

一、真善美:人性和谐的完美尺度

在人类早期的实践活动中,我们并未严格区分科学理性活动、道德实践活动与审美艺术活动的界限,这就使得人与自然、人与他人、人与自我的关系在原始生活实践中尚处于混沌整一的状态。人对于自我的知情意等基本心理要素,并没有清晰的区分。大机器生产改写了人类的历史,它一方面使人类改造外部物质世界的能力取得了突飞猛进的发展,另一方面它也使人自我心理诸要素的发展呈现出不均衡甚至割裂的状态。

知情意在人性中被割裂,一直是现代性批判的重要论题。现代科技文明促生了物质的进步和繁荣,但在某种意义上也是人性从混沌整一走向机械分裂的重要推手。在西方,经典美学尽管深深地纠结于科学主义认识论的方法立场中,但其孕生的原初使命本来就是对人的感性之维的关注,这样的视角已潜蕴了人本主义的内质。而至康德和席勒,追求情感完善和人性完善的美学路向,终于确立为西方现代美学发展的重要标杆。在18世纪的西方哲学和美学中,"感性和理性的对立得到了历史的考察"。[1]德国古典美学综合了经验派美学和理性派美学的成具,其"逻辑起点就是要造就一个完整的人的类形象,一个把感性与理性融合为一体的人类的美的形象"。[2]因此,不仅康德和席勒,"整个德国古典美学都是极富人道主义精神的",它的核心问题就是"人如何成为人"。[3]康德上承鲍姆加登下启席勒,不仅为西方哲学美学的确立奠定了理论根基,也是西方美学超越认识本体走向人性本体的一个转折点。康德按照欧洲传统观点,将人的心理机能区分为知、情、意三种,分别对应于认识机能、情感判断和欲求机能。认识机能追求合规律性,应用于自然领域。情感判断追求合目的性,应用于审美和艺术活动。欲求机能追求最后目的之实现,应用于自由意志。康德把以情为本质的审美判断力视为沟通纯粹理性的知和实践理性的意的桥梁。他的结论是人通过审美的心灵情感活动可以由必然超向自由。康德借助于对知、情、意的独立机能、先验原理、应用领域的刘分,从思辨上建立起了自己完整统一的哲学体系,也为情感在人性中的独立地位和重要意义的确立奠定了理论的基础。正是在这里 审美与人相遇。在康德的体系里,缺乏情或情的桥梁作用,人就不能成为完整的人,也无法实现自由的本质,达成自然向人的生成。席勒承康德批判哲学的体系,进一步从人道主义立场对康德思想中的人性完整和人的自由生成的命题进行了集中的论析与丰富。他首先对近代社会对人性的割裂予以了猛烈的抨击:"现在,国家与教会、法律与道德习俗都分裂开来了;享受与劳动、手段与目的、努力与报酬都彼此脱节了。人永远被束缚在整体的一个孤零零的小碎片上,人自己也只好把自己造就成一个碎片。他耳朵里听到的永远只是他推动的那个齿轮发出的单调乏味的嘈杂声,他永远不能发展他本质的和谐。他不是把人性印在他的天性上,而是仅仅变成他的职业和他的专门知识的标志。"[4]席勒把"人的天性撕裂成碎片"的原因归于近代强制国家和专业分工,认为这是导致人的感性和思辨分割和对立的原因。如何解决这个问题?席勒提出:"人丧失了他的尊严,艺术把它拯救。"[5]他认为人"从感觉的被动状态到思维和意愿的主动状态的转移,只能通过审美自由的中间状态来完成"。[6]从康德关于人的知情意的区分和自然向人的生成的理想出发,席勒把人的发展区分为不同的时期和阶段。首先是无理性的人。即感性的人,他处于物质状态中,承受自然的支配。然后是有限理性的人。理性的有限发展导致人无穷扩展他的个体,产生无限的要求和绝对的需要。席勒说:"理性在人身上第一次出现,还不是人的人性的开始";"由于理性的这种外显,人只是丧失了动物的那种幸运的限定性,而没有为他的人性获得什么。现在同动物相比,人只是具有了一种并不值得羡慕的长处,即由于追求远方而丧失了对现时的占有,可是,在整个无限的远方中他所寻找的又不是别的,只是现时"。[7]有限理性是对感性的超越,但人要发展成完整和谐自由的人,席勒认为人就还要再经历一次飞跃,即由有限理性达到自由。其途径就是"首先使他成为审美的人"。[8]席勒强调,"人性要由人的自由来决定"[9];而"美是自由观赏的作品"[10];"惟独美的意象使人成为整体,因为两种天性为此必须和谐一致"[11]。席勒的结论是,只有审美趣味,才能"在个体身上建立起和谐","才能把和谐带入社会";[12]只有通过审美生活,才能重新把人性还给人。

中国现代"人生艺术化"理论承续康德、席勒关于人的问题思考的这一理路,其中不仅有西方人本主义美学所揭示的现代人性分裂问题,还有在民族困境中人性麻木、自私庸俗所导致的人性的偏狭。它从中国当时具体的社会问题入手,切入到了人的某些内在本质的方面,同时也可贵地警觉到了科技发展所可能带来的与西方社会相似的某些现代性问题。由此,它把人格建设、人性完善的具体实践问题和人生意义、价值信仰的形上问题一并提到了现代中国人的面前。中国现代"人生艺术化"理论对人性和谐建构的思考,突出了反对实用理性对人性的俗化、反对科技理性对人性的割裂以及主张以美的情感为核心的真善美统一的人格圆成和人性完善的基本思想。

强调真善美的统一及其在审美中的升华,这是中国现代"人生艺术化"理论的一个基本价值理路,也是其人生境界的一种基本理想。在真善美的关系及其审美实现中,梁启超是以情感对理性和道德的涵摄与超越来追寻生命的意义和价值的。对于美的本体建构,梁启超提出了趣味的范畴和趣味美的理想。趣味作为审美的情感判断,它不是纯粹的感性判断,而是"责任"和"兴味"的统一。所谓责任,梁启超以为就是实践主体渴望与众生与宇宙进合为一的精神信念。实际上,这种责任非纠缠于具体的得失功利,而是以崇高的大人类大宇宙的精神信仰为标的。因此,这种生命实践就有可能由功利转化为审美。当主体以"知不可而为"的精神超越实用理性的束缚,以"为而不有"的精神达成个体道德的升华,他的感性生命实践也就进入了不有之为的纯粹生命境界,他是因为自身生命的需要而实践,他的理性与道德的准则都内化为情感的需求,他因为劳动而劳动,因为生活而生活。这样的劳动与生活本身就是美的,趣味的,艺术的。

对于真善美三种价值,朱光潜认为应分狭义、广义两个层面来看。从狭义言,真善美具有各自不同的价值指向,"实用的态度以善为最高目的,科学的态度以真为最高目的,美感的态度以美为最高目的"[13]。善与美的区别在于"善有所赖而美无所赖,善的价值是'外在的',美的价值是'内在'的"。而"在科学与实用的世界中,事物都借着和其他事物发生关系而得到意义,到了孤立绝缘时就都没有意义;但是在美感世界中它却能孤立绝缘,却能在本身现出价值"[14]。可见朱光潜把美与真善的区别在本质上界定为前者是无所赖的,后者是有所赖的。但是,朱光潜又认为,从广义上说,"善与美是一体,真与美也并没有隔阂"。他引西方哲人的思想提出,"人愈能脱离肉体的限制而作自由活动,则离神亦愈近",这也就是向着"至高的善"的接近,是一种"无所为而为的玩索"的自由活动。同时,科学活动穷到究竟,不仅是"满足求知的欲望",也是"用一股热情去欣赏对象"。因此,"真理在离开实用而成为情趣中心时就已经是美感的对象了",对于真理的求索活动也同样可以"摄魂震魄"而充满美的情趣。朱光潜坚持"人生是多方面而却相互和谐的整体",将人生分为实用的、科学的、美感的活动主要是为正名析理,"完美的人生见于这三种活动的平均发展,它们虽是可分别的而却不是互相冲突的"[15]。在这三者中,朱光潜也把美看作是最具涵摄性的价值,以为"人生本来就是一种较广义的艺术","每个人的生命史就是他自己的作品。这种作品可以是艺术的,也可以不是艺术的","知道生活的人就是艺术家,他的生活就是艺术作品"[16]。朱光潜的最终结论就是要将生活成就为艺术,使生命成为艺术的杰作,涵摄真善而盈溢美。

　　对于真善美的关系,丰子恺也发表了自己的见解。他明确提出:"从人的心理上说,真、善、美就是知、情、意。知情意,三面一齐发育,造成崇高的人格。""艺术是美的、情的",因此,"艺术教育,就是美的教育,就是情的教育"。"知识、道德,在人世间固然必要;然倘缺乏这种艺术的生活,纯粹的生活与道德全是枯燥的法则的纲。这纲愈加繁多,人生愈加狭隘。"[17]可见,对真善美的最终追求还是要回到人与人生的问题上来。中国现代"人生艺术化"理论对真善美统一的理想其中心就是统一在人生活动和人生境界中,它不仅是要按艺术美的要素和特征去塑造人去改造人生,更重要的是它期待人的生命活动和人生境界在整体上成就为艺术,这是一种大艺术,它追求的是艺术品格、艺术精神与人格心灵、人生境界的汇通,从而使人生成为艺术的。

　　而对宗白华言,真善美是共通并最终指向一个终极意义的。在宗白华看来,艺术的意境就是活跃生命的灵动,艺术的形式就是生命的旋律和节奏,艺术源自生命与宇宙最深的秘密,艺术情调和生命情调和宇宙意识在本质上是共通的,因此,艺术美不仅给人以愉悦,也启示着生命与宇宙的深意,且艺术可以通达生命与宇宙的本真,即"由美入真"。"由美入真"实现了对宇宙真境与生命核心的体认,这既是对最高之真的把握,由此也必然使生命运化合于宇宙秩序与规律,从而也合于大善。在这个意义上,宇宙真境、生命至境、艺术美境本无间隙,"各尽其美,而止于至善"。同时,在宗白华这里,这种生命与人生的理想又是以对世俗的物欲主义和功利主义的批判为重要指向,以对机械理性和工具理性对人性的分裂和束缚的否定为重要指向的。宗白华指出,西方近代文明是科学文明,呈现出"一切男性化,物质化,理知化,庸俗化,浅薄化的潮流"[18]。近代人"由于抽象的分析的理性的过分发展"和"人欲冲动的强度扩张",以致不复有"高尚的"、"深入的情绪生活","不复有'无所为而为'的从容自在",而"憔悴于过分的聪明与过多的'目的'重担之下"[19],盲目的理智使人类成为物质的奴隶、机械的奴隶,使人类的情绪不能上升为活跃、至动而有韵律的心灵而堕落为"魔鬼式的人欲"[20],使人类不能建立起充实、自由、各尽其美的"个性人格"而趋于"雷同化、单纯化"[21]。宗白华把至动而有韵律的生命情调视为哲学境界与艺术境界的最后根据,也是宇宙生命的最深真境与最高秩序。因此,"人生的艺术化"不仅是使生命重归于深情、高尚、生动与诗意,也是使生命复归于它的完整、本真与从容。在这个意义上,宗白华说:"我们任何一种生活都可以过,因为我们可以由自己给予它深沉永久的意义。"[22]这是一条由艺术来澄明人生,也是化人生而为艺术的诗性之路。"最高度的把握生命,和最深度的体验生命"[23]融为一体,而在这个过程中,我们的生命也超越了一切个体局限和现实局限,而化入永恒的自由之境。

从梁启超、朱光潜、丰子恺到宗白华,从真善美的统一到人格的完善,他们追求的就是感性与理性、情感与道德、个体与众生(宇宙)的美的和谐。这种美的和谐的出发点与立足点是个体的人,其核心就是以情感为枢纽的人性的完善和人格的圆成,但其终极目标是超越个体的,指向现实的社会,指向人类及其生存的整个世界。其道路就是精神人格的艺术化,并在这个过程中最终将手段转化为目的,使整个生命获得美的升华。

穷极宇宙的究竟,科学与美并非不可通约;穷极人生的究竟,伦理与美也非互不关联。真善美和谐的人的塑造和契真合善向美的理想生活的追求一直是人类历史实践与文化创造的基本动力。马克思主义从人的生命活动和历史实践切入,分析了人与动物的本质区别,提出人是"自由的有意识的"的"社会存在物"。作为历史活动的主体,人的劳动和实践使人摆脱直接的肉体需要,懂得按照个体尺度与社会尺度、个别尺度与类的尺度的统一即"美的规律"来构造,从而不仅辩证地揭示了美的创造与人的本质实现的内在联系,也深刻地说明了人的生命实践在本质上就应该是一种真善美相统一的历史活动,由此也批判和超越了历史上一切只从抽象人性和精神思辨来完成和谐美好人性建构的学说。

二、冲突与和谐:生命活动的审美形态与人生的艺术化

和谐的生命是在情感的舒张中达到契真合善的美好境界。而在现实的生命实践中,真善美统一的和谐生命的具体形态并不是单一的。人生艺术化也为和谐生命的审美形态确立了自己的维度。

"和谐"这个词,本是中国传统文化的重要范畴。"和"字在甲骨文中已经出现。《说文》将"和"解为"相应也"。段玉裁注曰:"经传多借和为龢。""龢"在《说文》中解为"调也"。宋代《集韵》曰:"龢,一曰小笙,十三管也。"指的是一种乐器。也就是说,"和"的本义应是指歌唱的相互应和或乐器的和声,后引申为不同事物的相辅相成和多样统一。关于"和",春秋时代,先哲们就屡有精解。《国语·郑语》记载了西周末年周太史史伯关于"和"与"同"的辨析:"夫和实生物,同则不继。以他平他谓之和,故能丰长而物归之。若以同裨同,尽乃弃矣。故先王以土与金木水火杂,以成百物。"[24] 史伯的这个思想很重

要,即"和"是多样统一的新生。"同"是无意义的重复叠加。史伯还强调"声一无听,物一无文,味一无果,物一不讲",特别指出了追求简单的单一性的后果。而《左传》也记载了晏婴与齐侯关于"和"与"同"的讨论:"齐侯至自田。晏子侍于遄台,子犹驰而造焉。公曰:'唯据与我和夫!'晏子对曰:'据亦同也,焉得为和?'公曰:'和与同异乎?'对曰:'异!和如羹焉:水、火、醯、醢、盐、梅以(烹)〔享〕鱼肉,燀之以薪,宰夫和之,齐之以味;济之不及,以泄其过。君子食之,以平其心。君臣亦然。君所谓可而有否焉,臣献其否以成其可;君所谓否而有可焉,臣献其可以去其否:是以政平而不干,民无争心。故《诗》曰:'亦有和羹,既戒既平。鬷嘏无言,时靡有争。'先王之济五味、和五声也,以平其心,成其政也。声亦如味:一气,二体,三类,四物,五声,六律,七音,八风,九歌,以相成也;清浊,小大,短长,疾徐,哀乐,刚柔,迟速,高下,出入,周疏,以相济也。君子听之,以平其心。心平,德和,故《诗》曰:'德音不瑕'。今据不然。君所谓可,据亦曰可;君所谓否,据亦曰否。若以水济之,谁能食之?若琴瑟之专壹,谁能听之?同之不可也如是!"[25]这段文字谈了济味、和声、成政的道理,强调了相异以相成、相反以相济的规律。孔子的理想人是"君子"。在他看来,君子可以达到"和而不同"的境界,而"小人"则是"同而不和"。[26]孔子讲的是人伦修养,存小异才能求大同。老子也讲到"和"的问题。《老子》四十二章曰:"万物负阴而抱阳,冲气以为和。"[27]这就把"和"提升到了万物生成的本体层面,指出"和"是阴阳两气的相冲相合。也就是说,在老子这里,"和"应该是万物变化生成的基本规律。但《老子》五十五章又曰:"知和曰常,知常曰明。"这里的"常"后人有两种理解,一种认为"常"是"指事物变化的法则";另一种认为"常"应作"祟",读作"同",与"和"、"同"互训。[28]按前一种意见,就是把阴阳相和理解为万物生成的基本规律。按后一种意见,"和"也就是"同"。《老子》第五十六章又曰:"挫其锐,解其纷,和其光,同其尘,是谓玄同。""玄同"是说要超越一切外在异端而达到和同。在此句中,将"和其光"与"同其尘"并举,显然削解了"和"与"同"的差别维度,"和"以后也逐渐被解为无冲突、相顺应等意义。如:"气同则从,声比则应。今人主和德于上,百姓和合于下,故心和则气和,气和则形和,形和则声和,声和则天地之和应矣。故阴阳和,风雨时,甘露降,五谷登,六畜蕃,嘉禾兴,芝草生,山不童,泽不涸,此和之至也。故形和则无疾,无疾则不夭。"[29]这里,"和"已经没有相反相成的意思了,讲的就是相从相应。综观中国文化传统,对"和"的理解初始主要为相反相成相灭相生,以后衍伸了相从相应相顺相合,但最终的结果都是和,和谐才是中国文化最期待的境界。这个思想其中有两点特别深刻,今天也很值得我们揣思。其一,是把"和"理解为相灭相生相反相成的辨证思想;其二,是把"和"理解为事物深层的规律与法则。实际上,这两点都是要我们不要简单地从单一因素或外在表层上看待"和"与求取"和"。"和"是多样统一的,是包含着矛盾与冲突并在矛盾冲突中达致的和谐。

作为审美中的重要范畴,和谐美是指事物的所有构成要素对立统一为一个有机整体所产生的美感。敏泽先生、周来祥先生等都对"和谐"在审美中的作用和地位作了充分肯定。敏泽先生认为:"一切种类的美的事物的创造,都离不开对立物的和谐。"[30]而周来祥先生直接"把美界定为和谐自由的审美关系"[31],并对"和谐"的范畴也作了界定,认为"和谐是一个深刻的美学和哲学范畴。它起码包括这样紧密联系的四层含义:(1) 形式的和谐。人、物、艺术、外在因素的大小、比例及其组合的均衡、和谐(形式美)。(2) 内容的和谐,即主观与客观、心与物、情感与理智的和谐(内容美)。(3) 形式和内容的和谐统一(生活美,特别是艺术美更以此为主要的要求)。从唯物主义说,首先是内容的和谐,内容的和谐要求着形式的和谐,并规定着内容和形式之间的和谐统一。(4) 而内容的和谐又决定于主体与客体、人与自然、个人与社会的和谐自由的关系,这种和谐自由的关系集中体现为完美的、全面发展的人(在艺术中则体现为理想的典型和意境）。"[32]同时，他还从纵向上把人类和谐美意识的发展区分为古典和谐美（在对立统一关系中侧重于均衡），近代崇高美（在对立统一关系中突出了对立），现代辩证和谐美（在对立统一关系中实现了对素朴和谐和绝对对立的超越）。尽管具体论述有差异，但对"和谐美"的认识都包含了对立这个前提。和谐美在其本质上，是在对立冲突及其统一超越中生成的美。

"美是调解矛盾以超入和谐。"[33]在多种元素的复杂组合和矛盾冲突中达致和谐，这是艺术创造的题中之义，也是艺术审美的基本命题。艺术给和谐美的表现提供了丰富的形态，伟大优秀的艺术作品也为和谐的审美精神作出了深刻的诠释。艺术作品情节的波澜起伏、线索的多元发展、性格的复杂组合、韵律的变化统一、语词的多姿多彩等，都是和谐美感的具体呈现。在艺术作品中，人物性格的复杂程度和命运的跌宕起伏往往是最扣人心弦的。那些悲剧人物以不屈的抗争来凸显生命所执着追求的价值与信念，其个体和社会、人与自然、现实与理想、自由与必然等等的尖锐深刻的冲突及其升华，尤其能给欣赏者留下深刻强烈的美感冲击。如歌德笔下的浮士德、曹雪芹笔下的林黛玉、郭沫若笔下的屈原等，彰显了一种肉体毁灭与精神绵延之间的惨烈冲突与动态平衡，使生命的审美精神获得了极致的体现。"凤凰涅槃"就是生命在毁灭中获得新生，在冲突中升华至和谐的生动写照。当我们以艺术的眼光和审美的心态来返观现实的生命及其活动时，我们应该会拥有更从容的心境来品鉴与践履。优美、崇高、悲剧、喜剧、怪诞，一个艺术品不管以何种审美属性与形态面貌、以何等复杂的多元因素及其组合现于我们面前，最终它都要归于它自身的一个整体，是完整的与和谐的。在艺术中，复杂可以归于单一，冲突可以化为和谐。矛盾统一和多元平衡，这就是艺术的辩证法。

以艺术的和谐精神涵养我们的生命，让我们的生命也拥有艺术般和谐的品格与情致，这也是人生艺术化的基本追求和理想。中国现代"人生艺术化"理论在对艺术和谐美的探讨中特别强调了两个问题。首先,艺术是一个完整的美的和谐生命体。它的意象或意境的完整性在于全体诸要素的统一与协和,而非某一单一因素的自然性。丰子恺认为"艺术的字画中,没有可以独立存在的一笔"[34]。朱光潜也强调"文艺作品都必具有完整性","意象是谐和整一的"[35];"凡是文艺作品都不能拆开来看,说某一笔平凡,某一句警辟,因为完整的全体中各部分都是相依为命的";[36]"艺术中些微部分都与全体息息相通,都受全体的限制。全体有一个生命一气贯注,内容尽管复杂,都被这一气贯注的生命化成单整。"[37]而艺术中的某个单一要素若不能统一融和于整个作品的整体生命中,那就会造成"细节胜于总印象",致使"聪明气和斧凿痕迹都露在外面",乃是艺术衰落的标志。宗白华则提出了艺术美的"复杂一致"性,是无限的丰富、生动、冲突化为圆满的和谐,是内在的紧张又满而不溢,无论是音乐的韵律,还是绘画的墨色,高低错落,浓淡相宜,最终成就了生气饱满而灵动的完整意境。其次,艺术的美的和谐性不是通过理性来强制的,而是通过情感来潜率的。朱光潜指出,在艺术中"情感是综合的要素,许多本来不相关的意象如果在情感上能调协,便可形成完整的有机体"[38]。在宗白华那里,艺术中最深隐的就是人的生命情调,它在本质上与宇宙气象息息相通,两相贯通生成为"气韵生动"的艺术生命体和"至动而有韵律"的艺术生命灵境,达成了宇宙真境、生命至境和艺术美境的和谐相契。"和谐与秩序是宇宙的美,也是人生美的基础"[39],而这也是真善美的和谐圆融在艺术中的浑然无间。

中国文化的和谐理想和"人生艺术化"的和谐精神都内蕴了真善美的统一,包含了对立冲突及其升华超越。而"人生艺术化"的和谐思想还肯定了情感在和谐美生成中的作用和意义,显示了其本质上的审美品格。

在当代生活实践中,艺术化的和谐生命应该是秉有审美精神的。它应否定绝对意义上的单一性、无冲突性、静止性、机械性等形而上学属性,呈现为丰富差别性、多样矛盾性、动态统一性、情感诗意性等审美属性。

首先,艺术化的和谐生命应具有丰富差别性,这是对简单单一性的否定。所谓简单单一性,也就是简单的趋同。相传"楚王好细腰,宫中多饿死"[40]。说的是楚灵王有一个癖好,就是喜欢细腰的人,见到腰围粗大的就非常憎恶。造了一座章华宫,宫中居住的全是选来的细腰美女,故别名细腰宫。宫人们为了让皇上高兴,纷纷节食忍饿,屡有饿死之人。百官上朝,也用软带束腰,以免皇上嫌恶。以致楚国国人都效仿于此,以粗腰为丑。这就是简单趋同。简单趋同往往是一种形式上的摹仿。如服饰和发型,就会出现在某段时间内同款衣服、同款发型的广为流行。简单趋同的内部原因就是主体缺乏创造性和个体意识,个体的差别性淹没在群体的同一性中,单调乏味,机械僵化。喜剧作品往往把这种单一性放大到极致,以嘲讽其丑。在生活中,这种生命形态是对美的异化,是对自由自觉的人的生命本质的悬搁。

其次,艺术化的和谐生命应具有多样矛盾性,这是对片面无冲突性的否定。每一个人都有他自身的生存经历、生活背景、文化积淀、学识修养等,构成了各自不同的情趣爱好、价值信念,也必然构成了个体与个体、个体与群体之间的差异与区别。当个体进入群体生态环境之中,矛盾与冲突几乎是必然的。同时,个体自我在感性与理性、欲望与意志、意识与潜意识等等之间,也时而一致时而对立,将自我拖入矛盾与纠结的深潭之中。而这,就是生命展开的现实丰富性。生命是美的。生命美在一定意义上就是永远无法预测和规范的矛盾冲突和其解决超越,它们使生命的进程就像一部精彩的电影和舞台剧,活色生香;使生命的演化就像一曲多声部的交响乐,丰富动人。而生命自我内在的心理矛盾、情感冲突、伦理纠结等往往进一步深入深刻地呈现出了人的丰富的内心世界,使生命的脉搏更加生动和可触可感。有矛盾和冲突,进而实现对矛盾和冲突的解决和超越,这也是人的生命的自由自觉本性的一种突出体现。设想人的生命是无冲突的,只能是虚假的和谐。它不符合人的生命活生生的生动性,不符合人的生命及其生存的规律。马克思指出人是自由自觉的动物。人是能够自由把握自我内部、自我与他人、自我与自然的关系的。人的生命的职责之一就是努力去克服和超越一切外在的和内在的不和谐而达致和谐,并在这个过程中实现生命自我的成长。而生命的这种不断的矛盾、冲突及其解决、和谐的成长过程,也构成了生命自身最生动美丽的动人画面。

再次,艺术化的和谐生命应具有动态统一性,这是对绝对静止性的否定。绝对静止是生命的割裂。柏格森把生命的性质喻为"绵延"。生命就是一条不断流动的河流,不断地生成和创造。人性的本质就是无限的生成性。每个瞬间都是飞跃。对柏格森言,静止就意味着生命创造的终结。"当我们把自身的存在放回到自己的意志中,并把意志放回到使它绵延的冲动中的时候,我们就可以理解和感受到实体就是持续不断的生长,永无止境的创造。"[41]柏格森的哲学强调了生命的能动性,突出了人的自由意志。有学者把柏格森的哲学比为"人学中的'文艺复兴'"。[42]但柏格森较多地从个体的角度考察生命,使得他的观点特别强调了生命运动的绝对性一面。而实际上,生命的过程是绵延,也应该有起伏,有绝对的运动,也有相对的静止。就像朱光潜所说的看戏与演戏、创造与欣赏,是动态地统一在生命运动的完整过程中的;像梁启超所说的"知不可而为"的执着和"为而不有"的洒脱,也是艺术地融汇于生命运动的动态流程中的。和谐生命的动态统一,既是对绝对静止的超越,也是对绝对运动的扬弃,从而使生命更富有情致与韵味。

最后,艺术化的和谐生命应具有情感诗意性,这是对机械强制性的否定。没有情感的生命是僵硬的缺乏个性和生气的,只留下机械的物质的躯壳。康德和席勒把情感视为贯通知和意的桥梁,是使生命完整和谐的关键要素之一。梁启超则认为情感是"人类一切动作的原动力",是生命中最神圣最本质的东西。"我们想入到生命之奥,把我的思想行为和我的生命进合为一,把我的生命和宇宙和众生进合为一,除却通过情感这一个关门,别无他路。"[43]在这里,情感既是沟通主体的"思想"和"行为"的"关门",也是沟通主体(个体)和"宇宙"和"众生"的"关门"。即情感既是使人的个体生命的小宇宙和谐一体的关键,也是使个体生命的小宇宙和群体生命的大宇宙和谐化生的关键。当知情意相融通,当个体生命与宇宙大化相融通,生命不仅是富有情感的,也是富有诗意的,因为它超越了个体的物质性,超越了有限的时空。生命的情感诗意性也就实现了对理性机械性和物质强制性的扬弃。

艺术化的和谐生命内蕴了丰富的冲突与矛盾,并在生命的实存运动中,不断地超越与扬弃种种冲突与矛盾,实现自己的和谐建构。生命的和谐追求和生命的审美追求在生命的实存运动中归于统一,并赋予了生命更为丰沛的内涵和多彩的面貌。和谐的生命旅程本身也就成为悠扬的歌、迷人的诗。

注释:

[1][2][3] 蒋孔阳等主编《西方美学通史》第四卷,上海文艺出版社,1999年,第9页;第12页;第19页。

[4][5][6][7][8][9][10][11][12] (德)席勒著,冯至译《审美教育书简》,上海人民出版社,2003年,第48页;第71页;第180页;第193—195页;第181页;第193页;第206页;第236页;第236页。

[13][14][15][16][35][36][38] 朱光潜《谈美》:《朱光潜全集》第2卷,安徽教育出版社,1987年,第11页;第12页;第90页;第91页;第68页;第68页;第69页。

[17] 丰子恺《关于学校中的艺术科》:《丰子恺文集》第2卷,浙江文艺出版社/浙江教育出版社,1990年,第223页。

[18] 宗白华《歌德的〈少年维特之烦恼〉》:《宗白华全集》第2卷,安徽教育出版社,1996年,第34页。

〔19〕宗白华《席勒的人文思想》:《宗白华全集》第2卷,安徽教育出版社,1996年,第114页。

〔20〕宗白华《〈西洋文化之理智精神〉编辑后语》:《宗白华全集》第2卷,安徽教育出版社,1996年,第251页。

〔21〕宗白华《〈自我之解释〉编辑后语》:《宗白华全集》第2卷,安徽教育出版社,1996年,第293页。

〔22〕宗白华《歌德之人生启示》:《宗白华全集》第2卷,安徽教育出版社,1996年,第14页。

〔23〕宗白华《艺术与中国社会》:《宗白华全集》第2卷,安徽教育出版社,1994年,第411页。

〔24〕〔28〕张岱年《中国古典哲学概念范畴要论》,中国社会科学出版社,1987年,第127页;第130页。

〔25〕陈戍国点校《四书五经》下册,岳麓书社,2002年,第1126页。

〔26〕陈戍国点校《四书五经》上册,岳麓书社,2002年,第44页。

〔27〕陈鼓应《老子注译及评介》,中华书局,1984年,第225页;第270页。

〔29〕班固著、吕祖谦编纂《汉书·公孙弘传》:《汉书详节》,世纪出版集团/上海古籍出版社,2007年,第304页。

〔30〕敏泽《中国美学思想史》上,湖南教育出版社,2004年,第120页。

〔31〕周来祥《三论美是和谐》,山东大学出版社,2007年,第200页。

〔32〕周来祥《周来祥美学文选》上,广西师范大学出版社,1998年,第84页。

〔33〕〔39〕宗白华《哲学与艺术》:《宗白华全集》第2卷,安徽教育出版社,1996年,第58页;第58页。

〔34〕丰子恺《艺术三昧》:《丰子恺文集》第5册,浙江文艺出版社/浙江教育出版社,1990年,第153页。

〔37〕朱光潜《文艺心理学》:《朱光潜全集》第1卷,安徽教育出版社,1987年,第292页。

〔40〕王楙撰,郑明、王义耀校点《野客丛书》,上海古籍出版社,1991年,第22页。

〔41〕(法)柏格森著、王丽珍等译《创造进化论》,湖南人民出版社,1989年,第188页。

〔42〕叶启绩等编著《西方人生哲学》,人民出版社,2006年,第42页。
〔43〕梁启超《中国韵文里头所表现的情感》:《饮冰室合集》第4册文集之三十七,中华书局,1989年,第71页。

第十一章　人生艺术化与生命之翔舞

人生艺术化是关于人生美的诗意建构。在现代文化语境中,它也衍生出批判和启蒙的维度,直指唯理性主义和唯实用主义。宏扬情感的激扬与生命的勃发,倡导个体生命在与众生宇宙的迸合中翔舞,人生艺术化所赋予人类生命的自在与诗性,在当下仍具有重要的意义。

一、唯理性主义和唯实用主义：人生艺术化的批判维度

科学与艺术是人类文明的两种基本形态。艺术化主要代表了情感的、个性的、具象的、生动的等维度,科学化则主要代表了理性的、统一的、逻辑的、规整的等维度。在人类早期的生产活动中,科学活动和艺术活动并未严格地区别开来,理性的实用的活动中也常常蕴含了艺术的审美的因素。如原始人在自己使用的生活器皿上留下了生动绚烂的图案,他们也试图把生产工具打磨得形状优美而光滑,这一切都表现出最早的对于艺术和美的追求。但是,随着人类生产实践的发展,文化的进步,艺术与科学逐渐区别开来了。这种界限尤其在现代性进程中日趋严格。现代大工业生产对小农生产的超越,首先就是以现代科技为基础的大机器生产的发展为前提的。西方现代化的进程是一部现代科技的发展史。科技的迅猛发展使西方社会较快步入了经济发达的世界领先地位,同时也促生了西方社会的种种现代病征。科技所携带的巨大物质能量和所产生的巨大财富效应，激发了对工具理性的片面追求，催生了技术崇拜和实用哲学。工具理性在改造外部物质世界的同时，也被用来指向了人自身，成为支配、控制、统治、奴役、压迫自我的力量。

在西方文化中，理性一直是人类所秉持的重要精神。希腊哲学家认为"人是理性的动物"和"世界是合乎理性的存在"，启蒙主义思想家主张"我思故我在"和"知识就是力量"，表现为一条人类不断关注理性追求理性的道路。而随着科学技术和工业文明的发展，理性和现代科技结合所形成的工具理性逐渐成为继古代"自然"、中世纪"上帝"以外的第三个至高统治者。工具理性的实质就是严格的逻辑原则、高度的规整原则、绝对的效益原则，其核心价值观就是对功效和效率的最大追求。工具理性通过实践精确计算工具的有用性，要求工具和技术最大化地为功利实现服务。工具理性的极度追求消抹了个体身上的一切差异，抽离了人性的爱与温情。人与物了无差异，必然带来人性的退化。人对物无限追求，必然造成自我的异化。工具理性下，人的畸形集中表现为理性强制性和物欲功利性。前者使人平面化，使人丧失个性和创造性。后者使人庸俗化，使人自私和贪婪。

"没有任何一份文明的记录不同时也是一份野蛮的记录。"[1]"工具理性"（Instrumental Reason）作为法兰克福学派的一个重要批判概念，由霍克海默率先提出，后为马尔库塞、哈贝马斯、阿多诺、本雅明等人进一步阐发。从思想脉络看，工具理性最直接、最重要的渊源是马克斯·韦伯的"合理性"（rationality）概念。韦伯将合理性分为价值（合）理性和工具（合）理性。价值理性强调的是动机的纯正和行为的无条件，关注的是选择正确的手段去实现意欲达成目的，而不管结果如何。工具理性强调的是效益最大化，行为只由追求功利的动机所驱使而不考虑手段的正确性，漠视人的情感和精神价值指向。韦伯指出，工业资本主义及其科学技术的发展，使得工具理性获得了长足的发展。在这个过程中,宗教的力量开始丧失,启蒙精神高扬了理性,理性的无度扩张蜕变为工具理性霸权,物质和金钱成为了人的直接目标,手段演化为目的,科学技术异变为支配人控制人的力量。在韦伯之后,工具理性批判被引向了对资产阶级意识形态的总体批判和对人类文明史的批判。工具理性的概念揭示了科学技术可以由解放人类的工具异变为奴役人和毁灭人的工具的惊人现实,这是法兰克福学派及其工具理性批判所给予我们的最大启迪。

关于人类科技文明及其工具理性的反思,在20世纪上半叶科学技术并不发达的中国,已为部分人文学者所警觉,其中也包括了中国现代"人生艺术化"理论的诸位大家。

在中国近现代文化史上,梁启超既是最早倡导全面吸纳异质文化的思想先驱之一,也是最早对西方现代科技文明及其价值取向表示警醒和忧虑的思想先驱之一。在《欧游心影录》中,梁启超较早对科学万能主义提出了批判。他的原话是这样说的:"当科学全盛时代,那主要的思潮,却是偏在这方面。当时讴歌科学万能的人,满望着科学成功,黄金世界便指日出现。如今总算成了,一百年物质的进步,比从前三千年所得还加几倍,我们人类不惟没有得着幸福,倒反带来许多灾难。好像沙漠中失路的旅人,远远望见个大黑影,拼命往前赶,以为可以靠他向导;那知赶上几程,影子却不见了,因此,无限凄惶失望。影子是谁?就是这位'科学先生'。欧洲人做了一场科学万能的大梦,到如今却叫起科学破产来。"在这里,梁启超专门加了一个"自注":"读者切勿误会,因此菲薄科学,我绝不承认科学破产,不过也不承认科学万能罢了。"这个声明非常重要,但可惜不论是梁启超同时代人还是后人竟都视而不见,一致认定梁启超就是现代"科学破产"论的鼻祖。有学者认为,梁启超在《欧游心影录》中"喊出了'科学破产'的口号",而他的同时代人则"将这种口号当作一种结论来加以接受、承认"。[2]实际上,梁启超自己已说得非常清楚,他并不认为科学破产,但也绝不赞成科学万能。在《欧游心影录》中,梁启超例举了欧洲"先觉之士"对于西方文明的警醒和忧思。他说美国一位有名的新闻记者赛蒙氏曾和他闲谈。"他问我：'你回到中国干什么事，是否要把西洋文明带些回去？'我说：'这个自然'。他叹一口气说：'唉！可怜！西洋文明已经破产了。'我问他：'你回到美国却干什么？'他说：'我回去就关起大门老等，等你们把中国文明输进来救拔我们。'"[3]接下来，梁启超说："我初初听见这种话，还当他是有心奚落我。后来到处听惯了，才知道他们许多先觉之士，着实怀抱无限忧危，总觉得他们那些物质文明，是制造社会险象的种子，倒不如这世外桃源的中国，还有办法。这就是欧洲多数人心理的一斑了。"[4]接着，梁启超谈了自己对于西方文明的态度和认识。他说："我想诸君听了我这番话，当下就要起一个疑问，说到：'依你说来，欧洲不是整个完了吗？物质界的枯窘既已如此，精神界的混乱又复如此，还有什么呢？……'我对于这个疑问，敢毅然决然答应道：'不然，不然，大大不然。'欧洲百年来物质上精神上的变化，都是由'个性发展'而来，现在还日日往这条路上去做。"[5]他最后的结论是，要发展和创造新文明只有一个办法，那就是"拿西洋的文明来扩充我的文明，又拿我的文明去扩充西洋的文明，叫他化合起来成一种新文明"。[6]梁启超的一辈子都充满了被人误读与误解的历史。许多人认为梁启超的文化立场在欧游前后经历了西化到回归传统的巨大变化，实际上，欧游只是促进了梁启超对西方文明的反思，他在20世纪初就已提出的中西文化"结婚"孕育民族文化"宁馨儿"的主张并没有改变，而是进一步地加强了他的这一信念，可以说他对民族文化的新生拥有了进一步的自信。在谈中西文明的特点时，梁启超有一个基本的立场，那就是把西方文明视为物质文明，东方文明视为精神文明。这样的界定具有明显的片面性。但其中亦敏锐地揭示了西方文明对于科学技术和物质文明的倚重，以及东方文明对于人的精神和价值意义的重视的某种特点。由此出发，我们也比较能够理解梁启超对于科学万能主义的批判。梁启超说："大凡一个人，若使有个安心立命的所在，虽然外界种种困苦,也容易抵抗过去。"[7]他认为欧洲现代文明的最大弊病,就是使人失却了安心立命的所在,而其最大的原因,就是过信"科学万能"。[8]在物质文明快速发展的新的历史阶段,人需要"有个安心立命的所在",梁启超把这种人生意义的寄托最后放到了趣味生命的建构上。以"趣味"精神的建构和"生活的艺术化"的理想来完成了自己对唯技术主义和唯实用主义的批判与超越。

宗白华对于技术与人的关系也给予了深切的关注。在《近代技术的精神价值》一文中,他转引了现代哲学家斯宾格勒关于技术的见解,指出:"我们要了解技术的意义,不应该从机器技术出发,更不可堕入那魅惑的思想,以为制造机器和工具是技术的目的。"他认为,"技术能服役于人类真正的文化事业,服役于'创造的冲动'而不服役于'占有'的冲动,才是人类的幸福而不为人类的灾祸","在助成人类理想的实现上技术固有了它的文化价值,然而它本身也具有它的精神价值,近代技术也陶冶了一种近代的人生精神和态度"[9]。宗白华对于技术的本质及其价值给予了一分为二的辩证分析,指出人类只有真正把握技术的精神并将其服务于创造的冲动,才能充分发挥技术的积极意义。技术偏于实用和物质,没有美的精神的渗透,它就只是控制自然和利用物力的手段。在《中国文化的美丽精神往那里去?》一文中,宗白华也指出"把握科学权力的秘密"而用于征服自然和科学落后的民族,将导致人类自己成为科学霸权的牺牲品。但宗白华也并不无视技术的意义,他在《技术与艺术》一文中,针对中国近百年来国际地位低落的现状,指出其重要原因就在于我们的技术落后。宗白华提出了以歌德人格为代表的近代人生精神理想,要求人既具有"西方文明自强不息的精神,又同时具有东方乐天知命宁静致远的智慧","欲在生活本身的努力中寻得人生的意义与价值"。这就是宗白华所推崇的由歌德启示的"近代人生一个新的生命情绪",它是"无尽的生活欲和无尽的知识欲",是"投身于生命的海洋中体验人生的一切"的生命激情和"反抗一切的阻碍压迫以自成一个独立的人格"的生命追求。[10]可以说,宗白华所倡导的这种歌德人格是艺术化的科学人格,是其对机械化物质化的工具理性人格的批判与否定。

与20世纪以来西方文化对工具理性反思的思潮相呼应,中国现代"人生艺术化"理论对工具理性片面性的批判主要集中体现为两个方面,其一是对工具理性所催生的技术崇拜的批判和理性强制的反思;其二是对工具理性所指向的实用主义的批判和物欲功利的反思。

首先,中国现代"人生艺术化"理论以艺术精神来批判对抗工具理性的技术崇拜和理性强制。工具理性的片面发展催生了技术崇拜,使人成为理性强制的奴隶。技术是现代科学的重要支柱,也是现代经济的重要基础。但人类一切创造与实践活动的根本目的就是人。发展技术最终应该是使人生活得更美好,而不是让技术来钳制人。以技术的理性来悬搁人的情感,其结果就是使人成为唯技术为上的机器人。唯技术为上,使人失去了斑斓的个性、美好的情感和鲜活的创造力,使人成为平面的、机械的、寡情的人。人虽有经过精密培训的技能和严格教授的知识,但他没有了自我,没有了情感和爱。人成为被批量生产出来的"零件",单调、雷同、机械,缺失了他的血肉、他的个性和他的精神信仰。宗白华把"抽象的分析的理性过分发展"视为"近代的病根",是造成"极端的理智主义"和近代人生分裂的重要原因,人性沦为"机械"和"目的"的奴隶。宗白华、丰子恺等都把艺术精神视为抵制技术强制和人性分裂的武器。宗白华说:"东西古代哲人都曾仰观俯察探求宇宙的秘密。但希勒及西洋近代哲人倾向于拿逻辑的推理、数学的演绎、物理学的考察去把握宇宙间质力推移的规律,一方面满足我们理知了解的需要,一方面导引西洋人,去控制物力,发明机械,利用厚生。西洋思想最后所获着的是科学权力的秘密。"[11]科学权力的实质是至高无上的理性。无度的理性使人"憔悴于过分的聪明与过多的'目的'重担之下",受制于"事业分工的尖锐化,使天下无全人"[12]。在宗白华看来,把"近代科学经济的文明,进展入优美自由的艺术文化",从而"使堕落的分裂的近代人生重新恢

第十一章 人生艺术化与生命之翔舞

复它的全整与和谐",不失为实现理想生活和自由人格的途径。丰子恺认为艺术最高的美就是精神之美,而非技巧之美,因此真正的艺术是可以超越技术钳制实现精神升华的。他说:"艺术家的目的,不仅是得一幅画,一首诗,一曲歌,而是借描画吟诗奏乐来表现自己的心,陶冶他人的心,而美化人类的生活。不然,舍本逐末,即为画匠、诗匠、乐匠。"[13]艺术的过程就是锤炼技术又超越技术,在否定之否定中实现精神的自由。

其次,"人生艺术化"理论以艺术精神批判对抗工具理性的实用主义和物欲功利。工具理性的片面发展为实用主义提供了温床,使人沦为物欲功利的奴隶。工具理性在生活中是以效率为指标的。物质利益的获取也就成为工具理性下衡量和评价人的标准的唯一尺度。在这种标准下,人成为物质财富的奴隶,利润成为人的生产的唯一目的。人与自然的关系也就只剩下征服与改造、索取与掠夺的关系。在这种标准下,人也自然成为了经济的动物。他把自己也变成在市场上出卖的目标,力求获得在现存市场条件下可能得到的最大物质利润。人与人的关系只剩下物欲与功利的关系。人的物欲化促长了拜金主义、消费主义、享乐主义等现象,使人的精神不断被扭曲和挤压。朱光潜对天天计较利害实用的理智之人非常痛恨。他说,人纯用理智的眼光,看到的就是一个"有利害关系的实用世界",就是"一个密密无缝的利害网","纯信理智的人天天都打计算,有许多不利于己的事他决不肯去做"。[14]由此,只能沦为"斤斤于利害得失","终日拼命和蝇蛆在一块争温饱"的"俗人"。[15]而艺术也就成为"减杀人的物质迷恋,提高人的精神生活"[16]的渠道。

值得注意的是,中国现代"人生艺术化"理论对理性强制和物欲功利的批判是与人的德性修养紧密联系的。丰子恺主张"技术与美德"合成"艺术",[17]无美德就不能成为健全的艺术家,误用技术就会害人。朱光潜认为离开感情的理智生活是"片面的"、"狭隘的"、"冷酷的"、"刻薄寡恩的"生活,而纯信理智的人只知道计算得失,"道德亦必流为下品"。他说："纯任理智的人纵然也说道德,可是他们的道德是问理的道德(morality according to principle),而不是问心的道德(morality according to heart)。问理的道德迫于外力,问心的道德激于衷情,问理而不问心的道德,只能给人类以束缚而不能给人类幸福。"[18]朱光潜甚至把"尊理智抑情感的人"视作是在思想上"开倒车"。他"坚信情感比理智重要","要洗刷人心","一定要从'怡情养性'做起"[19]。这种高度关注情感和德性关系的视角体现了中国现代"人生艺术化"理论的伦理文化传统,也构成了中国现代"人生艺术化"理论的重要特色之一。但或德性前置,或简单把理性视为人心败坏和道德沦丧的原因等,此类结论尚待商榷。

中国现代"人生艺术化"理论以"趣味"、"情趣"、"意境"之生成,为人的审美生命立基,对抗理性和物欲对人的片面强制和奴役,具有它的深刻的批判意义。它在20世纪上半叶中华民族物质文明落后挨打的严峻现实前,振聋发聩提警世人,体现了先觉者的某种智慧与远见。

事实上,科学技术作为推动人类文明发展的重要力量,其进步意义毋庸置疑。人类理性在文明建设和人的发展中的重要作用,也不容小觑。时至今日,中华民族仍处在现代化的进程中,我们仍然急需科学技术的大力发展来推动生产力的提高,人民大众的科学素养和智力水平也仍然急需完善和提升。但是,我们不能继续为急功近利的片面发展盲目买单了。工具理性和价值理性关系所揭示的感性与理性、手段与目的、物质与精神、科学与人文的对立冲突,及其如何在人的实践活动中升华统一,是人的建构和人类发展的重大课题,需要几代人追随先哲,省思、批判、提升、超越。

二、情感激扬与生命勃发:人生艺术化的启蒙维度

在现代中国,"人生艺术化"理论作为关于人生美的一种理想建构,几乎同时承担了批判和启蒙的双重责任。

"启蒙"在英文中为 Enlightenment,其含义是照亮。启蒙思潮在西方主要是指 17 至 18 世纪欧洲资产阶级反对宗教束缚的思想解放运动,它的核心是理性启蒙。康德指出:"启蒙运动就是人类脱离自己所加之于自己的不成熟状态。不成熟状态就是不经别人的引导,就对运用自己的理智无能为力。"[20] 在康德看来,人不是天生缺乏理性,而是理性被遮蔽被钳制而处于黑暗和愚昧之中。启蒙即引导人从黑暗走向光明,从遮蔽走向敞亮,从愚昧走向智慧。启蒙运动确立了人对自我的信心,把人从宗教愚昧下解放出来,确立了"一切都必须在理性的法庭面前为自己的存在作辩护或者放弃存在的权利"的准则[21],从此使世界进入了一个"用头立地"的时代。而从启蒙思潮的具体内涵看,又可分为两个方面。一个是以培根、伽利略、牛顿等为代表的知识与经验层面的理性文化启蒙,另一个是以笛卡尔、帕斯卡尔、斯宾诺莎等为代表的思想和精神层面的理性文化启蒙。前者表现为人类理性向外在世界的拓展,后者表现为人类理性向内在世界的拓展。西方启蒙思潮同时肯定了这两种理性及其拓展。它确立了大写的人,但这个人主要是理性的人。卡西尔把启蒙精神视为上帝交给人类的拐杖,而这种理性精神的核心是分析精神。恩格斯也认为经过启蒙运动的洗礼,理性精神已成为一种无法阻挡的力量,席卷了社会生活的方方面面,"思维着的悟性成了衡量一切的惟一尺度"[22]。启蒙思潮确立了人类理性的权威。理性开始成为人类生活中判断一切存在是否合理的最高尺度。经过 18 世纪的进一步发展,19 世纪,人类的理性文化开始迎来它的黄金时代。"19 世纪的最初 25 年,此时以工业革命为转机,人类社会已经天光大亮了";"在打破了过去僵化的世界观之后,科学研究也开辟了新的领域。新的发明和新的发现接连不断地涌现出来,19 世纪建设科学文明的篇章就由此展开","出现了科学的黄金时代"。[23] 此时,非欧几里德几何学诞生了,能量守恒定律发现了,电报通讯技术发展了。科学的发明创造令人目不暇接。科学不仅从社会背景中独立出来,而且内部细分,高速发展。"19世纪下半叶,近代欧洲的政治发生了非常大的变化,80年代,自由资本主义开始进入垄断资本主义时代,这是近代史上一个转折时期,卡特尔和托拉斯全面发展。革命性的动力——电能的出现和应用,电动力开始代替蒸汽动力,这是生产中的革命变革。与此同时,19世纪的风格是,科学家——工程师——商人,而不是17、18世纪的科学家——数学家——哲学家的风格了"[24]。西方的理性启蒙经由理性自信,开始进入了理性崇拜的时代。人们相信,科学能把人类送上天堂,就像凡尔纳笔下的尼摩船长(《海底两万里》)和福特先生(《八十天环游地球》),可以凭借发明创造,上天入地,无所不克。"理性是世界的灵魂,理性居住在世界中,理性构成世界的内在的、固有的、深邃的本性,或者说,理性是世界的共性。"[25]黑格尔的话具有相当的代表性,表达了19世纪西方文化中的绝对理性主义倾向。进入20世纪以来,西方文化中的理性精神进一步登峰造极,使得启蒙精神中的科学传统和人文传统逐渐分道扬镳。马克思早就预见到:"资本主义生产就同某些精神生产部门如艺术和诗歌相敌对。"[26]在那种生产方式下,潜藏于唯理性原则下的绝对效益目标使人逐渐工具化,使得本由理性从宗教钳制中解放出来的自我,又异化为理性的奴隶。科技与人文、感性与理性、物质与精神等的矛盾在理性崇拜中日渐尖锐与对立。两次世界大战将科技理性冷酷和血腥的一面充分展现在世人面前。19世纪中叶以后,现代主义思潮出场,开始了对启蒙理性即现代性的反思。现代性反思的核心是反理性。现代主义形成了唯意志主义、直觉主义、生命哲学、精神分析哲学、存在主义等种种学说,张扬非理性、直觉本能、生命冲动,以生命原欲和纯粹感性对抗启蒙精神中的绝对理性。现代主义在实质上就是对启蒙思潮以来的科学主义传统的反思。同时,它也将文艺复兴以来对人的主体性的肯定由思维理性导向生命本能。因此,现代主义一方面是以生命本能和非理性的张扬批判反思启蒙思潮以来的工具理性追求,另一方面是以生命本能和非理性的张扬解放被思维理性压抑的生命原欲。

西方启蒙思潮和现代主义兴起于西方现代科技突飞猛进的凯歌时代,这与中国现代"人生艺术化"理论萌蘖的20世纪初年中华民族科技落后挨打的现实语境截然不同。可贵的是,中国现代"人生艺术化"理论的诸大家既以开放的姿态从中国先秦西方古希腊以来的人类思想文化宝库中吸纳各种滋养,又非一味盲从,而是强烈地体现出化合结婚、为我所用的清醒姿态。中国现代"人生艺术化"理论兼具批判与启蒙的双重维度,在批判维度上它主要否定了理性片面性和物欲功利性,在启蒙维度上它则主要张扬了情感力和生命力。它的情感启蒙和生命启蒙既反对将生命工具化,又反对将生命欲望化,它是将美的情感视为人的生命的根基的,因此,它的情感启蒙和生命启蒙也常常交织在一起,是以情感激扬促生命勃发,以情感美化促生命完善,从而建构了自己独特的情感生命启蒙及其人生美学立场。

从现存史料来看,中国文化对情感的基本立场主要可分为"节情"和"尊情"两派。儒家各派论情大都主张以理节情,强调情理调和的中和状态。先秦荀子是比较早较自觉地从心理角度对"情"作出区分的,他把"情"分为好、恶、喜、怒、哀、乐,认为这是"性"的具体内容。同时,他又将"情"与"欲"理解为一体化的东西,主张通过制定礼仪和自我控制来节制"情"与"欲",是"节情""导欲"论的先驱。"节情论"要求遵循的是封建统治者的人伦法度,在本质上是对个人情感的压抑。这种理论在中国古典情感理论中占有统治地位,影响很大。值得注意的是,"理"在中国文字中本来是条纹的意思,即物的条理。儒家在运用"理"字时,既将它解为物的规则,又将它解为道德准则。"理"即"礼","礼"的人伦规则也就模糊为"理"的客观准则。中国传统文化最终发展出"存天理,灭人欲"的理学教条,完全将理("礼")与情("欲")对立起来。在中国古典文化中,也涌动着"尊情说"的潜流。同样在先秦时代,庄子就提出了"形莫若缘,情莫若率"的主张。[27] 他对"情"作了精彩的分析:"真者,精诚之至也。不精不诚,不能动人。

故强哭者虽悲不哀,强怒者虽严不威,强亲者虽笑不和。真悲无声而哀,真怒未发而威,真亲未笑而和。真在内者,神动于外,是所以贵真也。……礼者,世俗之所为也;真者,所以受于天地,自然不可易也。故圣人法天贵真,不拘于俗。"[28]庄子视真情源自天地自然,发自人心本真,给予了情很高的地位。实际上,在这里,庄子也提出了世俗之情与圣人之情的区别。世俗之情,为礼所制,牵强造作。圣人之情,受之天地,发自内心,精诚自然。庄子倡导的是"法天贵真"的圣人之情。庄子以"天地""圣人"为情张目,但实际上已为人的现实真实感情的张扬开辟了通道。魏晋风度发扬了庄子对真情的追求,特别是让庄子的圣人之情回到了人间,以对士人率性之情的张扬让情更富人间滋味。明代以后,李贽、汤显祖、袁枚等都论述了情的问题,主张梳理情、性、理之间的关系,要求合情尊情。"尊情说"以"情"来对抗"礼"与"道",但在"节情论"的巨大压力下,影响甚微。整个中国传统文化,在情的问题上,基本立场是要求以理节情、中庸合度,其在本质上是贬情抑情,不主张个人情感张扬的。近代以来,随着西学东渐,封建宗法文化重"礼"轻"情",压抑主体束缚个性的本质愈益显露。龚自珍是近代倡导情感解放的先锋。他在《长短句自序》中提出了世人对待情感的三种态度:"情之为物也,亦当有意乎锄之矣;锄之不能,而反宥之;宥之不已,而反尊之。"[29]龚自珍把情视为人之本性,反对锄情、宥情,倡导尊情,这既是对传统尊情说的丰富与继承,也是对明末以来进步思想家追求思想解放的回应与推进。

情感的解放在20世纪初的中国主要是对封建礼教束缚的反抗,这与西方自康德以来的现代情感哲学有着显著的区别。西方自古希腊以来一直把理性视为人的本质,而在工业化进程中,人类理性的地位更是得到了高度的肯定,以致在某些方面走向理性的片面发展而导致人性的畸变。西方哲学中,康德第一个以知情意的心理要素的三分赋予人的情感以独立的地位。他从完整人性的本体意义上观照情感,试图为情感的合理性立法,为情感对于生命的本体意义张目。

康德以后,柏格森、尼采等西方现代哲学家则直接从情感与人的生命感性的联系出发,宏扬生命中的感性自由意志和内在生命本能,以对个体感性欲望和非理性的绝对肯定来宏扬个体生命的主体性和自由性。因此,从康德到柏格森、尼采,西方的情感学说从否定理性对人的绝对权威出发,到彻底颠覆理性的人成为感性的人,其共同处都是肯定了情感与人的生命的本体联系,情感就是人的生命本身不可或缺的要素。

中国现代"人生艺术化"理论的情感学说调和了中西情感理论。它在功能论上支持由尊情而启情,在方法论上倾向由节情而美情,在本体论上赞同情感与知意相呼应而独立乃人性完善的必要基础。梁启超是中国现代"人生艺术化"理论诸家中对情感作出比较系统观照的一位。梁启超认为:"天下最神圣的莫过于情感","情感是人类一切动作的原动力",[30]是人类个体生命和众生宇宙"进合"为一的"关门"。梁启超强调,一方面,必须解放情感,激发情感的活力,才能充分"领略生命的妙味";另一方面,情感又是"本能"与"超本能"、"现在"与"超现在"的统一,因此,必须重视情感的理性与感性的统一,才能实现情感的功能。特别值得注意的是,梁启超谈情感问题并非只是文化选择的结果,更重要的是这种理论选择使他将关于情感问题的理论论释与对现实人生的思考更紧密地联结起来了,这也是整个中国现代"人生艺术化"理论情感启蒙的特定维度,即情感的生命本体地位、感性生命力量与人生责任信念的融汇,是借情感激扬与美化来促生命勃发和完善。因此,情感的启蒙和生命的启蒙在中国现代"人生艺术化"理论中,也是内在紧密地贯通为一的。

中国现代"人生艺术化"理论对生命的理解和定位则糅合了传统儒道的乐生精神和西方现代生命哲学的主体精神,着重主张生命的活跃和创化。梁启超认为人最可厌的是缺乏生命的热情,生活就好像"沙漠"与"枯树"。这样的人"勉强留在世上,也不过行尸走肉"。[31]因此,他主张生命的趣味精神,以不有之为的生命态度来超越生命运化中的成败之执和得失之忧,从而成就兴会淋漓的生命"春意"。而这种有味生命的境界在梁启超看来也就是个体和众生和宇宙相进合的创化之境。中国现代"人生艺术化"理论所倡导的生命创化与西方现代生命哲学如柏格森所阐释的生命创化是有区别的。前者是生命创造和大化的统一,既在生命本体存在的维度上肯定生命创造的个体意义,又在生命价值的终极追求上宏扬生命大化的纯粹精神。因此,这种生命创化实际上也是生命的感性创化和理性目标和德性追求的统一。而柏格森的生命创化主要是个体感性生命的直觉冲动和意志自由,他把人的生命本质视为不断创新不断克服物质阻力而追求精神意志自由的直觉绵延。梁启超非常欣赏柏格森这种对人的自由意志的肯定,认为柏格森的哲学可以推动人类无畏创造的精神,是给国人的"一服'丈夫再造散'"。实际上,柏格森的直觉冲动和自由意志是用来对抗西方工业社会的理性扩张和机械人性的,而梁启超从中发挥的是对生命的激情和热爱,他借柏格森哲学要做的是对国人本体生命意识的启蒙。同时,他又融合了儒道的生命情致,把儒家生命的健动、尚实、情理合一和道家生命的超越、自由、空灵相贯通。

三、生命大化与诗意涵成:人生艺术化与生命之翔舞

中国现代"人生艺术化"理论倡导了艺术与人生相融的人生美学主张,并从中发挥出让生命从物欲束缚中超越出来,从理性强制中升华起来,实现个体与众生宇宙化生的诗意涵成之路。

生命的翔舞首先要从物欲的束缚中超越出来。超越物欲的关键,在中国现代"人生艺术化"理论的视阈中,其根本就是纯粹的艺术精神和艺术人格的确立。朱光潜认为物欲利益的追逐就是人心堕落的根本原因。他说:"现世只是一个密密无缝的利害网,一般人不能跳脱这个圈套,所以转来转去,仍是被利害两个大字系住。在利害关系方面,人己最不容易调协,人人都把自己放在首位,欺诈、凌虐、劫夺种种罪孽都种根于此。"[32]因为这种物欲的追逐,人都在利害网中

而不能自拔。因此，人要成就伟大的事业，在朱光潜看来，就要确立"无所为而为"的艺术精神，"从有利害关系的实用世界搬家到绝无利害关系的理想世界"，"超乎利害关系而独立"，才能真正从物欲束缚中解放出来。丰子恺则融合了佛教文化的智慧，把"我私我欲"和人心的"实利化"看作生命之大敌，认为艺术的最高点与宗教相通，那就是"除私利"、"无所图"。他慨叹"美秀的稻麦"何尝仅供人充饥，"玲珑而洁白"的山羊何尝仅供人杀食，为欲所迷，为物所迫，就不可能"作真的自己的生活，认识自己的奔放的生命"。[33]与朱光潜、丰子恺相比，宗白华则进一步深入地触及了物欲解放与人的生命诗性的关系。他强调要把人从"物质的奴隶"和"人欲冲动的强度扩张"中解放出来，提升起来，"突破'自然界限'"，"撕毁'自然束缚'"，让人"飞翔于'自然'之上"[34]。

生命的翔舞还要从理性的强制中升华起来。超越理性的强制，首先就要肯定情感的价值和意义。梁启超是中国现代美学家中较早对情感给予高度肯定并作出系统研究的。他认为情感是"天下最神圣的"东西，是"人类一切动作的原动力"，是通向"生命之奥"的唯一"关门"。他说："用理解来引导人，顶多能叫人知道哪件事应该做，哪件事怎样做法，却是与被引导的人到底去做不去做，没有什么关系。有时所知的越发多，所做的倒越发少。"[35]因为理智"遇事先计划成功与失败"，"每做一事，必要报酬"，如此"挑选趋避"的结果，"十件事至少有八件事因为怕失败，不去做了"。而这种自以为打得精密的算盘，常常与事实不能相应。因为这类依据常理和惯例作出的所谓理智判断，否定了人的无穷创造力及其多样可能性。他嘲笑说："假设一个人常常打算何事应做，何事不应做，他本来想到街上散步，但一念及汽车撞死人，便不敢散步，他看见飞机很好，也想坐一坐，但一念及飞机摔死人，便不敢坐，这类人是自己禁住自己的自由了。要是外人剥夺自己的自由，自己还可以恢复，要是自己禁住自己的自由，可就不容易恢复了。"[36]而这种自己禁住自己的自由，就是理性的强制。超越理性强制,就要解放情感。"情感的性质是本能的,但它的力量,能引人到超本能的境界;情感的性质是现在的,但它的力量,能引人到超现在的境界。"[37],梁启超认为情感并不是纯粹感性个体的东西,它既是生命的本能和生命的现在时,同时,它又包孕了通向众生宇宙的内在"阀门"。因为"情感是不受进化法则支配的"[38],在"心"与"心"之间,在"情阈"与"情阈"之间,对于善的美的情感的趣味是共通的。因此,解放情感,还需要陶养美的和善的情感,让其成为理性的强大内驱力。"理性只能叫人知道某件事该做某件事该怎样做法,却不能叫人去做事,能叫人去做事的,只有情感";"一个人做按部就班的事,或是一件事已经做下去的时候,其间固然容得许多理性作用,若是发心着手做一件顶天立地的大事业,那时候,情感便是威德巍巍的一位皇帝";"情感烧到白热度,事业才会做出来"[39]。在情和理对生命与生活的价值问题上,朱光潜和梁启超一样也是主情论者。他认为"理智支配生活的能力是极微末的,极薄弱的",同时,"理智的生活是很险隘的",也"是很冷酷的,很刻薄寡恩的"。他甚至认为:"人类如要完全信任理智,则不特人生趣味剥削无余,而道德亦必流为下品。严密说起,纯任理智的世界中只能有法律而不能有道德。纯任理智的人纵然也说道德,可是他们的道德是问理的道德(morality according to principle),而不是问心的道德(morality according to heart)。问理的道德迫于外力,问心的道德激于衷情,问理而不问心的道德,只能给人类以束缚而不能给人类以幸福。"[40] 丰子恺也认为:"纯粹的知识和道德全是枯燥的法则的纲。这纲愈加繁多,人生愈加狭隘。"[41] 理性强制束缚了人性的自由发展,导致了人性的僵化和灵魂的粗鄙。宗白华则强调在理性为唯一原则的技术世界中,生命臣服于"科学权力"和"占有的冲动",成为技术世界中仅仅为效益存在的机器。因此,生命的翔舞也就是要把人从"机械的奴隶"、从"抽象的分析的理性的过分发展"中解放出来,[42] 使生命极尽自我的人性。

生命的翔舞最终是要从生命大化中成就诗意涵成。中国现代"人生艺术化"论者大都认为人与宇宙可以相通交融,即把宇宙人情化、生命化。由此,个体生命的存在和意义也就可以上升到更为宏阔高远的境界,升华出自由诗意的维度。丰子恺认为:"宇宙间没有可以独立存在的事物。倘不为全体,各个体尽是虚幻而无意义。那么这个'我'怎样呢?自然不是独立存在的小我,应该融入宇宙全体的大我中,以造成这一大艺术。"[43]在丰子恺这里,有"小艺术"与"大艺术"的区别。他说:"人何以只知鉴赏书画的小艺术,而不知鉴赏宇宙的大艺术呢?"[44]小艺术,就是狭义的艺术,即书画诗赋等。大艺术,是广义的艺术,是把艺术的态度活用到生活中所成就的人生宇宙的艺术气象。在丰子恺看来,"人生的苦闷"在于人逐渐变成"现实的奴隶"。"我们的身体被束缚于现实,匍匐在地上,而且不久就要朽烂"。但只要"非尽失其心灵的奴隶根性的人",都"希望发泄",希望"可以瞥见'无限'的姿态,可以认识'永劫'的面目,即可以体验人生的崇高、不朽"[45]。那么如何去实现人生的这一意义与价值呢?丰子恺推出了"举杯邀明月,开门迎白云"的艺术化生活的途径,即以"物我一体"的艺术心灵去体味日常生活。因为,"宇宙是一个浑然融合的全体,万象都是这全体的多样而统一的诸相"。我们要以艺术之眼来看宇宙,这样"在万象的一点中,必可窥见宇宙的全体",可以"发见更大的三昧境"[46]。于是,"花笑"和"鸟语"就不只是物事也是情事了。"物我一体"的生命化境使山水日月衣食住行都赋有了灵动芬芳的诗意。对于诗意生命的体认,在宗白华的笔下,更是得到了灵动深沉的阐释。宗白华认为:"生命的有限里就含着无尽","世界给予人生以丰富的内容,人生给予世界以深沉的意义"[47]。而这个意义的给予是个体生命"纵身于宇宙生命的大海中,将他的小我扩张而为大我"[48],从而让自己的心灵与世界万有合而为一,去体味生命的秘密与宇宙的旋律。这是一种"不沾滞于物"的"精神上的真自由、真解放","把我们的胸襟像一朵花似地展开,接受宇宙和人生的全景"[49]。宗白华指出大艺术家的最高境界就是以宇宙为观照对象,因为"一枝花、一块石、一湾泉水,都是在那里表现一段诗魂"[50]。而意境就是"一切艺术的中心之中心"[51]。它化实为虚,鸢飞鱼跃,剔透玲珑,"直探生命的本原",让"'道'的生命和'艺'的生命妙合",让"最深度的体验生命"与"最高度的把握生命"[52]合一。"天地诗心"即"艺术诗心"。在"纵身大化"中实现诗意涵成,就是给生命以超脱自在的空间,让生命成为"最自由最充沛"的自我,"真力弥满","掉臂游行"。而这种以纵身大化来成就诗意涵成,在梁启超那里,就是个体生命在与众生宇宙的"迸合"中,涵泳生命的"春意"和"趣味"。

注释:

[1] (德)本雅明语。见岳友熙《追寻诗意的栖居》,人民出版社,2009年,第84页。

[2] 朱晓江《有情世界:丰子恺艺术思想解读》,北岳文艺出版社,2006年,第19页。

[3][4][5][6][7][8] 梁启超《欧游心影录》:《饮冰室合集》第7册专集之二十三,中华书局,1989年,第15页;第15页;第16页;第35页;第10页;第12页。

[9] 宗白华《近代技术的精神价值》:《宗白华全集》第2卷,安徽教育出版社,1994年,第167页。

[10][47][48] 宗白华《歌德之人生启示》:《宗白华全集》第2卷,安徽教育出版社,1994年,第11页;第15页;第8页。

[11] 宗白华《中国文化的美丽精神往那里去》:《宗白华全集》第2卷,安徽教育出版社,1994年,第400页。

[12] 宗白华《席勒的人文思想》:《宗白华全集》第2卷,安徽教育出版社,1994年,第114页。

[13] 丰子恺《桂林艺术讲话之一》:《丰子恺文集》第4卷,浙江文艺出版社/浙江教育出版社,1990年,第16页。

[14][18][40] 朱光潜《给青年的十二封信》:《朱光潜全集》第1卷,安徽教育出

版社,1987年,第44页;第44页;第44页。

〔15〕〔19〕〔32〕朱光潜《谈美》:《朱光潜全集》第2卷,安徽教育出版社,1987年,第96页;第6页;第6页。

〔16〕丰子恺《艺术必能建国》:《丰子恺文集》第4卷,浙江文艺出版社/浙江教育出版社,1990年,第32页。

〔17〕丰子恺《桂林艺术讲话之二》:《丰子恺文集》第4卷,浙江文艺出版社/浙江教育出版社,1990年,第20页。

〔20〕(德)康德著、何兆武译《历史理性批判文集》,商务印书馆,1990年,第22页。

〔21〕〔22〕(德)恩格斯《反杜林论》:《马克思恩格斯选集》第3卷,人民出版社,1974年,第56页,第56页。

〔23〕〔24〕(日)汤浅光朝著、张利华译《科学文化史年表》,科学普及出版社,1984年,第70—78页,第99页。

〔25〕(德)黑格尔著、贺麟译《小逻辑》,商务印书馆,1980年,第80页。

〔26〕《马克思恩格斯全集》第26卷I,人民出版社,1972年,第296页。

〔27〕陈鼓应注译《庄子今注今译》中册,中华书局1983年,第512页。

〔28〕陈鼓应注译《庄子今注今译》下册,中华书局1983年,第823—824页。

〔29〕龚自珍著、王佩诤校《长短言自序》:《龚自珍全集》,上海古籍出版社,1999年,第232页。

〔30〕〔35〕〔37〕梁启超《中国韵文里头所表现的情感》:《饮冰室合集》第4册文集之三十七,中华书局,1989年,第71页;第71页;第71页。

〔31〕梁启超《趣味教育与教育趣味》:《饮冰室合集》第5册文集之三十八,中华书局,1989年,第13页。

〔33〕丰子恺《关于儿童教育》:《丰子恺文集》第2卷,浙江文艺出版社/浙江教育出版社,1990年,第252页。

〔34〕〔42〕宗白华《〈纪念泰戈尔〉等编辑后语》:《宗白华全集》第2卷,安徽教育出版社,1994年,第296页;第296页。

〔36〕梁启超《"知不可而为"主义和"为而不有"主义》:《饮冰室合集》第4册文集之三十七,中华书局,1989年,第65页。

〔38〕梁启超《情圣杜甫》:《饮冰室合集》第5册文集之三十八,中华书局,1989

年,第 37 页。

〔39〕梁启超《评非宗教同盟》:《饮冰室合集》第 5 册文集之三十八,中华书局,1989 年,第 22 页。

〔41〕〔45〕丰子恺《关于学校中的艺术科》:《丰子恺文集》第 2 卷,浙江文艺出版社/浙江教育出版社,1990 年,第 226 页;第 226 页。

〔43〕〔44〕〔46〕丰子恺《艺术三昧》《丰子恺文集》第 5 卷,浙江文艺出版社/浙江教育出版社,1992 年,第 153 页;第 153 页;第 153 页。

〔49〕宗白华《论〈世说新语〉和晋人的美》:《宗白华全集》第 2 卷,安徽教育出版社,1994 年,第 274 页。

〔50〕宗白华《看了罗丹雕刻以后》:《宗白华全集》第 1 卷,安徽教育出版社,1994 年,第 314—315 页。

〔51〕宗白华《中国艺术意境之诞生》:《宗白华全集》第 2 卷,安徽教育出版社,1994 年,第 326 页。

〔52〕宗白华《艺术与中国社会》:《宗白华全集》第 2 卷,安徽教育出版社,1994 年,第 411 页。

结语　艺术"双刃剑"与人生艺术化

两百多年前,康德说过:"人类只能在不断向前的运动和无限多的世代中提高到自己的规定:他们面前的目的永远是一个远景。但奔向这个最终目的的意愿却永不变更,不管自己的旅程上遇到多少障碍。"[1]一百多年前,马克思指出:"不是神也不是自然界,只有人自身才能成为统治人的异己力量。"[2]人,永远在路上!而人生艺术化,为人类展示的是个体生命超越实存提升自我的一种路径。人生艺术化在当代生活中的重构与践行,不是生命诗性建构的完成,也不是以艺术化取代科学化。艺术的诗意、情感、理想、超越,犹如一把双刃剑,需要在与科学、与理性、与实存的冲突、交融、否定、相长中相契、共生,并最终升华为生命和人生的更加完善完美的形态。因此,在当下,我们更愿意把"人生艺术化"视为一种动力机制和张力愿景,既反思批判着我们生存的现状,也提引推动着我们生命的前行。

一、中国当代生活景象的审美观照

不可否认,中国当代社会生活正在发生急剧的变化。自20世纪后半叶起,随着经济全球化的进程,各民族国家间的经济、技术、文化的联系空前加强。虽然,我们的经济和社会基础还远未达到发达国家的水平,但随着这种联系的加强,强势文化的价值旨趣、格调品味也势必更易得以扩充和渗透。事实上,西方文化的商业原则、大众口味、科技指征等正随着现代商业运作模式和资本机制迅速扩散,人的生命情趣和格调、人的生存方式和姿态正在大幅度地被改造。可以说,中国当代生活纷纭的景象既是社会生活本身急剧变迁的现实反映,也是汹涌而来的西方现代后现代文化与本土文化复杂交融的结果。必须承认,与中国传统农业社会、伦理文明的生活景象相比,20世纪80年代中叶以来,中国当代生活正以前所未有的变化速度呈现出令人眼花缭乱的各种新景象、新态势。其中不乏现代性的觉醒、主体意识的强化所催生的对于生命和感性生活的高度重视,对于自我个性和主体精神的高度张扬,对于科学与技术的巨大热情。与此相伴随的还有种种物质主义、技术主义、个体主义、游世主义等生活思潮,这些思潮以欲望追逐、感官享乐、讲求实用、追求自我、消解意义等价值导向,衍生出中国当代生活中颇具代表性的种种新的生活景象,也使得人性中的某些低、谷、粗、丑的欲望获得了滋长放纵的土壤。具体来看,主要有以下一些较为突出的表现。

首先,是对物质生活的高度热情及其伴生的欲望追逐。丰子恺在《精神的食粮》一文中指出"人欲有五:食欲、色欲、知欲、德欲、美欲是也。食色二欲为物质的,为人生根本二大欲。"[3]否认人的物质欲望,既非科学也非人道的态度。物质生活首先是与人的感性满足相伴随的。"但人决不能仅此满足即止,必进而求其他精神的三大欲之满足。此为人生快乐的向上,向上不已,食色二欲中渐渐混入美欲,终于由美欲取代食色二欲,是为欲之升华。升华之极,轻物质而重精神。所欲有甚于生,人生即达于'不朽'之理想境域。故精神的粮食,有时更重于物质的粮食。"[4]美国人本主义美学家马斯洛曾将人的需求分为生理、安全、归属与爱、尊重、自我实现等五个由低向高的层次,实质上也就是人的需求不断由物质向精神提升、以精神超越物质的过程。在物质贫竭的年代,人的物质欲望是很难满足的,精神提升和超越的需求在绝大多数人身上还未成为自觉的追求。今天,生产的巨大发展使我们进入了一个新的时代。虽然,我们远没有像西方发达工业社会那样,已由生产型社会进入消费型社会,但物质产品的空前丰富,各种大型市场与卖场的遍地开花,使大多数城市乃至集镇居民都可以随处接触五光十色的物质产品和物质环境。物质的需求是人的合理欲望。但为了物质占有而抛弃精神信仰,这就是物质对人的异化,由此催生的也就是物质至上的物质主义哲学。物质主义任凭物质欲望无限扩张,以物质生活及其追逐作为人的生活的唯一核心和最高价值。由此也就失落了人的生活的丰富性。同时,物质主义的感性生活只有欲望的追求而缺失精神的意义,由此,这种生活也就缺少耐人品味的内蕴和情趣。从20世纪末始,中国当代部分敏感的艺术家较早发现了生活中的这种变异,并率先进行了表现与批判。如缪永在小说《驰出欲望街》中塑造了一个女大学生志菲的形象,志菲以25万元的代价将自己洒脱地"包"给了朝秦暮楚、女朋友不计其数的大款。王方晨在小说《毛阿米》中也塑造了一个女大学生毛阿米的形象,毛阿米为了"及时享乐满足物欲","以自己的身体与智慧作为资本,主动地向男性这个优越等级发起进攻",同时周旋于几个男人之间。[5]这些女作家不约而同地把眼光投向女大学生这个当代中国女性中的知识阶层,对于她们在汹涌而来的商品大潮前灵魂撕裂、自我物化的现象表现了深切的关注和尖锐的批评。

其二,对理性与技术的崇拜追求及其人性的片面发展。科学技术和理性精神在生活中的重要地位是现代生活的重要标志之一,也是现代生产方式的重要基础。现代大工业生产对传统小农生产的超越,首先就是以现代科技为基础的大机器生产的发展为前提的。在大机器生产中,需要的是高度的严谨、秩序和理性,每一个工人只需掌握这个生产链条中的一个环节,严格地按照所要求的程序去操作。与此同时,对于生产的热情、对于产品的理想、对于个体创造性的想象都被这个冷冰冰的技术和程序所取代。伟大的戏剧演员卓别林就在他的作品中生动地为我们呈现了这样的机器化了的人。事实上,德国古典美学就是针对现代文明对自然束缚的发展和人性分裂的加剧而提出的人的情感涵养和人性重归完善的学说。席勒在《审美教育书简》中提出现代社会各种精确的科学区分使整个社会变成"一架精巧的钟表","在那里无限众多但都没有生命的部分拼凑在一起,从而构成了一个机械生活的整体"。"人永远地被束缚在整体的一个孤零零的小碎片上","他永远不能发展他本质的和谐"。"他不是把人性印在他的天性上,而是仅仅变成他的职业和他的专门知识的标志"。这种人性分裂和机械化的结果就是,"为了使整体的抽象能够苟延残喘,个别的、具体的生活逐渐被消灭"[6]。

其三,主体意识的觉醒高涨所伴生的个体主义、自我中心倾向。主体意识的觉醒是现代性的标志之一。从文艺复兴到启蒙主义,新兴的资产阶级文化不仅冲击了中世纪黑暗的宗教统治,也冲击了古老的宗法专制。资产阶级以自由、平等、民主、个性等理念倡导了一种个性解放和个性自由的新思潮。而从中国文化传统来看,漫长的封建社会中,占主导地位的是儒家文化。儒家文化以伦理为核心,主张以"礼"来节制"情(欲)",实际上也就是以社会化的伦理理性来规范个体的行止,即"克己复礼"。个体是以克制自己的精神和个性的独特性来保持"中庸"和与社会整体一致的和谐状态。而这种和谐实质上是以牺牲个体的差异性和生动性为前提的。晚明李贽提出了"童心"说,呈现出人文主义的个性解放思潮的萌芽。近代龚自珍毫不留情地批判了封建礼教对于人的思想的禁锢和个性的摧残,他的疗梅实则疗人,表现了对人的个性自由和人格健全的呼唤。"五四"时期,中国文化内部所潜涌的个性解放的思想与西方文化涌入所带来的个性解放的思潮相汇流,使中国社会掀起了一场空前高涨的追求个性解放的新思想运动。这场个性解放的运动是与社会解放相联系的,它不仅要追求个体的自由与解放,更重要的是要追求社会的民主化和社会的解放,因此,它与资产阶级的个性解放思潮并不完全相同。可以说,这场个性解放的运动更带有启蒙主义的性质,与其说它催醒了国人久被湮没的个性与主体性,还不如说它催醒了国人沉睡已久的主体责任感。在整个中国现代社会的发展历程中,深重的民族危机使得社会问题比个体问题远为突出,而正处于发育中的中国现代文化也不可能为主体意识的彻底觉醒提供所需要的充足基础。对于主体意识觉醒的自觉呼唤在 20 世纪 80 年代中叶以后终于达到了一个新的高峰。80 年代中叶,中国对世界自觉打开国门。我们与西方不同的是,他们的文化经历了由传统到现代至后现代的逻辑进程,而我们从 20 世纪 80 年代中叶至今,不仅面对了西方现代文化的广泛影响,也接纳了西方后现代文化的冲击。我们几乎没有更多的时间冷静地思考今天我们自己的现实,和对汹涌而来的西方现代后现代文化予以批判改造,就几被这股大潮所淹没。伴随着对主体意识觉醒的张扬,个体主义、自我中心等倾向也在当代生活中广为蔓延,成为一部分人的新的生活准则和价值导向。由此,中国传统文化所崇尚的整体性大有简单地被西方现代文化中的个体性所取代的倾向。这种个体性以个人利益为最高准则,唯以个人自由、个体趣味、自我中心为瞻。

其四,后现代解构哲学所导致的意义消解和游世主义等生存倾向。虽然中国社会在经济上远未达到后现代工业社会的指标,可以说,我们还在为消灭贫困实现小康而努力。但是,中国当代生活的复杂性在于,我们的生活态度、价值取向不仅受到本民族自身传统的影响,可以说在很大程度上还受到了西方现代后现代文化的交错影响。而且这些在西方呈纵向交替的文化思潮在中国几乎交踵而至,在当下共时并存地发挥着影响。同时,随着现代传媒技术和互联网络的迅猛发展,这些西方文化思潮、生活方式的影响不仅仅是静态的,也是具象的、生动的、即时的。卫慧的《上海宝贝》问世时,许多艺术批评家似乎还没有在精神上做好准备。不管对倪可[7]是欣赏还是鄙夷,这类人物在当代生活中的出场却是一种必然。倪可的精神标记就是所谓的个人生活,是怎么样就怎么活,是有什么就享受什么。她沉溺于感性生活,为自己的欲望所驱遣,欣然而"被动地接受命运赋予我的一切",而"无法背叛我简单真实的生活哲学"。[8]这样的人物只为自己而活着,只为当下而活着。至于生命的意义、生存的价值这样的深层问题对于他们来说,根本不曾去顾及也不屑于去思考。事实上,他们对于生命的认识并非是未经开蒙的混沌,而只是他们不屑于去思量罢了。他们也没有西方现代主义那种世纪末的痛苦,抓住当下享受当下就是一切。因此,这种生活的哲学看似执着于当下,实际上骨子里是消费人生,既不对未来负责,也不对自我以外负责。无所谓意义,也就无所谓无意义;无所谓理想,也就无所谓无理想,从而集中体现了后现代解构主义哲学下的消解意义悬搁理想的生存哲学。

当代生活的迅捷变化和伴随着的五色缤纷泥沙俱下,颇有令人应接不暇之势,尤其是进入21世纪以来,随着经济社会的进一步发展和不同文化交流的日趋频繁,这种变化在当下国人生活中更加广泛和触动人心。正是在这样的生活场景中,人自身的发展面临着不容回避的巨大挑战,情感、理想、诗意的出场,艺术、美的出场,显出了其特殊而重要的意义。

二、"美学人"与"美术人":人的异化与人的艺术化

美学"不仅适合于补充,而且也适合于纠正生活"。[9]作为"日常生活审美化"命题的重要西方学者之一,沃尔夫冈·韦尔施并非对于欲望化、享乐化、平面化的当代"日常生活"景观是全盘肯定和倡导的,恰恰相反,只要认真阅读他的代表著作之一《重构美学》,就可发现,他对于这样的当代生活景观是内蕴了讽刺和批评的。在这本出版于20世纪90年代末的书中,韦尔施提出了"美学人"(homo aestheticus)的概念。所谓"美学人",是指一种"高雅的新人",其"身体、灵魂和心智"都经过了"审美化"的"时尚设计",是"十分敏感,喜好享乐,受过良好教育","有着精细入微的鉴别力"的"浅表的自恋主义"者。他们"抛弃了寻根问底的幻想,潇潇洒洒站在一边,享受着生

活的一切机遇"。韦尔施也把这类"美学人"称为"时尚模特儿"和"新的模特儿角色",他们不是为传统意义上的艺术活动充当模特,而是为"审美化"的现实生活充当模特。这类"模特儿""在美容院和健身房追求身体的审美完善,在冥思课程和托斯康尼讲习班中追求其灵魂的审美精神化",而他们所谓身体的和精神的审美标准,即"一切生命的形式、定向的手段和伦理的规范,都早就根据现代意识,设定了一种它们自己的审美品质"。其实质就是"以生活时尚杂志鼎立鼓吹、礼仪课程传授的审美能力,补偿了道德规范的失落"。而"未来一代代人的此类追求,理当愈来愈轻而易举:基因工程将助其一臂之力"。[10] 韦尔施把当下现实审美化分为三个层次,一是与材料技术相关联的物质现实审美化,二是与传媒技术相关联的社会现实审美化,三是与设计技术相关联的主体现实审美化。而最后一个"审美化"直接导致主体"道德规范解体",审美因素"无论在客观的还是主观的现实之中","都是在浅表层面上进步"。这类以鼻梁等更见完美为标志、缺失道德支撑的"美学人",具有后现代主义解构本质、消解意义的突出特征,审美能力在他们身上只是为了享受生活和认同生活,而不是为了反思生活和批判生活,更不是为了改变生活和创造新生活。这个"美学人",有几个关键词:一是审美化形式,二是时尚设计,三是潇洒享受。实际上,这三个关键词也就是"美学人"的生命规则和生活形态,它们已经渗透到"美学人"生命和生活中的一切方面与过程。因此,在本质上,"美学人"是一种平面的人,他的审美化只停留在表层形式上;"美学人"是一种被设定的人,他的形式非来自生命的深层自由创造,只来自一种浅层时尚设计;"美学人"是一种异化的人,他只有生命的感性享受能力,而没有向生命深处开掘的想象能力和提升生命高度的道德能力。

"美学人"是异化的人在后现代工业文明中的新的畸形儿。"异化"这个词(Alienation)源于拉丁文(Alienatio),其最基本的哲学意义是自身的丧失。人如何丧失自身?作为生物学意义上的人,人的存在规定是肉身,因而只有肉身的死亡才会丧失自身。而作为哲学人类学意义上的人,人的存在规定就要丰富得多了,人不仅是肉体的存在,也是精神的存在,人以自我生命肉体与精神统一的丰富性、完整性、自由性实现生存的意义和价值,使人成为人。而异化就是使人成为非人,使人成为失去自身存在自由和存在意义的异己。异化的人尽管存于世,但他不能真正占有自己的生命,包括自己的感觉、情绪、情感、意识、思想、道德等在内的一切属人的人性。他不能实现自身生命的自由展开,也感受不到这种生命自由展开的幸福。

在人类思想史上,对于异化的揭示和批判,主要体现为社会批判和文化批判两种路径。一是以马克思为代表的社会批判理论。主要从私有制条件下人的异化劳动入手,揭示了资本制度下人的异化及其社会根源,要求通过社会革命来彻底消除异化。二是西方现代后现代的文化批判理论包括西方马克思主义理论。主要从现代后现代工业文明下人的工具化和物化入手,着力于技术理性强制下人的异化的文化根源,主张通过艺术的审美救赎、爱欲的感性解放等途径来恢复人性和谐消除由技术理性带来的人性异化。

马克思从私有制出发,揭示了人类历史中异化的社会根源及其扬弃的根本道路。在马克思看来,异化的根源在于私有制。因为私有制使"劳动所生产的对象,即劳动的产品,作为一种异己的存在物,作为不依赖于生产者的力量,同劳动相对立"。在现代资本主义社会中,"工人生产得越多,他能够消费的越少;他创造的价值越多,自己越没有价值、越低贱;工人的产品越完美,工人自己越畸形;工人创造的对象越文明,自己越野蛮;劳动越有力量,工人越无力;劳动越机巧,工人越愚笨,越成为自然界的奴隶";"劳动为富人生产了奇迹般的东西,但是为工人生产了赤贫。劳动生产了宫殿,但是给工人生产了棚舍。劳动生产了美,但是使工人变成畸形。劳动用机器代替了手工劳动,但是使一部分工人回到野蛮劳动,并使另一部分工人变成机器。劳动生产了智慧,但是给工人生产了愚钝和痴呆";"因此,他

结语 艺术"双刃剑"与人生艺术化

在自己的劳动中不是肯定自己,而是否定自己,不是感到幸福,而是感到不幸,不是自由地发挥自己的体力和智力,而是使自己的肉体受折磨、精神遭摧残。因此,工人只有在劳动之外才感到自在,而在劳动中感到不自在,他在不劳动时觉得舒畅,而在劳动时就觉得不顺畅。因此,他的劳动不是自愿的劳动,而是被迫的强制劳动。因此,它不是满足劳动需要,而只是满足劳动需要以外的那些需要的一种手段。劳动的异己性完全表现在:只要肉体的强制或其他强制一停止,人们就会像逃避瘟疫那样逃避劳动";"因此,结果是,人(工人)只有在运用自己的动物机能——吃、喝、生殖,至多还有居住、修饰等等——的时候,才觉得自己在自由活动,而在运用人的机能时,觉得自己只不过是动物"。[11]现代资本主义的剩余价值及其剥削掠夺,使剩余价值的创造者成为自身劳动的异己,从而使人的自由劳动异化为强制劳动,使人异化为机器和动物。马克思深刻地指出,在异化劳动中,人同自己的生产活动相异化,同自己的劳动产品相异化,同自己的类本质相异化,也同其他人相异化。因此,在异化劳动中,人的能动性丧失了,人遭到异己的物质力量或精神力量的奴役,人的个性不能全面发展而成为片面与畸形。马克思认为,扬弃异化最根本的就是要消灭资本主义私有制,实现自由劳动和人的全面发展。马克思的社会革命理论是与对现代资本主义的文化批判联系在一起的,也是与未来的理想人的塑造相联系的。异化劳动的克服,使劳动成为人自我本质和全部丰富性的确证。在论证异化及其扬弃的问题上,马克思还有一个重要的思想,就是异化与异化的扬弃走的是同一条道路。因为异化的社会根基资本主义私有制是一种高度追求效益的生产关系,它以现代大机器生产为技术基础,并以剥削掠夺等非人手段促进了人类生产力的高速发展。生产力发展为阶级消灭储备了物质前提。一方面,生产力的发展使剥削在更广范围和更高程度上成为可能,使更多人成为被掠夺的对象和无产者;另一方面,越来越多的无产者也因为不堪忍受的异化转而反对现存世界,并最终通过集体全面占有生产力而把劳动置于自己的自觉控制之下,解放自我从而彻底消灭和扬弃人的异化。异化扬弃的道路在马克思这里实际上也是人解放自我和实现自身发展的道路。因此,马克思的社会批判中也潜蕴了文化批判的维度,抨击了资本主义私有财产和经济剥削基础上的人性掠夺,即人丧失了自由的本性、丰富的创造性、多样的个性与情感。

西方现代后现代文化批判理论对异化的揭示则主要集中于对技术理性的批判。自古希腊以来,西方文化传统把理性视为人的本质规定。特别是随着现代机器工业的发展,人的理性更是获得了高度的重视。泰勒曾将人类文明(文化)的发展分为三个阶段,即蒙昧(savagery)、野蛮(barbarism)和文明(civilization),认为其进程主要与"技术和知识的进步"相应。"技术与知识"[12]的进步,确实极大地推进了人类的文明,在人类发展史上产生了无可争议的巨大作用。特别是经过16—17世纪的理性启蒙和18世纪的理性独立,"知识就是力量"(培根语)、"我思故我在"(笛卡尔语)等理性哲学深入人心。黑格尔曾激动地描绘过突破宗教权威的近代人类理性的光辉形象:"在这以前,精神的发展一直走着蜗步,进而复现,迂回曲折,到这时才宛如穿上七里神靴,大步迈进。人获得了自信,信任自己的那种作为思维的思维","人在技术中、自然中发现了从事发明的兴趣和乐趣","理智在现世的事物中发荣滋长","现实世界又重新出现了,成为值得精神萦注的对象;思维的精神又可以有所作为了"。[13] 19世纪开启了人类科学的黄金时代,新的科学发明不断涌现,科技理性高速发展。但随着理性成为"世界的共性",科技理性开始造就绝对理性主义和理性的宗教,它把理性异化为工具,理性不再通向人性,而是通向资本的利润,并将效益的追求强化为绝对目的。对于天空、海洋、陆地、矿藏的探索,不再是富有魅力的精神之旅,而只是改造自然、征服自然、攫取自然的工具。由此,日本科技史家汤浅光朝不由慨叹:"17、18世纪的科学家——数学家——哲学家的风格"转化为

"19世纪"的"科学家——工程师——商人"的风格了。[14]科学精神的理想转变成技术理性的务实,异化为工具理性的强制。19世纪末初露端倪的科学与人文的矛盾,在进入20世纪以后,逐渐演化为现代文化的危机。特别是20世纪30年代以来,西方文化工业的迅猛发展,进一步加剧了工具理性和效益原则对社会生活的渗透,主体的人逐渐丧失了多样的感受力、丰富的幻想力和深刻的反思精神,趋向平面、机械、划一,成为由技术理性和消费原则支配的"单向度的人"、"机械人"、"公司人"等等。

"单向度的人"是马尔库塞(Herbert Marcuse,1898—1979)在《单向度的人》一书中提出的概念:即one-dimensional man。马尔库塞认为,发达工业社会只有技术而没有批判。作为一种以技术为核心的集权主义社会,发达工业社会已经成功地以技术而不是以暴力去制服自己的对立面。"技术的合理性已经变成政治的合理性","对立面的一体化,这正是发达工业社会所取得的成就和前提"。[15]技术渗透到"思想和行为、精神文化和物质文化的整个范围",实现着对社会和人的"设计"和规定,消解了人们内心中否定的、批判的、超越的向度。由此,造就了"单向度的社会"和"单向度的人"。"单向度"就是"反对现状的思想能够深植于其中的'内心'向度被削弱"。[16]"单向度的人"就是这种"单向度"社会和文化下被规定和设计的机械人。他们感觉钝化,内心僵化,是"本能自由"和"理智自由"都彻底丧失的不自知的幸福"奴隶"。对于他们来说,能够给予其生命创造性生活的生存条件已全部消失,他们只是按照技术合理性要求行事的工具。当现实超过了它的文化,人就不再能想象别的可能的生活。"单向度的人"就是"由人作为一种单纯的工具、人沦为物的状况来决定的"。[17]马尔库塞把"单向度的人"视为现代社会中"最极端的异化",因为他是人的本能的异化。他已经变得愚钝的感觉把理性政治对人性的规定与限定即人性自然的丧失作为快乐来感受,由此忘记了他真正的人的本真状态,失却了自己得以体验世界、把握世界、介入世界的否定性。"对立面被一体化"的单向度生活已经变成"整体的好生活"。假如一个工人和他的老板的女儿开着同一个牌子的跑车,那么对于存在的批判也将趋于"物质化崩解"。在生产过剩的富裕工业社会中,即使在马克思所说的异化劳动下,那些异化的劳动者仍然会因为一个完成得"很出色的工作"而快乐,因为他们所有的生命过程与目的都被引向物质的享受和消费的需求。富裕社会使人只执着于物质享受,消费渗入了人的本能而与人的存在合一。人的需要沦为生物的需要。人依附于商品而退化为物。技术理性的力量和效率以控制的非暴力征服了人,也窒息了人通向自由王国的空间。"单向度的人"的最大悲剧在于他是异化而不自知的人,因为异化已经深入到了他生命的最深层即本能层面。因此,马尔库塞也认为,在高度发达的现代工业社会中,首先,由于无产阶级被日益整合到社会整体中,技术理性与政治理性合一几乎同化了所有否定性社会向度,因此,社会革命已缺乏明显的动因和基本力量;其次,在这样一个一派无忧无虑的单向度社会中,光靠社会革命也不能彻底消除异化。因为,"发达的资本主义所实行的社会控制已达到空前的程度,即这种控制已深入到实存的本能层面和心理层面,所以,发展激进的、非顺从的感受性就具有非常重要的政治意义。同时,反抗和造反也必须于这个层面展开和进行";[18] "只有将政治经济的变革,贯通于在生物学和心理学意义上能体验事物和自身的人类身上时,只有让这些变革摆脱残害人和压迫人的心理氛围,才能够使政治和经济的变革中断历史的循环"。[19] 对于"单向度的社会"和"单向度的人",马尔库塞给出的道路就是新感性的建立。即通过艺术和审美,扬弃人类心理——本能中为社会统治的理性惯例所异化所肢解的虚假感性,解放作为人的全部需要和潜能的爱欲,进而实现审美维度和现实维度的统一,并最终超越控制和操纵,超越现实世界和灵魂世界中的一切不合理和不公正。马尔库塞的理想是让新感性成为实践!艺术不仅是批判的力量,也是革命和解放的力量。"艺术应当不仅在文化上,并且在物质上都成为生产力。作为这种生产力,艺术会是塑造事物的'现象'和性质、塑造现实、塑造生活方式的整合因素。这将意味着艺术的扬弃:既是美学与现实分割状态的结束,也是商业与美、压迫与快乐之间的商业联合的终止。"[20] 艺术的扬弃意味着一种理想社会状态的到来。在"这个阶段,社会的生产的能力可能将与创造性的艺术能力结为伉俪;而且,艺术世界的建立,将同现实世界的重建携手并行,这也就是自由的艺术和自由的工艺学的统一"。[21]

实际上,早在马克思、马尔库塞之前,席勒就从人本主义的立场敏感到现代大机器生产对人性的戕害与分裂,从而提出了以美育回复人性和谐的审美救世主义道路。此后,从尼采到福柯,随着现代工业文明迅猛发展的进程,审美救世主义也一直为诸多人文学者所衷情,成为对抗技术理性、解救人性异化的良方之一。

18世纪末,席勒在《美育书简》中提出古希腊人具有"完美的人性",而近代文明则把"人的天性撕裂成碎片"。[22] 他说:"文明远没有给我们带来自由",[23] "给近代人造成这种创伤的正是文明本身"。[24] 近代国家已经"沦为粗俗的机器","在那里无限众多但都没有生命的部分拼凑在一起,从而构成了一个机械生活的整体。现在国家与教会、法律与道德习俗都分裂开来了;享受与劳动、手段与目的、努力与报酬都彼此脱节了。人永远被束缚在整体的一个孤零零的小碎片上,人自己也只好把自己造就成一个碎片","他永远不能发展他本质的和谐"。[25] 席勒把这个任务交给了美与艺术——"人丧失了他的尊严,艺术把它拯救"![26] 只有美才能既约束感觉支配原则的野人的天性,又解放原则支配感觉的蛮人的天性,并通过感性冲动和形式冲动的对立扬弃,在游戏冲动中实现实在与形式、偶然与必然、受动与自由、感觉与思维的统一,使人性完满实现。而"美是两个冲动的共同对象,也就是游戏冲动的对象"。[27] 席勒强调,"审美生活"把"一切赠品中最高贵的赠品"给予人,即"把自由完全还给人,使他可以是其所应是",也就是把完整自然的人性重新还给人。[28]

19世纪末,尼采提出了"世界的存在只有作为审美现象才是合理的","艺术是生命的最高使命和生命本来的形而上的活动";[29]"从美学的状态出发,在这里,世界显得更丰富、更圆满、更完美"[30]等审美主义原则。尼采认为基督教的钳制确立了虚假的道德根基,阉割了人的天性。它使人背负上"原罪",成为唯唯诺诺、贫乏造作、缺乏生命激情的生物。因此,人要成为你自己想成为的样子,就必须杀死上帝,重估一切价值。宣判上帝的死亡,是尼采复活人性的完整性、拯救人的信仰的思想前提。尼采梳理了世界秩序的三种逻辑依据:宗教、伦理、美学。他在宗教指向上解构了上帝,在伦理指向上解构了道德。尼采选择了充溢的生命本能和永恒的强力意志作为生命的最终肯定,并由此出发提出了感性革命的审美形上之路。在尼采看来,世界就是"一件自我生育的艺术品",[31]而艺术就是生命的"诱惑者和兴奋剂"。在世界中,人可以"想成为",也应该"想成为"。他可以在审美体验中绽放为花,飞翔为鸟,恣肆为海。自我从个体的有限性中解放出来,他的个体意志没有消解和弃绝,而是溢入生生不息的自然之流中,体验了生之狂喜和自由。生为生命,就要尽其生长,这就是生命的意义和价值,这就是尼采的哲学、伦理学和美学。人的生命可以生成自己的个性和风格。把生命尽其可能地塑造为艺术品,这就是生命的目的与伦理。尼采宣称:"艺术的拯救,现代唯一充满希望的一线光明,始终只属于少数孤独的心灵。"[32]

尼采之后,海德格尔提出了人的诗意栖居问题,福柯提出了生存美学问题,进一步将现代性反思和人的审美拯救联系在一起。在《存在与时间》中,海德格尔提出了"此在"(Dasein)的概念。"此在"是个体的、独特的、当下的存在,是一种面向未来的可能性。人是自由的,但人必须承担自己的命运。处于"沉沦"状态中的人,须"向死而在",从而穿越"此在"洞达"存在"(Being)。"存在就是澄明本身。"[33]海德格尔认为西方文明包容了两个截然不同的世界,一个是技术世界,一个是艺术世界。他指出技术的本义是"解蔽",但现代技术的本质却异化为"促逼"。现代技术是人类"贪婪地征服整个地球及其大气层,以强力方式僭取自然的隐蔽的支配作用,并使历史进程屈服于一种对于地球的统治过程的计划和安排"。[34] 现代技术是对大地的毁灭,而艺术是对世界的看护。在技术世界中,人以万物征服者的姿态出现,他对大地只有掠夺。在海德格尔这里,艺术(诗)就成为对抗现代技术的工具,成为人回归家园的道路。"诗并不飞翔凌越大地之上以逃避大地的羁绊,盘旋其上。正是诗,首次将人带回大地,使人属于这大地,并因此使他安居。"[35] "有诗人,才有本真的安居。"[36]

  艺术真的能够成为人类最后的安居和拯救吗?艺术如何最终拯救人类?20世纪的福柯提出了以"关怀自身"为核心的生存美学理想。福柯说:"一个画家,如果不因为自己的作品而发生变化,那他为什么要工作呢?"[37] 关怀自身在福柯那里是一种生存的智慧,一种生存的艺术。他要求将自我变成创造主体,将日常生活变成艺术品。福柯感叹:"让我吃惊的是这样的事实,在我们的社会里,艺术已变成了只与客体、不与个人或生活有关联的东西。艺术被专业化,只由搞艺术的专家来做。为什么每个人的生活不能成为艺术品呢?为什么灯或房子能成为艺术品,而我们的生活却不能呢?"[38] 福柯的目标不是一劳永逸的社会改变或人类解放的普遍神话,他把目光投向了日常层面,投向了人与自己与自己的生活的关系。在福柯看来,正是因为自我不是被给予的,所以人必须把自己创造为艺术品;人消耗自己的生命而不自觉,是不道德的,所以人所生存的日常生活也应该成为艺术,成为美的可以为人享用的礼物。人须培养自己的风格而从中体验自由与完美,也应从生活的细节处反抗和超越无所不入的社会规范。福柯将席勒以来人对自由的追求落到了人与自我的实存关系上,强调了个人从生活出发的生存实践和自我创造。在席勒那里,身体与精神、感性与理性在现实中处于分裂的状态,艺术和审美成为弥合的桥梁,并从这种弥合中,使人恢复完整重归和谐获得自由。但在福柯这里,这种对立本身就不存在。审美体验不仅是对艺术的欣赏,也是对生活的体验;诗意不仅是对当下的超越,也可能是当下本身。审美主义的感性解放和诗性理想在福柯这里统一在了身体中。马尔库塞讲控制已深入心理与本能,福柯则讲权力已深入肉体。因此,身体的美化,不仅是反抗权力的手段,也是获得真理的方式和争取自由的工具。如果说,柏拉图的传统是灵肉二分的,到了福柯这里,精神和身体可以合一。福柯不排斥审美中的感官快乐。生存美学的最终目的是,为了生活的美好。如果说尼采是以"上帝死了"和解构道德来建构生命的形上学,为人的生命找到了艺术这块最后的庇佑地。福柯则以"人死了"和重构生命的可能与尊严,为人的生命确立了把每一天都当作最后一天来呵护的勇气与智慧。穿过海德格尔的向死而生,福柯不是像尼采一样从生命的悲剧中超向了艺术,他还是想回到生活,想把艺术带回到生活,并希望在将生活创造成艺术时,"创造作为自由存在的我们自己",[39] 即把人变成艺术化的人。

审美主义集中揭示了工业社会中科技理性和实用理性的专制强制以及由此造成的对个体自由和生命意义的消解与否定。尽管他们各自的具体展开不同,但共同为我们展示了以情感匮乏和精神麻木的"物质人"、自由意志和创造本质消失的"技术人"、人性与信仰奴役的"工具人"为代表的"单面人"和"异化人"的群像。1997 年,当 20 世纪即将拉下它的帷幕,21 世纪即将开启时,沃尔夫冈·韦尔施以"美学人"的描像,再一次向我们警示了人性的单面化和异化的问题。如果从席勒算起,审美主义经过了两百年的文化批判和理论倡导,一方面在自身的内涵上有了很大的丰富,产生了深广的影响;另一方面技术与消费对人性的物化问题,仍然在向审美主义提出挑战。

审美主义究竟要塑造怎样的人?尼采的"超人"从对道德的绝对否定出发,在对个体生命意志的极度张扬中也消解了作为审美的人的普遍价值。海德格尔诗意栖居的人,以人与存在的合一,为人的审美生成掘下了深厚的根基,但也需要生命与爱本身的浇灌。审美主义的精神与中国现代"人生艺术化"理想在某些方面也是情通意合的。20世纪20年代,梁启超提出了"美术人"的概念。梁启超指出:"人类固然不能个个都做供给美术的'美术家',然而不可不个个都做享用美术的'美术人'。"[40]"美术人"可以说是审美主义理想在中国现代文化语境中的一种创造。具体看,"美术人"就是梁启超"生活的艺术化"理想在人身上的一种理想构型。梁启超把生命的本质立于趣味之上,认为趣味就是情感与创造在生命实践中的统一。趣味的生活就是情感化艺术化的生活。而培育趣味最好的利器就是艺术。现代大多数中国人把审美与艺术视为生活的奢侈品,以致趣味麻木,缺乏生命的活力与生活的热情。因此,梁启超主张要从情感教育和趣味教育入手,对大众进行普遍的艺术与文学教育,把大众都培育成趣味丰富纯正的"美术人"。梁启超说:"'美术人'这三个字是我杜撰的。"[41]为什么要杜撰?梁启超说了两点理由:一,"'美'是人类生活一要素——或者还是各种要素中之最要者,倘若在生活全内容中把'美'的成分抽出,恐怕便活得不自在甚至活不成!"[42]二,据中国"多数人见解,总以为美术是一种奢侈品,从不肯和布帛菽粟一样看待,认为生活必需品之一。我觉得中国人生活之不能向上,大半由此"。[43]一方面,梁启超把美视为人的生活的本质要素,因此,"美术人"也是一种理想状态的人和本真状态的人。另一方面,梁启超又批判了中国人把美与日常生活要素相对立的务实做派,因此,"美术人"也具有现实批判和人性启蒙的意义。作为一种理想的现代人,梁启超所构造的"美术人"具体有这样一些特点。第一,"美术人"是具有审美能力的人。"美术人"是懂得艺术的鉴赏家。梁启超认为,审美本能每个人都天生具备。但在后天的生活实践中,审美感官"不常用或不会用",就会使美感"麻木"。"一个人麻木,那人便成了没趣的人。一民族麻木,那民族便成了没趣的民族。"[44]审美本能与"趣"紧密相连,成为审美能力的关键要素和"美术人"的核心要素。因此,造就"美术人"的第一个途径就是通过美术、音乐、文学等法宝,把"坏掉了的爱美胃口,替他复原",使他成为"有趣"之人。第二,"美术人"是能够创造领略生活之美及其趣味的人。趣味作为梁启超美学中的核心范畴,它是一个贯通艺术、审美、生活的本体论和价值论兼具的范畴,因此,也是贯通人与生活的桥梁。在梁启超看来,趣味也是生活之"根芽"。一个人之所以会成为"没趣的人",既是因为他常常生活于"石缝的生活"、"沙漠的生活"等种种没趣的生活之中;更是因为"趣味主义"尚未在他的心中发芽。所谓"趣味主义",也就是以"知不可而为"与"为而不有"的统一为生命立本,这个主义也就是超越得失和成败的"生活的艺术化"精神。在《美术与生活》中,梁启超把美术的趣味之境分为描写自然的、刻画心态的、营构理想的三类,相应的把生活的趣味之源也分为对境赏现、心态印契、他界营构三类,并分析揭示了上述两者共通的审美奥秘,认为可以借艺术的三种趣味途径去刺激诱发人的审美官能,从而去通达和体味生活的三种趣味美境。即这种以美与趣味为内核的"美术人"不仅能够在自然与劳动中领略生活之美,还能在与人相处的心灵交流中领略生活之美,同时他还能超越被"现实的环境捆死"的"肉体的生活",而在"精神的生活"上"超越现实界闯入理想界","对于环境宣告独立",而成就"人的自由天地"。[45]"美术人"从艺术与审美通向了生活,是梁启超人生论美学理想在人身上的形象概括。第三,"美术人"是人本来就该具有的面貌,是本真的人和理想的人的统一。"美术人"以趣味为本。梁启超在对趣味的分析中,一直把趣味视为生活和生命的原动力,视为生活和生命本身的价值和意义所在。因此,这个"美术人"既是一种理想的有待生成的人,也是一种本然和本真意义上的人。"美术人"的养成,也就是回到"最合理"的人的状态。在"美术人"的命题中,梁启超也涉及了三个值得我们注意的问题:一是人人成为美术人的理想问题。在"美术人"的命题中,梁启超把目光投向了所有人投向了最普通的劳动者。实际上,在早年,梁启超就从启蒙主义立场出发提出了"新民"的主张,提出了国民性改造和民族人格新生的问题。虽然梁启超认为小说可以起到文学新民的作用,但是"新民"主要还是针对传统文化中的"君子"或"圣人",突出强调了道德的更新和个体意识的觉醒,其核心是与启蒙精神相呼应的理性的自觉。而"美术人"则是对知情意完善发展的审美的人的憧憬。在"美术人"的命题中,梁启超明确提出了与"布帛菽粟"相对的艺术与美的要素。这与他游历欧洲,对西方近代文明、物质主义等的反思有很密切的关系。他认为艺术与美是和"布帛菽粟"一样的生命必需品,因为它们给了人安身立命之所在。因此,理想的社会就是要人人都成为"美术人"。二是趣味教育和情感教育的途径问题。要成为一个"美术人"或者说是趣味的人和具有艺术精神的人,就要对其进行趣味教育和艺术教育。而情感在梁启超看来,又是艺术的本质要素。因此,趣味教育和情感教育就成为"美术人"培育的根本途径。关于趣味教育,梁启超强调以趣味主义态度为核心的人格教育,要求把人涵育成以趣味自身为目的的自由主体。关于情感教育,梁启超则强调其与知育意育相区别的独立价值,以及对于人性完善的深层意义,要求对于情感的特质给予充分的重视。他提出艺术是"情感教育最大的利器",并对中国文学艺术中情感表现的传统与方法予以了分析总结,要求发现我们自己情感的"浅薄"、"寒俭"、"卑近"之处,发现我们自己表情方法的欠缺之处,在情感涵养中能够扬长避短。三是在生活和劳动中成就高尚圆满的艺术化人生和人格的问题。"美术人"的理想一方面是对艺术人格和审美精神的向往,另一方面,梁启超又并没有把这样一种趣味人的涵泳与生活本身相分离。梁启超认为情感教育和趣味教育既可以通过艺术教育的途径来实现,也应该在生活与劳动中去涵泳。尤其是趣味的培育,梁启超是把它与人生观相联系的,他更主张从人生实践中去践履。梁启超说人无贵贱之分,生命无高低之别,任何一种职业都有它自身的价值,任何一种生命活动也都有它自己的意义。生命的意义就在于不执成败不计得失,让个体生命的运化在与众生宇宙的会通中尽性创造,从而以大化化小我,实现并体味自由畅神的美境,因为生命本身就是整个宇宙运化中的一个个阶梯。概之,"美术人"既是启蒙主义和审美主义在中国现代社会与文化语境中的一种化生，也是中国传统人生艺术情怀与西方现代情感哲学生命哲学的一种中国式化合。

在中国文化发展中，艺术化的人生理想与生活情怀，深为传统文人士大夫所心仪。孔子的道德内化是艺术化生命的一种意味，庄子的洒脱畅神也是艺术化生命的一种具象。屈原则风情蕴藉、高贵悲怆，忠贞于崇高的情志和真率的理想，他那种独立不迁的高洁情操，那种对于自由和崇高人格的强烈坚贞的追求与澎湃恣肆的激情，开创了中国浪漫主义艺术化人格的另一种重要风范。儒道屈互补，为中国式艺术化审美人格与人生境界注入了独特的情韵。但汉代以后，独尊儒术。儒学被经学化，庄学被边缘化。儒家学说衍为教化的工具，束缚了人格和个性的自由，也消解了先秦儒学内在的生命情致。魏晋是中国文化发展的一个重要阶段。战乱频仍，生灵涂炭，使得时人格外地敏感与脆弱。佛学的东传，也冲击了儒学的钳制。人生几何，譬如朝露。生命短暂，人生无常。对于生命的悲叹、人生的感伤，也深刻地激发了对于生命的珍惜、对于人生的留恋，促发了生命意识的确立和人的自觉。魏晋名士将缠绵的人生感怀具体化为风神洒脱的"风流"生活。"名士们或服散，或饮酒，或沉迷于房中之术，或醉心于施朱涂粉"，还有"一大批名士好服妇人之衣，熏衣剃面、涂脂敷粉、描眉画唇"。[46]生命恣肆，冲破了传统伦理的束缚。艺术的自由精神、个性精神、生命意识、情感原则在魏晋名士的风流生活中获得了淋漓尽致的展现。陶渊明的"采菊东篱下，悠然见南山"，历来被奉为中国文人艺术化生活情怀的典型写照。渊明自少家贫，他也曾想靠做官赚点俸禄，但他又无法牺牲自己的人格去换取，因此，渊明只能"归去来兮"，辞了官职，返归田园。苏东坡和梁启超都指出，陶渊明并非不要世俗的生活，只是在物质的需求和精神的原则发生冲突时，陶渊明选择了遵从内心本真的情感。田园生活也只是陶渊明遵从自己本真情感的自然的生活。在为世俗所困的世人眼中，这也就是最个性、最自由、最洒脱的生活。魏晋是中国艺术精神觉醒的时期。乘兴而来，兴尽而归。魏晋名士着眼于生活的过程、着眼于生命的本身，不在意于结局、不刻意于所得的人生态度，确实内在地蕴涵了艺术无功利性的根本精神。魏晋名士高雅的人生情趣在宋元后更多地表现为对精神上的无为自在的追求，其内在的高洁逐渐演化为淡雅，既有精神上不流于俗的尺度，又在格调上渐趋于内敛。情感上的豪放转化为性灵上的自适。宋元明清文人画大量表现了花草、山水、园林的清幽、自适、精致，传达了对于隐逸、山水、田园生活的向往。实际上，在中国传统社会中，追求艺术化生活理想的主要集中于在野或具有在野意向的文人士大夫，他们是一群在现实生活中边缘化的、失意的而在精神上又对自我有所要求的主体，按照中国文化"学而优则仕"的原则，他们在内心情感上是充斥了失落和忧愤的，艺术化生活在于他们更多的是内心痛苦的一种释放形式和寄托方式。随着封建社会走向晚期，先秦儒道屈对人生境界的壮阔追求，魏晋士人对于生命情怀的淋漓挥洒，逐渐内敛为一种精致优雅、闲适洒脱的生活情趣，它虽然保留了对于精神情趣的向往，但对外在生活方式的追求逐渐成为更为令人瞩目的重心。在这一点上，我以为中国传统文人艺术化生活情致与西方唯美主义"生活艺术化"的思潮可以形成某种对话。两者面对的都是一个黑暗的令人痛苦的现实，都是被边缘化了的主体。当然，两者也有区别，唯美主义"生活艺术化"思潮的倡导者与实践者是要以艺术美为武器来对抗、批判甚至试图改造现实的。而中国传统文人士大夫的艺术化生活情致主要是以与世俗生活的疏离来表明自己的某种高洁的人格情趣与价值旨趣，同时也为自己无所作为的生存事实以某种精神的自我安抚。"有道则现，无道则隐"，"隐"也要隐得高雅而有格调，这就是中国文人脆弱纠结的内心情结，是内在的精英主义意识和实际上的边缘化事实的一种调和方式。在这种精神形态下，中国传统文人士大夫的艺术化生活最终不免蜕化为弱小的个体为了在强大的现实前寻求自保而践行的某种生存的技巧。中国传统文化的伦理实践本质决定了审美只能作为其补充而存在。因此艺术化尽管是中国传统文人士大夫极为憧憬的生活理想，但并未在思想上在实践上为社会大众所接纳，也未上升为自觉的理论命题。

以情感和趣味为内核的现代审美意识和艺术精神，是"五四"前后随着西方现代美学与哲学传入并影响中国的。梁启超以化合论广泛吸纳古今中西滋养，又从现实需要出发创造整合。他的"美术人"范畴，一方面在艺术、审美和生命关系的自觉上比中国传统士大夫文人走得更远，另一方面在个体生命与群体社会与宇宙自然的关系上又比西方审美主义者更具向前的勇气和乐观的精神。"美术人"不排斥感性，不排斥"水流花放、云卷月明"的"美景良辰"，也不排斥"种花"、"画画"、"打球"、"为学"、"劳作"的人事之乐。但本质上，"美术人"追求的是超越于"布帛菽粟"之上的生命的"春意"和"趣味"，着眼的是生命运演大化中的精神自得之乐。这与"美学人"沉逐于物欲享乐的自恋主义形象构成了鲜明的对照。应该说，"美学人"是潇洒的，而"美术人"是超拔的。"美学人"的潇洒没有能够超越"单向度的人"的物化，甚至仿佛正在为马尔库塞的心理——本能异化提供形象的证明。不管是古代的还是当下的，中国的还是西方的，只要意义的遗弃和理想的放逐还是一个需要解决的问题，审美的拯救就并未过时。而"美术人"弥漫着浓厚乌托邦色彩的理想向度，一方面需要我们在新的现实及其需求面前批判发展，另一方面，它在世事沧桑和生命长河中，仍然温暖着那些平凡痛苦而孜孜前行的生命。

三、"无我"与"化我"：诗性建构的两种向度

中国现代美学自诞生伊始，就把学科理论与人生实践的问题一并纳入了自己的视野。受到西方现代学科意识的影响，中国现代美学开始有了"美学"、"美育"等专门学科术语，也开始了美学的现代学科建构。同时，几乎所有重要的中国现代美学家，都不仅试图去探索

美学自身的理论问题,也努力直面现实中人的生存问题。中国现代美学对"美"的叩问,从一开始就确立了不同于西方理论美学的重要标识,那就是以关注现实关怀生存为内核的人生美学精神。人生美学精神并不主张美只以自身为目的,也不主张艺术局限于作品本身的技能优劣与作家自身的悲喜忧乐,而是希望从美和艺术通向人生,通向生命与生活,把丰富的生命、广阔的生活、整体的人生作为审美实践的对象和目的,倡导以艺术的准则、审美的情韵来涵养、体味、创化生命与人格的境界,追求人生现实生存与审美超越之统一。艺术审美超越成为人生美学家们实现自我拯救和人生拯救的理想之径,它把人的最终解放和理想人生的实现赋予了艺术审美人格的诗性涵成,在心理——精神层面建构起艺术人格生成和理想人生实现的对应关系。这种以艺术性人格生成与艺术化审美超越为核心的审美、艺术、人生相统一的诗性人生建构,是中国现代美学精神的一种理论承载与个性表现。但是,具体如何去涵成这种理想?最终将达成怎样的愿景?中国现代人生美学家们又是有着分歧与差异的。这些分歧与差异集中表现为:是把艺术之美确立为人生的绝对愿景还是张力愿景,建构"无我"型的绝对超越还是"化我"型的张力超越?

　　中国现代美学的重要开创者王国维没有直接涉及和讨论"人生艺术化"的概念与命题,但这并没有妨碍他成为中国现代人生美学精神的重要始源与代表之一。他以"境界说"、"悲剧说"等为重要代表的艺术美学思想,突出凸显了以"无我"为最高理想的艺术超越之路。中国现代美学对艺术和审美精神的理解首先来自康德。康德把美界定为无利害的判断。即"鉴赏是通过不带任何利害的愉悦或不悦而对一个对象或一个表象方式作评判的能力。一个这样的愉悦的对象就叫作美"。[47]这个观念对西方现代美学包括中国现代美学都产生了巨大的影响。康德的无利害是指审美鉴赏活动中审美判断(情)区别于纯粹理性(知)和实践理性(意)的情感观照的独立性。康德首先把审美鉴赏活动确立为一个纯粹的个体,在这个活动中鉴赏判断只是对对象的纯粹表象的静观,它对于对象的实际存有并不关心。这种静观本身已经切断了自身以外的一切关系。它不针对通过逻辑获得的概念,它不是认识判断(既不是理论上的认识判断也不是实践上的认识判断),不建立在概念之上和以概念为目的,由此扬弃了认识;它也不针对对象的实有所产生的欲望与意志,既不同于感官的愉悦——快适,也不同于道德的愉悦——善,它超越了任何利害(包括道德的和生物的)关系,只是对对象表象形式的自由快感,由此也扬弃了意志。康德把无利害性确立为鉴赏判断的第一契机,强调了主体审美心理意识的纯粹性、独立性、超越性。康德的审美无利害命题主要探讨的是主体和客体表象之间的纯粹情感观照关系,其立足点是审美活动的心理规定性,这是一种纯粹学术层面的思辨与讨论。当然,正是审美无利害命题的确立,才确认了艺术自身的审美独立价值,由此也确立了现代意义上的审美之维和艺术精神。王国维接受了康德审美无利害思想,但把审美判断的"无利害"转换成"无用之用",基本上等同于"无我"。王国维说:"美之为物,不关于吾人之利害者也。吾人观美时,亦不知有一己之利害。德意志之大哲人汗德,以美之快乐为不关利害之快乐(Disinterested Pleasure)";"美之为物,为世人所不顾久矣!庸讵知无用之用,有胜于有用之用者乎?"[48]王国维的这个说法实际上已将康德意义上对审美活动心理规定性的本体讨论转向对审美活动的价值功能问题的讨论。在这里,既体现出王国维对康德意义上的审美情感独立性的接纳,也体现出王国维思想中深藏着的中国传统文学艺术致用理念的深刻影响。康德美学观建立在他的哲学观基础上,康德哲学把世界分为物自体和现象界,把人的心理机能分为知、情、意。知、情、意各具自己的先验原理和应用场所,审美判断对应于情。因此,康德首先在哲学本体论上夯实了审美判断的独立地位。而中国传统文学艺术观是以体用一致的传统哲学观为基础的,对文学艺术本质的探讨始终是与对文学艺术功能的讨论相联系的。"无利害"(康德)变成"无用之用"(王国维),具有浓郁的中国本土文化特色,也埋下了艺术审美精神在中国现代审美文化语境中学理认知维度和实践伦理维度的某种纠结。"境界说"是王国维最具影响的艺术美学学说之一。"境界"一词虽非王国维首创,但中国古典诗论中,较多运用的是"意境",至《人间词话》,"境界"则取代"意境"成为出现频率更高的范畴。这样的转换不仅仅是一种字面的变化,它也标志着一种艺术情致的变化和审美取向的变化,即由唐以后中国古典诗论的艺术品鉴论进入到一种融艺术品鉴与人生品鉴相交融的人生审美境域中。如广为人知的《人间词话》定稿第二十六则:"古今之成大事业、大学问者,必经过三种之境界:'昨夜西风凋碧树。独上高楼,望尽天涯路。'此第一境也。'衣带渐宽终不悔,为伊消得人憔悴。'此第二境也。'众里寻他千百度,蓦然回首,那人却在,灯火阑珊处。'此第三境也。"[49]这三重境界,是王国维对事业、学问之追求、奋斗、成功过程的高度概括与形象展示,但他又是从艺术、借古典诗词的意境来诠释的,是从诗词、艺术的意境来通致人生、生命的境界。艺术成为生命的写照,艺术的美境正是生命追求的标杆。在《人间词话》中,具体品评诗词、评价词人的标准也并非只是艺术技能。如:"美成深远之致不及欧、秦。唯言情体物,穷极工巧,故不失为第一流作者。但恨创调之才多,创意之才少耳。""创调之才"与"创意之才",提出了外在形式技巧的创新与内在意韵出新的关系。在王国维看来,后者更为重要。王国维所谈的"忧生"、"忧世"、"雅量高致"、"有赤子之心"、"大词人"等,都是对艺术家内在性情境界的要求。与此相联系,王国维提出了如何才能有性情、有境界的问题。认为艺术家"能写真景物、真感情者,谓之有境界"[50],强调作家性情气象对境界营造的根本意义。中国古代意境论和王国维的境界说都讲情景交融。但前者重在情景关系本身,强调"意在言外",追求言外之旨、韵外之致;后者则由情景关系通向主客关系,重在对立统一。《人间词话》定稿第六十一则:"诗人必有轻视外物之意,故能以奴仆命风月。又必有重视外物之意,故能与花鸟共行乐。"《人间词话》定稿第六十则:"诗人对宇宙人生,须入乎其内,又须出乎其外。入乎其内,故能写之。出乎其外,故能观之。入乎其内,故有生气。出乎其外,故有高致。"即诗人只有形成自我与外物与宇宙人生之自由关系,才能自由地把握艺术境界之营造。相比之下,中国古代意境论更多地用于对艺术自身的品鉴,具有更纯粹的艺术韵味;而王国维的境界说则不仅品评艺术,也较多地品评艺术家的人格性情,由此呈现出厚重深沉的人生况味。"境界说"构建了"境界,本也"的艺术理念,对艺术家自身的性情、胸襟、气象提出了要求。基此,王国维对境界类型予以了划分,《人间词话》定稿第三则:"有有我之境,有无我之境";"古人为词,写有我之境者为多,然未始不能写无我之境,此在豪杰之士能自树立耳"。"有我之境"与"无我之境"相较,后者数量更少,唯豪杰之士能树立,因此难度亦更大。需豪杰之士才能成就无我之境,这个观点一方面体现出王国维以"无我之境"为高的审美情趣,另一方面也典型地表现出王国维高度重视艺术家自身人格襟怀的人生美学取向。同样,王国维的"悲剧"理论也蕴涵着浓郁的人生情致。中国古代没有悲剧的概念,王国维在《〈红楼梦〉评论》中第一个使用了这个概念。他接受了叔本华的唯意志论,认为欲乃生活之本质,也是生活痛苦之根源。欲之不满足使人痛苦,满足又会产生新的欲望仍使人痛苦,完全满足了转为厌倦乃然痛苦。所以,"欲与生活、与痛苦,三者一而已矣"。[51]欲之产生在于人的意志自由,解决痛苦就要消灭意志欲望。最终,王国维主张 通过艺术审美来实现人生解脱,即艺术和审美的"无用之用"。"美术之务,在描写人生之苦痛与其解脱之道","使人离生活之欲"。[52]据此,王国维认定《红楼梦》最"具厌世解脱之精神",是"悲剧中之悲剧"、"彻头彻尾"之悲剧,"足为我国美术史上之唯一大著述"。王国维一向被视为中国现代纯审美和艺术精神的代表,因为他说过"美之性质,一言以蔽之曰:可爱玩而不可利用者是已"、"文学者,游戏的事业也"等名言,[53]但这并不等于王国维认为美与艺术可以独立于人生。恰恰相反,从"境界"、"悲剧"这些王国维艺术美学思想的核心范畴来看,王国维着实是非常希望审美、艺术和人生的贯通的,是希望以审美和艺术的境界来涵融人生的。但是,王国维在将美与艺术延伸向人生时,他遇到了自身难以解决的纠结,即艺术审美和人生伦理的冲突。由人生观艺术,王国维敏感深沉,融通自在。但由艺术返人生,王国维却似乎没有了足够的驾驭能力。王国维的艺术与审美观在西方资源上突出了康德和叔本华的综合。康德的无利害判断和叔本华的意志解脱经王国维与中国传统文化的融合,化生为一种"无我"型的艺术化人格,在"境界"审美中聚焦为对"无我之境"的崇扬,在"悲剧"审美中聚焦为对"生活之欲"的解脱,其核心就是主体意志或曰生命欲望的解脱。这种审美取向在艺术中不失为文人雅士的一种高趣逸情,但是,在人生中,彻底的"无我",解脱生命意志与欲望何其可能? 王国维自己也说,意志的解脱在人生中是"终不可能"的,唯此,艺术才有存在的价值。"无我"的价值就是"无用之用",其愿景唯在艺术中闪光。这种艺术超越是一种绝对的单维性的超越,无法形成与人生现实的张力关系,它对小我的绝对否定最终必然导致由人生一路奔向艺术,或者只在艺术中获得最终慰藉和超脱,或者迷溺于艺术无力自拔。王国维的自沉之迷,我们今天已经无法给出清晰的答案了。但是,我们可以知道的是,王国维并没有能够在艺术中获得解脱,也不能从艺术的"无我"超向现实的"无我"。"无利害"的审美心理独立性并不能置换和完成"无我"的生命伦理建构。他的人生痛苦仍然需要他自己在现实中给予解决。王国维的"无我"型艺术超越作为中国现代人生美学的一种诗性维度,似乎更多地体现为一种乌托邦精神。一方面,为无数现实中失落苦闷的知识人士所钟情;另一方面,就像《红楼梦》中男女主人公宝玉黛玉的命运,或者出世或者死亡,别无其他选择。"无我"型超越,更多表现为对审美与艺术精神的一种绝对性维度。而在现实中,至美的艺术通向完美的人生,有时只可能是一种理想的愿景。以王国维完美主义的个性,最终选择以毁灭小我肉体之决绝来维护自己精神之信仰,未尝不是一种可能。一方面要求把艺术和审美完全从人生中独立出来,另一方面又要求艺术和审美成为人生的终极归宿,这本身或许就是一个无法解决的悖论。

与"无我"型超越相区别,中国现代"人生艺术化"理论的主要倡导者在艺术超越的问题上,主要体现为"化我"型张力性超越取向。梁启超、朱光潜、宗白华、丰子恺都非常关注诗性人格的建构。他们在艺术的审美本体维度和人生功能维度的关系问题上,则着意于把握两者间的张力关系。通过阐发体味艺术审美在为与无为、入世与出世、物质与精神、感性与理性、个体与群体、创造与欣赏等关系中的张力性,集中建构了小我与大我的张力关系。这种关系的核心不是用与不用的问题,而是为与为什么怎样为的关系问题。它首先确立生命之为的自身存在意义,同时又揭示了生命之为的价值并不局限于自身。它以对生命的一切痛苦和不完美的肯定为对生命的热爱、激情、创造、提升奠基,同时,又努力提领生命超越小我的局限,以"化我"来营构生命的诗意与美。

朱光潜以"情趣"为核心,明确主张以"无所为而为"的艺术精神来涵养人格情怀,追求"以出世的精神,做入世的事业"。[54]其关键就是如何处理好"出世"与"入世","无所为"与"为","小我"与超越的关系。20世纪20年代,在《悼夏孟刚》中,朱光潜明确反对对于人生的悲观主义。他提出"绝我而不绝世"的人格主张。所谓"绝我而不绝世",在本质上是入世的。人生尽管痛苦,但"我决计要努力把这个环境弄得完美些,使后我而来的人们免得再尝受我现在所尝受的苦痛"。[55]"不绝世"的目的是"淑世",而它的道路要"从绝我出发"。"绝我"是"要把涉及我的一切忧苦快乐的观念一刀切断"。因为有"淑世"为"绝我"立根,所以朱光潜的"绝我"就不是"无我",它不"玩世"也不"逃世"。"绝我"是"小我"奉献一切,通过自身的"粉身碎骨"而成就让世界更美好的至善。20世纪30年代,在《谈美》中,朱光潜再一次提出了"出世的精神"和"入世的事业"的关系命题,并将其进一步聚焦为"无所为而为"的艺术精神,主张将此"美感的态度推到人生世相方面去",因为"讲学问或是做事业的人都要抱有一副'无所为而为'的精神","才可以有一番真正的成就"。[56]所谓"无所为而为",在朱光潜看来,就是"只求满足理想和情趣,不斤斤于利害得失",它的实质就是追求生命的自由。朱光潜说:"'生命'是与'活动'同义的,活动愈自由生命也就愈有意义。人的实用的活动全是有所为而为,是受环境需要限制的;人的美感的活动全是无所为而为,是环境不需要他活动而他自己愿意去活动的。在有所为而为的活动中,人是环境需要的奴隶;在无所为而为的活动中,人是自己心灵的主宰。"[57]那么,如何把美感态度贯通到人生中去?朱光潜提出了"距离"的原则。认为距离就是"无所为而为的玩索",相当于英文中的"disinterested contemplation"。"contemplation",朱光潜把它解为"观照",以其为"文艺的灵魂"和"人生的归宿"。40年代,朱光潜发表了《看戏与演戏》一文,把各种各样的人生观概括为"看戏"和"演戏"两种,主张让"生来善看戏的人们去看戏,生来善演戏的人们来演戏","双方各有乐趣,各是人生的实现"。[58]但是,人生的痛苦往往是"看戏"的不懂"演戏"的乐,"演戏"的不懂"看戏"的乐。因此,"最了不起的人物"就是"是亚历山大而能见到做第欧根尼的好处",即"化情趣为意象",由此实现"无所为而为的玩索"。这在朱光潜看来,就是理想与现实、知与行、出与入、欣赏与创造的矛盾冲突及其贯通化解。"无所为而为的玩索"也就成为自由人格的象征。朱光潜说:"生命原就是化,就是流动与变异。整个宇宙在化,物在化,我也在化。只是化,并非毁灭。"[59]相比亚历山大,朱光潜认为第欧根尼要低一层。第欧根尼虽能看戏,但以看戏为高,这还是"我执"。看戏与演戏各是一种人生,而自由的人格不仅能够选择自己的人生,还能坦承自己的人生,并能欣赏各样的人生。"全体宇宙才是一个整一融贯的有机体,大化运行才是一部和谐的交响曲。"[60]多声部合奏才成交响,才有丰富而不失秩序的和谐。因此,人生的一切,生生死死,或如草木在风和日丽中开着花叶,或如草木在严霜中枯谢,当如流水行云与自然合拍运行无碍。对于人生的不完美,朱光潜并非没有清醒的认识,但他并不因此失去对生命的爱与护持。这种立场与王国维彻底的悲观主义不同,这也构成了中国现代"人生艺术化"理论的一个突出特点,那就是从痛苦中升华出来的热爱。人生愈不完美,生命愈需超拔。最高的美与最高的善、最高的真是相通的。唯此,审美超越的实现,不是通过不完美的个体的绝对毁灭,而是通过将不完美的个体小我之生息融入到宇宙大化之运衍,体味其诗意与永恒。梁启超、宗白华、丰子恺等无不如此。

宗白华是公认的中国现代最富诗性精神的美学家之一。他早年提出"超世入世"的人生观,与朱光潜"以出世的精神做入世的事业"的人生哲学不谋而合。宗白华认为,超世而不入世,不是真超越;超世而能入世,才是真超越。"真超然观者,无可而无不可,无为而无不为,绝非遁世,趋于寂灭,亦非热中,堕于激进,时时救众生而以为未尝救众生,为而不恃,功成而不居,进谋世界之福,而同时知罪福皆空,故能永久进行,不因功成而色喜,不为事败而丧志,大勇猛,大无畏。"[61]他指出"中国人根性,颇多消极,青年学者尤甚。每致心于优美之玄想,不喜躬亲实事。而智慧最高者尤孤冷多出世之想"[62]。他主张改造国人"出世之人生观"为"超世入世之人生观",对人生"具超世心胸"而"取积极态度"。宗白华与朱光潜的具体表述尽管有所不同,但在"出世"与"入世"、"不为"与"为"、"小我"与超越的关系问题上,可谓情意相通。基于这种超世入世的人生哲学,宗白华明确提出了"小己新人格创造"和"艺术式的人生"建构的问题。他一方面是从自然宇宙去寻找答案。认为理想的"小己人格"须"向大宇宙自然界中创造","在大宇宙的自然境界间",以"合于大宇宙间创造进化的公例"来创造清新阔大庄严美丽的新人格[63]。另一方面,是向艺术去寻找答案。认为艺术人生观就是一种"超小己"的人生观。它把人生当作一种"艺术"来看待和创造,"使他优美、丰富、有条理、有意义"[64]。

他反对"纯粹物质生活,肉的生活,没有精神生活"的"现实人生主义"的流弊,也反对"没有创造的意志,没有积极的精神,没有主动的决心"、或"流于达观厌世"、或"流于纵欲享乐"的"悲观命定主义"哲学。艺术人生观是对生命悬有优美纯洁高尚的理想并按照这个理想去努力创造。理想主义和创造精神构成了宗白华艺术人生观的两个羽翼。而艺术的生活最终是超越"机械的人生"和"自利的人生",融人类情绪感觉于一致,向外扩张到大宇宙自然中去。"这时候,小我的范围解放,入于社会大我之圈,和全人类的情绪感觉一致颤动"[65]。20世纪30至40年代,随着对艺术自身认识的不断深入和对宇宙人生体验的渐趋圆融,宗白华对生命情调、宇宙精神、艺术意境等作出了更为深刻诗意的阐释建构,将三者在内在情韵上贯通起来,并以艺术意境来统领和涵泳,他的化我,逐渐聚焦为如何"给人生以'深度'"[66]。这个"深度",是对自然、宇宙、生命之最深本真的切入和体味。宗白华指出:"自从汉代儒教势力张大以后,文学艺术接受了伦理的人事的政教的方向之支配,渐渐丧失了古代神话中幽深窅眇的宇宙感觉和人生意义,一切化为白昼的,合理的,切近人间性的。"[67]生命情调和宇宙精神在中国文学艺术中逐渐地稀薄冲淡,以致使文学艺术失了诗魂,使生命和人生失了诗意。宗白华以"意境"为"一切艺术的中心之中心",是造化与心源、山川与诗的凝合。他把意境具体分为"直观感相"、"生命活跃"、"最高灵境"三个层次,是"经过'写实'、'传神'到'妙悟'"。但宗白华认为写实和传神都不是艺术的最终目的,由写实可到传达生命及人格之神味,由传神可到窥探宇宙与人生之奥秘。道的形上和艺术的意境体合无间。既"得其环中",缠绵悱恻而入生命核心;又"超以象外",超旷空灵而静穆观照。虚实相生,体用不二,出入自得,这样的生生节奏就是至动而有韵律的生命情调和宇宙秩序,鸢飞鱼跃而葱茏氤氲,至真至善至美而和谐华严,自有它的高、大、深。一枝花,一块石,一湾泉水,都孕着一段诗魂。灵肉一致,物我交融,自然形象和艺术意境千变万化,内蕴的都是深沉浓挚的生命性灵和宇宙精神。无尽的生意和无穷的美,深藏若虚,满而不溢。一方面,是以艺术和谐的形式秩序化衍丰富不居的生命,另一方面是以艺术深沉纯粹的情调意境"提举现实到和诗一般高"的境界。宗白华的深沉就在于他深刻地把捉住了艺术意境、生命情调、宇宙精神共通的神髓。因此,他的意境理论也成为他的人生美学精神的生动呈现。在宗白华的世界中,美的生命"是超脱的,但又不是出世的";是"最切近自然"的,又"是最超越自然"的[68]。入世和出世的张力和谐,在宗白华看来,最终就是"艺术心灵所能达到的最高境界",是"充实和空灵"的两元对峙与谐和。"由能空、能舍,而后能深、能实,然后宇宙生命中一切理一切事,无不把它的最深意义灿然呈露于前。"[69]由此,审美性的张力超越可以解决生命中的一切二元对峙,艺术意境和生命灵境两相辉映,交融互渗,成就最活跃而又最深沉的天地诗心。"艺术表演着宇宙的创化。"[70]生命唯在诗意的层面上可以通致宇宙的根底。呈现与妙悟这种诗意,不仅是艺术的伟大使命,也是人生的伟大使命。宗白华将其称为"中国心灵的宇宙情调",是中国艺术境界和哲学境界的最后源泉与特点。他咏叹:"人类这种最高的精神活动,艺术境界与哲理境界,是诞生于一个最自由最充沛的深心的自我。这充沛的自我,真力弥满,万象在旁,掉臂游行,超脱自在。"[71]一切出世与入世、功利与非功利的纠葛,在这样的自我面前,都已不再构成生命的困扰。在《中国艺术意境之诞生》一文中,宗白华专门辟了一个专题探讨"意境创造与人格涵养"的问题,强调了意境创构、人格涵养、宇宙精神的涵映和深契。这种深契不是将自我"泊没"于"大我"之中。艺术和谐的形式包孕着力的回旋,是丰富复杂的生命热烈呈现个性而归宁静和谐。因此,在艺术中,由小我而入大我,也是以热烈活泼之生命去体味领悟宇宙之真意,是个体生命"超脱实用之关系"而"化我"入宇宙之真境。宗白华反对理智实用的原则,认为纯任理智"其效果为社会全体之高度机械化,个性人格之雷同化、单纯化"。[72]他指出这是"近代西洋文明里的一个严重问题"。[73]化小我入大我,最终是"提携全世界的生命,演奏壮丽的交响曲",这是多么美好的生命理想与人生图景啊!它需要每一个个体自我穿越物质束缚、功利限定,而达宇宙创化宣示予我们的生命奥秘,浑朴纯真,热情静穆,高尚纯洁,仰俯自得。

以宇宙大化来涵泳自我实现超越,这也是梁启超的人格向往与人生追求。梁启超概括自己的一生,是从"乡人"到"国人"到"世界人",他的人生视野一步步扩大,而他对生命和人生的认识体悟也不断由功利性的目标超向诗意性的境界。特别是20世纪20年代,梁启超以趣味这个范畴为核心,提出了趣味人格建构与趣味人生建设的问题,构筑了"化我"型艺术审美超越的一种范型。梁启超以"知不可而为"和"为而不有"的统一为"趣味"奠基,同时也吸纳了康德情感哲学和柏格森生命哲学的滋养来丰富"趣味"的内蕴,确立了不有之为的审美人生向度,从而在中国现代美学思想史上第一个将"趣味"范畴从中国古代文论的纯艺术论和西方美学的纯审美论导向了人生美论。"趣味"不仅是对艺术情趣和审美情趣的一种品评,也是对生命品格、人格襟怀、人生境界的一种品鉴。这种趣味的人生美学意向对中国现代审美精神和美学传统的发展演化产生了重要的影响,也对中国现代诗性超越人格的构型产生了不可忽略的作用。梁启超说,"知不可而为"主义和"为而不有"主义的统一就是"无所为而为"主义,而"无所为而为"主义就是"趣味主义"最重要的条件。"知不可而为"源出孔子《论语》。"为而不有"源出老子《道德经》。《论语·宪问》中,有文:"子路宿于石门。晨门曰:奚自。子路曰:自孔氏。曰:是知其不可而为之者与。""知其不可而为之"是晨门对孔子人格的评价。《道德经》第51章则有"生而不有,为而不恃,长而不宰,是谓玄德",这段文字是对大道之德的描绘。梁启超借古人语,表达了希望把这种不执成败、不计得失的人格神韵与道德风采相贯通并贯彻于生命实践之中的人生理想。通过讨论这两种主义的统一,梁启超也提出了生命的为与有、成功与失败、责任与兴味、小我与大我等诸种关系问题。在本质上,梁启超是一个生命的实践家、永动家、乐观主义者。他讲"知不可而为"也好,"为而不有"也好,最终都不是叫人不要去"为"。恰恰相反,他认为"为"是人的本质存在,生命的基本意义就是"为",就是"做事",就是"创造"。但在生命的具体进程中,并不是每个人都能充分践履生命之"为",也不是每个人都能充分享受生命之"为"的。因为,一旦"为"就有成功与失败,一旦"为"就有利益之得失。因此,梁启超一方面要通过"知不可而为"来破成败之妄,一方面要通过"为而不有"来去得失之妄。在梁启超看来,成败之妄和得失之妄均源自小我之执,是因为个体生命为实践性占有冲动所缚系,不能融入众生宇宙的整体运化中,其"为"有着外在的功利目的。梁启超说,"无所为而为"主义或曰"趣味主义"是与"功利主义"根本反对的。为了与中国现代其他美学家所谈的"无所为而为"主义相区别,我将梁启超的这种"无所为而为"主义或曰"趣味主义"精神概括为"不有之为"[74]。那么在生命实践中如何达成不有之为,梁启超主张"迸合"[75]。"迸合"论的前提是中国文化的诗性传统,即视自然宇宙为生命体,是与人类一样有情感有性灵的生命。梁启超"迸合"论主要涉及三个层面:其一,是自然万物的生命和人类个体的生命可以迸合为一;其二,是人类个体生命和个体生命可以迸合为一;其三,是人类个体生命与众生宇宙可以迸合为一。在《趣味教育与教育趣味》一文中,梁启超以种花和教育为例,谈到前两种"迸合"。认为如在种花和教育中践行趣味的精神,那么就可以体味前两种"迸合"之妙味,即"我自己手种的花,它的生命和我的生命简直并合为一",[76]教育者与被教育者的生命也是并合为一的。在《中国韵文里头所表现的情感》一文中,梁启超更是把人类个体生命与众生宇宙的迸合视为"生命之奥"。实际上,有了前两种"迸合",这第三种"迸合"也是顺理成章之事了,因为,众生是由各个个体构成的,宇宙也是由自然万物构成的。梁启超说:"我们想入到生命之奥,把我的思想行为和我的生命迸合为一,把我的生命和宇宙和众生迸合为一;除却通过情感这一个关门,别无它路。"[77]这里,不仅谈到了"进合"的第三个层面,也谈到了实现"进合"的一个关键要素,那就是情感。情感在梁启超这里,是趣味人格建构和趣味精神实现的主体心理基础与生命动力源。不有之为也就是生命实践的一种纯粹情感态度。生命实践应该有"知"的理性态度和"好"的伦理态度,但更高的境界是超拔于此二者之上的"乐"的情感态度。但梁启超并不认为情感态度可以切断与理性态度和伦理态度的联系,他和朱光潜、宗白华一样都主张真善美的统一,主张通过美的艺术的蕴真含善来提升与超拔人生,那就是由艺术的"情感"之"力"来"移人",而实现"趣味人格"的建构。通过"趣味"、"情感"、"力"、"移人"等核心范畴和不有之为的实践路径,梁启超建构了自己较为系统的融审美、艺术、人生为一体的人生美学理想和人格超越道路。他的趣味人格在思想内涵上较为复杂,从文化渊源来看,既有中国的儒道传统和佛家智慧,也有西方现代哲学美学对个体生命与情感的肯定。梁启超认为,人的肉体和精神相较,精神具有更为重要和本质的意义。肉体的"我",是最低等的我,"这皮囊里头几十斤肉,原不过是我几十年间借住的旅馆。那四肢五官,不过是旅馆里头应用的器具"。[78]因此严格论起来,"旅馆和器具,不是我,只是物"。他主张,"'我'本来是个超越物质界以外的一种精神记号","个人心中'我'字的意义"千差万别;"'我'的分量大小,和那人格的高下,文化的深浅,恰恰成个比例"。也就是说,梁启超把"我"主要看成是文化化育的结果。他将"我"分为四等:"最劣等的人","光拿皮囊里几十斤肉当做'我',余外都不算是我,所以他的行为,就成了一种极端利己主义,什么罪恶都做出来"。"稍高等的","他的'我'便扩大了,就要拉别人来做'我'的一部分"。懂得疼爱子女、孝敬父母、爱惜兄弟夫妻之间的亲情,即"会爱家",将自己的小家变成"一个'我'"。没有家,"我"就不完全。第三等的"我",是"有教育的国民","会爱国",将"国"变成"一个'我'"。没有"国","我"就不完全。最高一等的"我",拥有"绝顶高尚的道德","觉得天下众生都变成了一个

'我'"。因此,就可做到"禹思天下有溺者犹己溺,稷思天下有饥者犹己饥"、"有一众生不成佛者我誓不成佛"。正是因为把文化化育而成的人的精神生命看成是人的本质规定,所以,"我"才可能不断进合,层层提升,实现超越。梁启超指出,人的精神具有普遍性。"这一个人的'我'和那一个人的'我',乃至和其他同时千千万万人的'我',乃至和往古来今无量无数人的'我',性质本来是同一。不过因为有皮囊里几十斤肉那件东西把他隔开,便成了这是我的'我',那是他的'我'"。因此,那个最劣等的光有肉体之我的"我",实际上不能算是"真我"。他说,当"这几十斤肉隔不断的时候,实到处发现,碰着机会,这同性质的此'我'彼'我',便拼合起来。于是于原有的旧'小我'之外,套上一层新的'大我'。再加扩充,再加拼合,又套上一层更大的'大我'。层层扩大的套上云,一定要把横尽处空竖尽来劫的'我'合为一体,这才算完全无缺的'真我',这却又可以叫做'无我'了"。[79]所以,梁启超尽管也讲"无我",但他的"无我"的真正意义是"大我",更准确地说是"化我"。他是以儒化道佛,在"大化化我"中将"利我利他"两种道德相贯通。这里,就涉及一个非常值得注意的问题,梁启超不是简单地主张"利我"或"利他",他的"大化化我"的生命原则是既不执着"小我"也不否弃"小我"。这里就可看出柏格森生命哲学和康德情感学说等西方现代思想对梁启超的影响。梁启超对作为生命本质的生命精神的解释,也就不再仅仅是传统儒家的道德规定,他还吸纳了康德意义上的情感信仰,柏格森意义上的生命力。热爱生命的喷薄激情,直面现实的高度责任感,儒道佛和现代西方思想的汇融,构成了梁启超式的"责任"与"兴味"统一、"不有"与"为"相谐的趣味生命理想。它在"出世"与"入世"的关系问题上,与朱光潜、宗白华以"出世"来"入世"的提法稍有不同,强调的是"出世法与入世法并行不悖"。[80]不以此高,不以彼低,出入自如,浑然合一。我以为,这是一种更难更有意义的超越,因为,它贯彻的是在脚踏实地中实现超越,是在生命化衍中实现超越。1926年,对于生命有着无限热情的梁启超,因为西医的误诊而致错割右肾,此事引起轩然大波,人们纷纷要求问责协和医院。当事人梁启超竟撰写《我的病与协和医院》一文发表,声明自己的态度:"我盼望社会上,别要借我这回病的口实,发出一种反动的怪论,为中国医学前途进步之障碍。"[81]这样的辩护,这样的胸襟,确实超越了小己之得失忧喜,颇呈大化化我之韵采。"大化化我",是化"小我"而超向"大我",是在"小我"和"大我"的张力中实现并体味生命充盈之美。梁启超说,这样的生命不管是成功还是失败,都让人兴味淋漓,蕴溢春意。

应该说,"无我"型的绝对超越和"化我"型的张力超越,试图追求的终极境界都不是抽象的结论与教条,而是个体生命在实践践履中对生命诗意的现实创化、体味体认,是人、审美、生存的诗性统一,作为一种思想与理想,都可烛照庸碌凡俗的生命,但两相比较,后者的张力维度显然更好地把捉住了人的生命及其诗性拓展的可能尺度与空间,从而具有更强的理论的建构性和实践意义。

四、艺术"双刃剑"与人生艺术化

"世界上有许多伟大的事物,但是最伟大的还是人。"[82]人能创造一切伟大的奇迹,而其中之一,就是人永远走在通往艺术、通往美、通往诗意的路上。但艺术与美不是推进人与社会进步的唯一力量。艺术和美烛照着人,理性与逻辑也推动着人。艺术和美对于人生的创化,就如一把"双刃剑",既是诗意,也是感性玄幻的。

人类艺术从原始时代与生活的混沌合一、到科学时代与生活的理性分离,今天,艺术和生活之间正在重新呼唤并发生着一种新的交融。艺术品、艺术行为、艺术性正越来越多地向着生活的各个领域和各种层面弥散与渗透,以致人们惊呼艺术和生活之间的边界正在消失。尤其是消费文化的兴起,使得艺术与生活、艺术家与接受者泾渭分明的传统艺术观念面临巨大的挑战,使得以超功利的精神需求为核心的传统审美理念面临巨大的挑战。卡拉OK、街头舞蹈、装饰艺术、狂欢派对,这些还是艺术吗?艺术还需要原创吗?艺术还需要思想吗?艺术还需要坚守精神与信仰吗?艺术还需要呈现优美和崇高吗?在资本文化、商业原则、大众口味和实用主义、利益原则、感官享乐等种种五色斑斓的生活景观和现代做派中,人生艺术化,这份民族思想文化的资源,如何传承?如何扬弃?如何推进?如何更好地应对当下新生活的挑战?是一个摆在我们面前的现实而并不轻松的课题。

在当代生活中重构践行人生艺术化,迫切需要我们以辨证扬弃的态度来传承创化古今中外的一切优秀资源,特别是本民族的宝贵资源与传统。"现代的中国站在历史的转折点。新的局面必将展开。然而我们对旧文化的检讨,以同情的了解给予新的评价,也更显重要"。[83]事实上,中西思想文化资源中,与人生艺术化相关的,西方有唯美主义"生活艺术化"思潮、后现代"日常生活审美化"思潮、审美本质主义思潮等,中国传统则有文人士大夫的艺术式生活理想等。这些思想文化资源从不同的角度与层面,为我们今天重构践行人生艺术化提供了各种启益与借鉴。但作为一条由艺术来澄明人生、化人生而为艺术的诗性之路,其内蕴的明亮温暖的浪漫精神和执着深沉的诗性理想由理论到实践、由精神到现实的道路,并不可能从上述资源中直接复制。其中中国现代"人生艺术化"的民族理论资源,其审美主义与启蒙主义相糅合的特质,与中国当代社会经济文化的前现代背景具有更紧密的契合度;中国现代"人生艺术化"理论的代表思想家们所提出的一系列审美人格建构和审美人生建设的命题及解答,迄今也少能出其右。人类思想文化的推进创新,历来就是在传承中发展,在扬弃中前行的。为此,中国现代"人生艺术化"的理论资源,也可以成为我们今天重构践行人生艺术化的出发点。

概括来看,中国现代"人生艺术化"的民族理论资源在当下的人生建设意义,突出表现为两个方面和一个核心。两个方面即对于人生美的内在品格与精神旨趣的追求,对于生命的和谐生成及其诗性建构的追求。中国现代"人生艺术化"理论是以美的艺术精神与理想作为自己的审美尺度的。在这一命题中,作为美学武器和理想尺度的艺术不只着眼于形式性的、技巧性的、外在的要素,而是直达其趣味(情趣)和意境(境界)等整体性要素以及理想、诗性等内在精神。中国现代"人生艺术化"理论是以对生命与人生的全面发展与和谐建构作为自己的理想之境的。它内在地隐含了对现代工具理性、实用主义等绝对发展所催生的人性的片面性与分裂的否定。它把艺术的趣味(情趣)和意境(境界)之美化为对生命与人生的理想,追求情感与人格的和谐与完整,要求主体在高洁情感与自由人格的涵养中,提升生命与心灵的整体境界,从而使自己在生命与人生的具体实践中,翱翔于自由诗意的天地。中国现代"人生艺术化"理论以上两个方面的追求,最终归结到对诗性超越之境的建构这个核心上。中国现代"人生艺术化"理论诸家所标举的趣味(梁启超)、情趣(朱光潜)、意境(宗白华)、真率(丰子恺)等诗性涵成之路,都是一种现世的审美超越,而不是宗教意义上的出世。其立足点均在此岸,而非彼岸。因此,它们虽讲超功利、无所为,但深蕴的仍是对生命的关切与热爱,饱含的是要求生命重归于深情、高尚、生动、诗意的执着,流溢的是要求生命复归于它的本真、从容、和谐的深挚,骐骥的是生命在这个过程中超越一切个体局限和现实局限,归真、谐和、翔舞,并最终化入永恒的自由诗境,以生命与生命、以有限自我和无限整体之诗意共舞实现生命的审美——现实的生成!由此,中国现代"人生艺术化"理论的诗性超越之路,有着批判对抗现代技术理性和资本文化弊病的合理因素,宗白华将其称为"真正的中国精神",是"世界上各型的文化人生"中的一种。

客观而言,中国现代"人生艺术化"理论这一民族思想资源也有它的先天不足与现实局限。就其先天不足而言,中国现代"人生艺术化"理论本身过多侧重精神维度和个体自省的生命价值取向和人生实践原则,可能会导致生命践履和人生实践中的唯心倾向,遁入玄想,对此确实应该保持清醒的理性尺度。就其现实局限而言,它所孕生的20世纪上半叶,积弱积贫的民族困境,使得现实生存环境的实际变革具有无法替代的决定意义。在严酷的现实面前,一切对于精神和人格涵泳的美好理想,一切审美救世和艺术救世的美好理想,都难逃其"Utopia"的命运。即使在今天的"全球化""智能化"时代,各国经济社会发展水平仍然存在着巨大的差异,发达国家的强势文化也获得了前所未有的扩张渗透的大好时机并转化为现实的经济效益,对于我国这样的后发经济国家来说,我们推进经济社会发展的现实任务依然非常艰巨,技术创新物质丰富仍然是我们的迫切问题,我们不能以精神追求否弃物质实践,否则中华民族仍然会在迅猛发展的当代新语境中落伍。"人们取得的自由的程度每次都由他们关于人类理想的相应观念来决定"。同时"作为过去取得的一切自由的基础的是有限的生产力"。[84] 鉴此,如果说中国现代"人生艺术化"理论在20世纪上半叶,主要表现为其思想批判和精神启蒙的意义;那么,在当代生活实践中,人生艺术化就不能仅仅成为乌托邦,它不仅要进一步发挥思想批判和精神导引的作用,更要在扬弃中将文化反省和精神提领转化为生命实践的深层动力和生命本身的实践形态,切实贯通到推进民族进步社会发展的现实历史进程和个体生命践履中。

当代生活中的人生艺术化,归根结底就是诗性生命的践行和诗意人生的创化。其实现,不仅需要科学理性的精神,也需要人文艺术的精神。作为推动人类进步发展的两大基本精神支柱,科学精神强调理性高于一切的原则,理性是价值评判的最高尺度。在科学理性的视阈下,物质、效益、实用等就成为具体的目标与尺度。科学理性精神代表了人类前行的务实精神,以理性克服实践中的一切困难,为人的生命开拓最佳的物质条件。人文艺术精神则强调情感、意义的维度,注重生命的体验、观照、反思与欣赏。人文视阈下,快乐、幸福、理想、意义等成为最高的价值追求。人文艺术精神体现了人类归家的渴望,希望以情感和意义抚慰理性维度下焦虑而疲惫的心灵,给生命以内在的安心立命的居所。

每一个生命,不管是平凡的还是伟大的,都需要科学精神与艺术精神的融汇来创化自我的人格,弥合人性前行与归家的焦灼与分裂,从而实现生命自由对受动的超越,完成自然向人的生成,让生命进入诗意共舞的自由化境。

因此,在当代生活中重构践行人生艺术化,也是要让生命本身涵成人生艺术的一种具体进程和现实状态,既非抽象冥想也非僵死结果,既是精神唤醒也是实践开拓,永远是"实然"和"应然"的交错、转换、统一、超越的自由生成时和诗性实践态!

具体言,在当代生活中重构践行人生艺术化,首先就需要为艺术为人生确立大美之品格。即要求艺术从狭义的概念中提升起来,超越纯粹的形式之美与琐屑的技艺之美,内蕴真善相融的人性尺度和敬畏生命的神性维度,为自己开拓广阔的人生视野和高洁的本真使命。现代性的诞生确立,也是对人类知意情三种心理机能的理性分化,其对应的"认知—工具"(cognitive-instrumental)、"道德—实践"(maral-practical)、"审美—表现"(aesthetic-expressive)三种活动方式被割裂。现代性背景下自律的艺术,追求的是小美,所谓艺术自身的纯粹美,即艺术的形式、技巧、语言或纯粹的情感表现等。这样的艺术或者远离鲜活的生命,或者割裂生命的丰富,使得艺术只与形式或感性发生联系。实际上,人类的心理机能虽各有特点与功能,但并非完全绝缘。即使以情感独立为审美奠基的康德也难免纠结于"纯粹美"与"依存美"之间,既提出了"判断力"("情")的独立命题,也视"判断力"("情")为"纯粹理性"("知")和"实践理性"("意")的桥梁。实际上,康德既为审美独立确立了前提,也为知情意的贯通留下了通道。席勒正是沿着康德的方向前进,进一步探讨论证了艺术审美教育在人性完善中的意义,开拓了以知情意全面发展与和谐为目标的人性完善及其与艺术审美关联的方向,由此也把人性的完善与人格的建构纳入了艺术与审美的视域之中,第一次明确地为艺术美和人生美的关联确立了致思的方向。艺术的大美和人生的大美是可以贯通的,也必然是要贯通的。只有在和人生的贯通中,艺术才可能超越自身表现的狭义美与纯粹美,呈现辉映出生命真善美相涵容的至境——以真诚彻照生命、以大爱涵泳生命,并终使生命蕴真涵善向美,把人性的美化与人生的关怀一并纳入自己的美学追求与人生创化中。

其次,在当代生活中重构践行人生艺术化,也需要为艺术和生活确立动态的张力场。实用与审美的合一或割裂,前者是让艺术与美消解于生活,后者是让艺术与美绝缘于生活,都有悖于艺术他律与自律变奏统一的规律,不利于艺术与生活动态关系的建构。实际上,在人类历史发展与艺术发展进程中,艺术与生活的关系分分合合,艺术他律与自律的立场各有拥塞,充分体现出了艺术与生活关系的复杂性及其相关问题的复杂性。"当艺术更新的时候,我们也必须随之更新。"[85]这种更新,不是单向的。艺术不可能在绝对静止的意义上高于生活,而是在与生活的张力互动中提升自我与生活。在历史进程中,艺术必须紧随生活前进的脚步永远保持并不断提升自身的美的品格,才可能不被飞速向前的生活所弃置;而生活也在艺术之美的提领涵泳下,永远向着理想的愿景迈进。因此,不管是1817年黑格尔首次发布艺术终结论,还是时隔一百年之后,1917年杜尚将命名为《喷泉》的小便器展示于艺术博物馆,都不可能终止艺术发展、演化、前进的脚步。艺术与生活的动态张力场不是任何一方的牺牲消解,也不是两者的简单相加或机械拼合。尽管后现代艺术更加令人震惊地消解着传统艺术的尊严,模糊着艺术与生活的界限,但这种新的同一趋势仍然不会也不应成为艺术的终结。黑格尔之后,美国哲学家阿瑟·丹托曾把艺术的死期昕确宣告为1964年前后,但事实再次证明这一悲剧并没有发生。从现代艺术家的艺术之死到后现代艺术家的艺术之死,一步步死亡的只是古典艺术的光晕。当艺术由神圣到世俗甚至让人们惊呼某种恶俗的上场时,演绎的又恰恰正是艺术和生活前行的进行时。"艺术是为人而存在的,是与人互为本体的。"[86]只要人存在,生活就在延续。只要生活存在,艺术就不会消亡。只要艺术存在,生活就不会丧失愿景。我们有理由相信,只要人性的尊严存在,只要人的理想不灭,艺术在任何时代任何境遇下都会从否定之否定中涅槃,艺术的美丽精神仍然会辉映照亮我们平凡普通的生命与生活。而人生艺术化在当代生活中的重构,其核心就是促进这样一个艺术和生活互动张力场的确立,从而让美的艺术为生活与生存确立高洁的理想尺度和美丽的诗性维度,让我们的身体不至于因为"束缚于现实"而"匍匐在地上";也是让艺术永远护持它对于生活与生命的神圣与尊严,让生命永远仰望星空,让生活永远趋向应然。同时,这样一个艺术和生活互动张力场的确立,也是要让生活永远成为艺术美和艺术精神的最为深沉坚实的根基,要让艺术美和艺术精神在生活发展和生命演化中发挥它最为高远恢弘的意义。艺术和生活动态张力场的确立,是当代生活中人生艺术化践行的必要路径。

在当代生活中重构践行人生艺术化,是对物质与精神、感性与理性、个体与群体、人与自然、创造与欣赏、入世与超世等诸对矛盾的超拔,是要涵泳提领生命超越物欲功利、破除形而上学、扬弃人类中心,使人、生活、科学、艺术的融合化入热情奔涌的现实践履与人性升华中。

历史在生成中,人在路上!人生艺术化对生命的诗意建构与生活的诗性创化,不应也不能悬搁人类丰富全面的历史实践,对于外部世界的美的自由创造和对于主体自我的美的自由塑造是辩证的现实的历史统一。只有将人生艺术化的重构践行融汇在现实的历史进程和生命的现实塑造中,我们才可能真正成就生命的艺术化和人生的诗意。

此时,不管是科学化还是艺术化,都不再是人性的分裂,而是生命在其本真之境中向着自身人性的圆成,是生命与生命、生命与世界的诗意共舞。

注释：

〔1〕（德）康德《实用观点的人类学》：转引自蒋孔阳主编《西方美学通史》第四卷，上海文艺出版社，1999年，第34页。

〔2〕〔11〕（德）马克思《1844年经济学—哲学手稿》，人民出版社，2000年，第60页；第53—55页。

〔6〕〔22〕〔23〕〔24〕〔25〕〔26〕〔27〕〔28〕（德）席勒著、冯至等译《审美教育书简》，上海人民出版社，2003年，第47—49页；第44—45页；第41页；第46页；第47—48页；第71页；第120—121页；第168页。

〔3〕〔4〕丰子恺《精神的食粮》：《丰子恺文集》第4册，浙江文艺出版社/浙江教育出版社，1990年，第49页；第49页。

〔5〕参看拙文《"阿米哲学"与女性命运的反思》：《当代文坛》，2001年6期。

〔7〕卫慧《上海宝贝》（春风文艺出版社，1999年）女主人公，笔者注。

〔8〕卫慧《上海宝贝·后记》，春风文艺出版社，1999年，第265页。

〔9〕〔10〕（德）沃尔夫冈·韦尔施著，陆扬、张岩冰译《重构美学》，上海译文出版社，2002年，第102页；第11—12页。

〔12〕E. B. Tylor, *Primitive Culture*, New York: Henry Holt And Company, 1889, V. 1, p. 27.

〔13〕（德）黑格尔著，贺麟、王太庆译《哲学史演讲录》第4卷，商务印书馆，1978年，第4页。

〔14〕（日）汤浅光朝著，张利华译《科学文化史年表》，科学普及出版社，1984年，第70—99页。

〔15〕（美）马尔库塞《〈单向度的人〉导言和结论》：郑杭生主编《当代西方哲学思潮概要》，中国人民大学出版社，1987年，第236页。

〔16〕汝信主编《现代西方思想文化精要》，吉林人民出版社，1998年，第132页。

〔17〕（美）马尔库塞《单向度的人》，重庆出版社，1993年，第32页。

〔18〕〔19〕〔20〕〔21〕（美）马尔库塞《审美之维》，三联书店，1992年，第114页；第108页；第114页；第129页。

〔29〕〔31〕〔32〕（德）尼采著、赵登荣等译《悲剧的诞生》，漓江出版社，2000年，第10页；第348页；第136页。

〔30〕〔33〕（德）尼采著、张念东等译《权利意志—重估一切价值的尝试》，商务印

书馆,1996年,第415页;第415页。

〔34〕孙周兴选编《海德格尔选集》上,上海三联书店,1996年,第380页;第586页。

〔35〕〔36〕海德格尔著,郜元宝译《人,诗意地安居》,广西师范大学出版社,2000年,第75页;第75页。

〔37〕福柯著,严锋译《权力的眼睛》,上海人民出版社,1997年,第13页。

〔38〕〔39〕李晓林《审美主义:从尼采到福柯》,社会科学文献出版社,2005年,第177页;第218页。

〔40〕〔41〕〔42〕〔43〕〔44〕〔45〕梁启超《美术与生活》:《饮冰室合集》第5册之三十九,中华书局,1989年,第22页;第22页;第22页;第22页;第24页;第23页。

〔46〕吴中杰主编《中国古代审美文化论》,上海古籍出版社,2003年,第207—208页。

〔47〕(德)康德著,邓晓芒译《判断力批判》,人民出版社,2002年,第48页。

〔48〕王国维《孔子之美育主义》:《王国维文集》第3卷,中国文史出版社,1997年,第155页。

〔49〕〔50〕王国维《人间词话》:《王国维文集》第1卷,中国文史出版社,1997年,第147页;第142页。

〔51〕〔52〕王国维《〈红楼梦〉评论》:《王国维文集》第1卷,中国文史出版社,1997年,第2页;第9页。

〔53〕王国维《古雅之在美学上之位置》:《王国维文集》第1卷,中国文史出版社,1997年,第31页。

〔54〕〔55〕朱光潜《悼夏孟刚》:《朱光潜全集》第1卷,安徽教育出版社,1987年,第76页;第76页。

〔56〕〔57〕朱光潜《谈美》:《朱光潜全集》第2卷,安徽教育出版社,1987年,第6页;第12页。

〔58〕朱光潜《看戏与演戏》:《朱光潜全集》第9卷,安徽教育出版社,1987年,第269页。

〔59〕〔60〕朱光潜《生命》:《朱光潜全集》第9卷,安徽教育出版社,1993年,第277页;第278页。

〔61〕宗白华《说人生观》:《宗白华全集》第1卷,安徽教育出版社,1994年,第24—25页。

〔62〕宗白华《致少年中国学会函》:《宗白华全集》第1卷,安徽教育出版社,1994年,第30页。

〔63〕宗白华《中国青年的奋斗生活与创造生活》:《宗白华全集》第1卷,安徽教育出版社,1994年,第98页。

〔64〕宗白华《青年烦闷的解救法》:《宗白华全集》第1卷,安徽教育出版社,1994年,第179页。

〔65〕宗白华《艺术生活》:《宗白华全集》第1卷,安徽教育出版社,1994年,第318页。

〔66〕宗白华《悲剧的和幽默的人生态度》:《宗白华全集》第2卷,安徽教育出版社,1994年,第65页。

〔67〕宗白华《〈沙坪坝中央大学农场区内发现古墓纪事〉等编辑后语》:《宗白华全集》第2卷,安徽教育出版社,1994年,第223页。

〔68〕宗白华《介绍两本关于中国画学的书并论中国的绘画》:《宗白华全集》第2卷,安徽教育出版社,1994年,第46页。

〔69〕宗白华《论文艺的空灵与充实》:《宗白华全集》第2卷,安徽教育出版社,1994年,第349—350页。

〔70〕〔71〕〔83〕宗白华《中国艺术意境之诞生》(增订稿):《宗白华全集》第2卷,安徽教育出版社,1994年,第366页;第368—369页;第356页。

〔72〕〔73〕宗白华《〈自我之解释〉编辑后语》:《宗白华全集》第2卷,安徽教育出版社,1994年,第293页;第293页。

〔74〕参见拙著《梁启超美学思想研究》第一章第三节,商务印书馆,2005年。

〔75〕梁启超也用到了"併合"、"护合"、"化合"等写法,大体是一个意思。笔者注。

〔76〕梁启超《趣味教育与教育趣味》:《饮冰室合集》第5册文集之三十八,中华书局,1989年,第16页。

〔77〕梁启超《中国韵文里头所表现的情感》:《饮冰室合集》第4册文集之三十七,中华书局,1989年,第71页。

〔78〕〔79〕梁启超《甚么是"我"》:《〈饮冰室合集〉集外文》中册,北京大学出版社,

2005年,第765页;第767—768页。

〔80〕梁启超《治国学的两条大路》:《饮冰室合集》第5册文集之三十九,中华书局,1989年,第119页。

〔81〕李平、杨柏岭《梁启超传》,安徽人民出版社,1997年,第277页。

〔82〕索福克莱斯语。见宗白华《介绍新书〈张居正大传〉》:《宗白华全集》第2卷,安徽教育出版社,1994年,第389页。

〔84〕《马克思恩格斯全集》第3卷,人民出版社,1960年,第506页。

〔85〕(美)约翰·拉塞尔著,陈世怀、常宁生译《现代艺术的意义》,江苏美术出版社,1996年,第1页。

〔86〕陈旭光《艺术的意蕴》,中国人民大学出版社,2000年,第221页。

主要参考文献

一、论文

1. 李祥林《朱光潜的"人生的艺术化"说管窥》,《学术界》,1989年第1期。

2. 爱箫《"人生的艺术化":理解朱光潜早期文艺美学思想的枢机》,《天府新论》,1998年第6期。

3. 郭晓丽《庄子:艺术化人生的倡导者》,《内蒙古社会科学》,2000年第1期。

4. 丁利荣《人生艺术化的迥异:试析"童心说"与"强力意志"》,《人文杂志》,2000年第1期。

5. 王旭晓《"人生的艺术化":朱光潜早期美学思想所展示的美学研究目标》,《社会科学战线》,2000年第4期。

6. 尤战生《"人生的艺术化":朱光潜美育思想的核心观念》,《求是学刊》,2003年第5期。

7. 刘方《艺术化人生:中国传统士大夫的审美理想》,《四川大学学报》,2001年第1期。

8. 宋生贵《人生艺术化:中国传统文化中的一种境界》,《文艺研究》,2001年第1期。

9. 江涛《成就艺术化的人生:试论学校教育中艺术教育的重要性》,《金陵职业大学学报》,2001年第4期。

10. 刘晓林《"自己的园地"与人生的艺术化:京派知识分子群体文化性格

论》:《青海师范大学学报》,2004年第3期。

11. 赵树功《玄意人生:关于魏晋南北朝文人艺术化生命状态的一种解读》:《阴山学刊》,2004年第5期。

12. 陈恒《"禅"与人生艺术化》:《齐齐哈尔大学学报》,2005年第1期。

13. 宛小平《佛教与朱光潜人生艺术化的美学观:从朱光潜与弘一法师的交往谈起》:《美与时代》,2005年第11期。

14. 傅阳《解读朱光潜"人生的艺术化"》:《边疆经济与文化》,2006年第1期。

15. 陈恒《论朱光潜"人生的艺术化"思想的创建与实践》:《浙江师范大学学报》,2006年第1期。

16. 陈恒《和谐人性与人生艺术:论朱光潜"人生的艺术化"理论的思想内涵》:《浙江学刊》,2006年第2期。

17. 杨迪芳《朱光潜"人生的艺术化"的美育思想及当代意义》:《教育评论》,2006年第2期。

18. 刘志华《"同情"与宗白华的"艺术化人生"》:《理论学刊》,2006年第3期。

19. 廖建平《朱光潜的人生艺术化思想》:《衡阳师范学院学报》,2006年第4期。

20. 王玥《论"人生的艺术化"和"日常生活的审美化"》:《鲁东大学学报》,2007年第2期。

21. 李娟《无用之学与人生艺术化》:《宿州学院学报》,2007年第3期。

22. 杜卫《简论中国现代美学的人生艺术化思想》:《社会科学辑刊》,2007年第4期。

23. 王海涛《"生活的艺术化"与"人生的艺术化":郭沫若与朱光潜文艺思想的一种比较》:《郭沫若学刊》,2007年第4期。

24. 金雅《丰子恺的真率之趣和艺术化之真率人生》:《广州大学学报》,2007年第10期。

25. 金雅《促进人生艺术化》:《文艺报》,2007年12月18日。

26. 陈恒、陈丽微《解救人生·美化社会·构建学术:论朱光潜"人生的艺术化"理论的三维支点》:《浙江师范大学学报》,2008年第1期。

27. 熊吕茂、肖辉《人生艺术化：徐复观对孔子艺术精神的解读》：《湖南行政学院学报》，2008年第5期。

28. 金雅《全球化语境与"人生艺术化"命题的当代意义》：《文学评论》，2008年第5期。

29. 曹雪萍《人生艺术化的现代反思：论朱光潜的"人生艺术化"理论与当代人生艺术》：《安徽文学（下半月）》，2008年第7期。

30. 金雅《"人生艺术化"的中国现代命题与"美的规律"的启示》：《天津社会科学》，2009年第1期。

31. 赵斌《陶渊明人生艺术化的归宿："桃源"探微》：《安康学院学报》，2009年第1期。

32. 王德胜、李雷《中国现代"人生艺术化"理论探析》：《江苏社会科学》，2009年第2期。

33. 金雅《"人生艺术化"与人的和谐生成》：《光明日报》，2009年6月9日。

34. 金雅《"趣味"与"生活的艺术化"：梁启超美论的人生论品格及其对中国现代美学精神的影响》：《社会科学战线》，2009年第9期。

35. 李恩新、朱长利《审美救赎论："人生艺术化"——朱光潜前期美学思想及其理想旨归》：《广西师范大学学报》，2010年第1期。

36. 倡同壮《人生的艺术化："鱼相与忘于江湖"——朱光潜与庄子美学精神》：《阜阳师范学院学报》，2010年第2期。

37. 顾冉《对于人生的艺术化的一点感想》：《知识经济》，2010年第3期。

38. 张泽鸿、宛小平《从人生艺术化到人道主义：朱光潜人生美学的世纪境遇》：《贵州师范大学学报》，2010年第6期。

39. 马晓宇、李兴华《论尼采与朱光潜"人生艺术化"理论之关系》：《黑龙江科技信息》，2010年第7期。

40. 李娟《"人生艺术化"之价值与实现路径的当代审视》：《阜阳师范学院学报》，2011年第2期。

41. 齐光远《"人生艺术化"审美命题的生存论美学阐释》：《南阳师范学院学报》，2011年第2期。

42. 黄明芳《从陶渊明的诗看其人生艺术化》：《宜春学院学报》，2011年第6期。

43. 申云同《论朱光潜"人生艺术化"思想的当代意义及其局限》,《柳州师专学报》,2012年第3期。

44. 金雅《为什么重提"人生艺术化"》,《艺术百家》,2012年第6期。

45. 萧湛《为何及如何:"人生的艺术化"之必行与可能——论朱光潜美育理论之构造》,《华侨大学学报(哲学社会科学版)》,2013年第2期。

46. 萧湛《何种"人生的艺术化"?—朱光潜、宗白华美育理论之比较》,《美育学刊》,2012年第6期。

47. 刘思璇《朱光潜的"人生艺术化"美学思想与当代审美教育》,《赤峰学院学报(汉文哲学社会科学版)》,2013年第7期。

48. 刘思璇《朱光潜"人生的艺术化"与当代和谐社会建设》,《经济研究导刊》,2013年第21期。

49. 裴萱《"双向平行"式艺术人生观建构——以朱光潜前期两脉整合美学为例》,《南阳理工学院学报》,2013年第4期。

50. 裴萱《从美感体验到人生哲学——朱光潜"人生艺术化"的理论路向》,《安康学院学报》,2014年第1期。

51. 张泽鸿《人生艺术化:朱光潜的人本美学及其伦理向度》,《伦理学研究》,2014年第4期。

52. 张泽鸿《人生艺术化:朱光潜美学的先验之维》,《合肥师范学院学报》,2014年第4期。

53. 赵以保《审美超越与人生艺术化——论朱光潜的审美功能观》,《美与时代(下)》,2016年第1期。

54. 褚春元《论朱光潜"人生艺术化"与诗学的"直觉主义"之思想》,《文化与诗学》,2016年第1期。

55. 张玉《免俗·尽兴·心灵的享受——论朱光潜"人生的艺术化"的三个层次》,《合肥师范学院学报》,2017年第2期。

56. 王俭锋《试论朱光潜"人生艺术化"美学思想》,《西部学刊》,2017年第5期。

57. 赵以保《论"人生的艺术化"路径——以朱光潜〈谈美〉为中心》,《三峡论坛(三峡文学·理论版)》,2019年第3期。

58. 黄健《人心的救赎与超越——试析朱光潜"人生的艺术化"美学思想》:

《合肥工业大学学报(社会科学版)》,2020年第4期。

59. 伏爱华《人生的艺术化与艺术的生活化——朱光潜论人生、艺术与生活的关系》:《合肥学院学报(综合版)》,2022年第1期。

60. 余连祥《试析丰子恺的人生论美学观》:《武陵学刊》,2015年第1期。

61. 谢建颐《丰子恺儿童艺术教育与"人生艺术化"》:《嘉兴学院学报》,2017年第3期。

62. 金雅《"人生艺术化":学术路径与理论启思》:《中山大学学报(社会科学版)》,2013年第2期。

63. 杨霓《王尔德面具后的真相:生活艺术化与人生艺术化》:《学术探索》,2013年第6期。

64. 刘黎黎《小幸福与大境界——试论日常生活审美化与人生艺术化的相异与相通》:《美与时代(上)》,2013年第7期。

65. 竺建新《佛教感悟与白马湖作家群的"人生艺术化"倾向》:《名作欣赏》,2013年第17期。

66. 韩清玉,侯瑞华《"人生艺术化"命题的逻辑架构及其在大学生美育中的意义》:《安徽广播电视大学学报》,2014年第4期。

67. 尹倩文《中国现代"人生艺术化"思想初探》:《艺术教育》,2019年第1期。

68. 王广州《中国现代"美学三慧"之人生艺术化思想比较》:《美育学刊》,2017年第1期。

69. 徐晟《当代美育之追求:人生艺术化》:《教育导刊》,2019年第5期。

70. 谭好哲《从艺术为人生到人生艺术化——中国现代美育价值追求的内在转型》:《中国文学批评》,2020年第4期。

71. 王蓉、刘广新《金雅对"人生艺术化"命题的发掘与推进》:《浙江理工大学学报(社会科学版)》,2022年第3期。

二、著作

1. 李泽厚《中国思想史论》:安徽文艺出版社,1999年。

2. 李泽厚《美的历程》:天津社会科学出版社,2001年。

3. 李泽厚《华夏美学》:天津社会科学出版社,2001年。

4. 冯友兰《人生哲学》：广西师范大学出版社，2005年。

5. 张世英《进入澄明之境》：商务印书馆，1999年。

6. 王元骧《审美超越与艺术精神》：浙江大学出版社，2006年。

7. 聂振斌、滕守尧、章建刚《艺术化生存：中西审美文化比较》：四川人民出版社，1997年。

8. 杜卫《中国现代人生艺术化思想研究》：上海三联书店，2007年。

9. 袁济喜《传统美育与当代人格》：人民文学出版社，2002年。

10. 徐复观《中国艺术精神》：华东师范大学出版社，2001年。

11. 敏泽《中国美学思想史》：湖南教育出版社，2004年。

12. 叶朗《中国美学史大纲》：上海人民出版社，1985年。

13. 凌继尧《美学十五讲》：北京大学出版社，2003年。

14. 张法《中国美学史》：上海人民出版社，2000年。

15. 刘方《中国美学的基本精神及其现代意义》：巴蜀书社，2003年。

16. 陈伟《中国现代美学思想史纲》：上海人民出版社，1993年。

17. 聂振斌《中国古代美育思想史纲》：河南人民出版社，2004年。

18. 聂振斌《王国维美学思想研究》：商务印书馆，2012年。

19. 佛雏《王国维诗学研究》：北京出版社，1999年。

20. 夏中义《王国维：世纪苦魂》：北京大学出版社，2006年。

21. 黄敏兰《中国知识分子第一人：梁启超》：湖北教育出版社，1999年。

22. 金雅《梁启超美学思想研究》：商务印书馆，2012年。

23. 金雅《中国现代美学名家文丛》（6卷本）：浙江大学出版社，2009年。

24. 钱念孙《朱光潜：出世的精神与入世的事业》：北京出版社出版集团/文津出版社，2005年。

25. 阎国忠《朱光潜美学思想研究》：辽宁人民出版社，1987年。

26. 阎国忠《朱光潜美学思想及其理论体系》：安徽教育出版社，1994年。

27. 劳承万《朱光潜美学论纲》：安徽教育出版社，1998年。

28. 余连祥《丰子恺的审美世界》：学林出版社，2005年。

29. 胡继华《宗白华：文化幽怀与审美象征》：北京出版社出版集团/文津出版社，2005年。

30. 萧湛《生命·心灵·艺境：论宗白华生命美学之体系》：上海三联出版

社,2006年。

31. 王德胜《美学散步:宗白华美学思想新探》:河南人民出版社,2004年。

32. 薛雯《人生美学的创构:从克罗齐到朱光潜的比较研究》:黑龙江人民出版社,2010年。

33. 姚文放《当代审美文化批判》:山东文艺出版社,1999年。

34. 吴其尧《唯美主义大师王尔德》:浙江大学出版社,2006年。

35. 李晓林《审美主义:从尼采到福柯》:社会科学文献出版社,2005年。

36. 周小仪《唯美主义与消费文化》:北京出版社,2002年。

37. 刘悦笛《生活美学:现代性批判与重构审美精神》:安徽教育出版社,2005年。

38. 张公善《批判与救赎:从存在美论到生活诗学》:安徽人民出版社,2006年。

39. 崔文良《审美人生论》:中国人民大学出版社,2002年。

40. 何齐宗《审美人格教育论》:人民教育出版社,2004年。

41. 陈文忠《艺术与人生》:安徽人民出版社,2005年。

42. 刘小枫《诗化哲学》:华东师范大学出版社,2007年。

43. 赵连君《生活境界研究》:吉林人民出版社,2007年。

44. 候敏《现代新儒家美学论衡》:齐鲁学社,2010年。

45. 赵伶俐《人格与审美》:安徽教育出版社,2009年。

46. 岳友熙《追寻诗意的栖居:现代性与审美教育》:人民出版社,2009年。

47. 王一川《人与审美》:北京师范大学出版社,2011年。

48. 朱志荣《日常生活中的美学》:上海人民出版社,2012年。

49. 钟仕伦、李天道《人生美学研究》:中国社会科学出版社,2012年。

50. 宛小平、张泽鸿《朱光潜美学思想研究》:商务印书馆,2012年。

51. 聂振斌《王国维美学思想研究》:商务印书馆,2012年。

52. 王德胜《宗白华美学思想研究》:商务印书馆,2012年。

53. 聂振斌《蔡元培美学思想研究》:商务印书馆,2012年。

54. 余连祥《丰子恺美学思想研究》:商务印书馆,2012年。

55. 李雷《日常审美时代》:社会科学文献出版社,2014年。

56. 寇鹏程《美学与人生》:西南师范大学出版社,2015年。

57. 薛家宝《唯美主义与中国现代文学》：中国社会科学出版社，2015年。

58. 郭必恒《人与艺术》：北京师范大学出版社，2015年。

59. 陈文忠、李伟《艺术与人生》：安徽师范大学出版社，2017年。

60. 朱仁金《艺术生存与审美建构：朱光潜美学思想的嬗变与坚守》：中国文联出版社，2017年。

61. 刘悦笛《生活美学与当代艺术》：中国文联出版社，2018年。

62. 杜卫《审美与人生》：中国文史出版社，2018年。

63. 赖勤芳《"日常生活"与中国现代美学研究》：光明日报出版社，2019年。

64. 李天道《中国古代人生美学研究》：中国书籍出版社，2019年。

65. 贾玉民、赵影《美学人生：中国当代美学家、美学学者的学术之路》：郑州大学出版社，2020年。

66. 金雅等《中国现代人生论美学引论》：中国社会科学出版社，2020年。

67. 金雅、刘广新《中国现代人生论美学文献汇编》：中国社会科学出版社，2017年。

68. 金雅《美育与当代儿童发展》：浙江少年儿童出版社，2017年。

69. 金雅《中华美学：民族精神与人生情怀》：中国社会科学出版社，2017年。

70. 张竞生《美的人生观》：生活·读书·新知三联书店，2021年。

71. 韩振江《人的追问与审美教化：西方古典美学的人学解读》：人民出版社，2021年。

72. （德）马克思《1844年经济学——哲学手稿》：人民出版社，2000年。

73. （德）康德著，邓晓芒译《判断力批判》：人民出版社，2002年。

74. （德）弗里德里希·席勒著，冯至、范大灿译《美育书简》：上海人民出版社，2003年。

75. （德）海德格尔著，郜元宝译《人，诗意地安居》：广西师范大学出版社，2000年。

76. （俄）加比托娃著，王念宁译《德国浪漫哲学》：中央编译出版社，2007年。

77. （德）沃尔夫冈·韦尔施著，陆扬、张岩冰译《重构美学》：上海译文出版社，2002年。

78. （英）迈克·费瑟斯通著，刘精明译《消费文化和后现代主义》：译林出版社,2002年。

79.(美)杰姆逊著,唐小兵译《后现代主义和文化理论》:北京大学出版社,2005年。

80.(美)理查德·舒斯特曼著,彭锋等译《生活即审美:审美经验和生活艺术》:北京大学出版社,2007年。

81.(英)威廉·冈特著,肖聿、麦君译《美的历险》:中国文联出版社,1987年。

82.(德)彼得·比格尔著,高建平译《先锋派理论》:商务印书馆,2002年。

83.(美)汤姆·安德森著,马菁汝、刘楠译《为生活而艺术》:湖南美术出版社,2009年。

84.(美)理查德·加纳罗、特尔玛·阿特休勒著,宋健兰译《艺术,让人成为人》:清华大学出版社,2018年。

附录1：

中国现代"人生艺术化"重要文献简目

1. 田汉《1920年2月29日致郭沫若》:《三叶集》,上海亚东图书馆,1920年。
2. 郭沫若《生活的艺术化》:《郭沫若全集》第12卷,人民文学出版社,1990年。
3. 郭沫若《论中德文化书:致宗白华兄》:《沫若文集》第10卷,人民文学出版社,1959年。
4. 梁启超《"知不可而为"主义与"为而不有"主义》:《饮冰室合集》第4册,中华书局,1989年。
5. 梁启超《学问之趣味》:《饮冰室合集》第5册,中华书局,1989年。
6. 梁启超《趣味教育与教育趣味》:《饮冰室合集》第5册,中华书局,1989年。
7. 梁启超《美术与生活》:《饮冰室合集》第5册,中华书局,1989年。
8. 梁启超《敬业与乐业》:《饮冰室合集》第5册,中华书局,1989年。
9. 梁启超《为学与做人》:《饮冰室合集》第5册,中华书局,1989年。
10. 梁启超《东南大学课毕告别辞》:《饮冰室合集》第5册,中华书局,1989 年。

11. 梁启超《晚清两大家诗钞题辞》:《饮冰室合集》第 5 册,中华书局,1989 年。

12. 梁启超《治国学的两条大路》:《饮冰室合集》第 5 册,中华书局,1989 年。

13. 梁启超《欧游心影录(节录)》:《饮冰室合集》第 7 册,中华书局,1989 年。

14. 梁启超《人生观与科学》:夏晓虹编《梁启超文选》下册,中国广播电视出版社,1992 年。

15. 梁启超《知命与努力》:夏晓虹编《梁启超文选》下册,中国广播电视出版社,1992 年。

16. 朱光潜《给青年的十二封信》:《朱光潜全集》第 1 卷,安徽教育出版社,1987 年。

17. 朱光潜《无言之美》《朱光潜全集》第 1 卷,安徽教育出版社,1987 年。

18. 朱光潜《谈美》:《朱光潜全集》第 2 卷,安徽教育出版社,1987 年。

19. 朱光潜《我与文学及其他》:《朱光潜全集》第 3 卷,安徽教育出版社,1987 年。

20. 朱光潜《谈修养》:《朱光潜全集》第 4 卷,安徽教育出版社,1988 年。

21. 朱光潜《消除烦闷与超脱现实》:《朱光潜全集》第 9 卷,安徽教育出版社,1993 年。

22. 朱光潜《看戏和演戏:两种人生理想》:《朱光潜全集》第 9 卷,安徽教育出版社,1993 年。

23. 朱光潜《音乐与教育》:《朱光潜全集》第 9 卷,安徽教育出版社,1993 年。

24. 朱光潜《乐的精神与礼的精神》:《朱光潜全集》第 9 卷,安徽教育出版社,1993年。

25. 朱光潜《生命》:《朱光潜全集》第9卷,安徽教育出版社,1993年。

26. 朱光潜《诗的意象与情趣》:《朱光潜全集》第9卷,安徽教育出版社,1993年。

27. 丰子恺《画家之生命》:《丰子恺文集》第1卷,浙江文艺出版社/浙江教育出版社,1990年。

28. 丰子恺《艺术教育的原理》:《丰子恺文集》第1卷,浙江文艺出版社/浙江教育出版社,1990年。

29. 丰子恺《工艺实用品与美感》:《丰子恺文集》第1卷,浙江文艺出版社/浙江教育出版社,1990年。

30. 丰子恺《告母性》:《丰子恺文集》第1卷,浙江文艺出版社/浙江教育出版社,1990年。

31. 丰子恺《西洋画的看法》:《丰子恺文集》第1卷,浙江文艺出版社/浙江教育出版社,1990年。

32. 丰子恺《关于学校中的艺术科》:《丰子恺文集》第2卷,浙江文艺出版社/浙江教育出版社,1990年。

33. 丰子恺《关于儿童教育》:《丰子恺文集》第2卷,浙江文艺出版社/浙江教育出版社,1990年。

34. 丰子恺《艺术鉴赏的态度》:《丰子恺文集》第2卷,浙江文艺出版社/浙江教育出版社,1990年。

35. 丰子恺《新艺术》:《丰子恺文集》第2卷,浙江文艺出版社/浙江教育出版社,1990年。

36. 丰子恺《美与同情》:《丰子恺文集》第2卷,浙江文艺出版社/浙江教育出版社,1990年。

37. 丰子恺《音乐与人生》:《丰子恺文集》第3卷,浙江文艺出版社/浙江教育出版社,1990年。

38. 丰子恺《图画与人生》:《丰子恺文集》第3卷,浙江文艺出版社/浙江教育出版社,1990年。

39. 丰子恺《深入民间的艺术》:《丰子恺文集》第3卷,浙江文艺出版社/浙江教育出版社,1990年。

40. 丰子恺《艺术必能建国》:《丰子恺文集》第4卷,浙江文艺出版社/浙江教育出版社,1990年。

41. 丰子恺《精神的食粮》:《丰子恺文集》第4卷,浙江文艺出版社/浙江教育出版社,1990年。

42. 丰子恺《近世艺术教育运动》:《丰子恺文集》第4卷,浙江文艺出版社/浙江教育出版社,1990年。

43. 丰子恺《卅十年来艺术教育之回顾》:《丰子恺文集》第4卷,浙江文艺出版社/浙江教育出版社,1990年。

44. 丰子恺《艺术修养基础》:《丰子恺文集》第4卷,浙江文艺出版社/浙江教育出版社,1990年。

45. 丰子恺《文艺的不朽性》:《丰子恺文集》第4卷,浙江文艺出版社/浙江教育出版社,1990年。

46. 丰子恺《艺术与人生》:《丰子恺文集》第4卷,浙江文艺出版社/浙江教育出版社,1990年。

47. 丰子恺《艺术与艺术家》:《丰子恺文集》第4卷,浙江文艺出版社/浙江教育出版社,1990年。

48. 丰子恺《东西洋的工艺》:《丰子恺文集》第4卷,浙江文艺出版社/浙江教育出版社,1990年。

49. 丰子恺《艺术与革命》:《丰子恺文集》第4卷,浙江文艺出版社/浙江教育出版社,1990年。

50. 丰子恺《艺术的眼光》:《丰子恺文集》第4卷,浙江文艺出版社/浙江教育出版社,1990年。

51. 丰子恺《桂林艺术讲话之一、之二、之三》:《丰子恺文集》第4卷,浙江文艺出版社/浙江教育出版社,1990年。

52. 丰子恺《房间艺术》:《丰子恺文集》第5卷,浙江文艺出版社/浙江教育出版社,1993年。

53. 丰子恺《艺术三昧》:《丰子恺文集》第5卷,浙江文艺出版社/浙江教育出版社,1993年。

54. 丰子恺《我与弘一法师》:《丰子恺文集》第6卷,浙江文艺出版社/浙江教育出版社,1993年。

55. 宗白华《说人生观》:《宗白华全集》第1卷,安徽教育出版社,1994年。

56. 宗白华《中国青年的奋斗生活与创造生活》:《宗白华全集》第1卷,安徽教育出版社,1994年。

57. 宗白华《新文学底源泉:新的精神生活内容底创造与修养》:《宗白华全集》第1卷,安徽教育出版社,1994年。

58. 宗白华《青年烦闷的解救法》:《宗白华全集》第1卷,安徽教育出版社,1994年。

59. 宗白华《怎样使我们生活丰富?》:《宗白华全集》第1卷,安徽教育出版社,1994年。

60. 宗白华《新人生观问题的我见》:《宗白华全集》第1卷,安徽教育出版社,1994年。

61. 宗白华《艺术生活:艺术生活与同情》:《宗白华全集》第1卷,安徽教育出版社,1994年。

62. 宗白华《歌德之人生启示》:《宗白华全集》第2卷,安徽教育出版社,1994年。

63. 宗白华《歌德的少年维特之烦恼》:《宗白华全集》第2卷,安徽教育出版社,1994年。

64. 宗白华《〈歌德评传〉序》:《宗白华全集》第2卷,安徽教育出版社,1994年。

65. 宗白华《介绍两本关于中国画学的书并论中国的绘画》:《宗白华全集》第2卷,安徽教育出版社,1994年。

66. 宗白华《我和诗》:《宗白华全集》第2卷,安徽教育出版社,

1994年。

67．宗白华《近代技术的精神价值》:《宗白华全集》第2卷,安徽教育出版社,1994年。

68．宗白华《常人欣赏文艺的形式》:《宗白华全集》第2卷,安徽教育出版社,1994年。

69．宗白华《论文艺的空灵与充实》:《宗白华全集》第2卷,安徽教育出版社,1994年。

70．宗白华《略论文艺与象征》:《宗白华全集》第2卷,安徽教育出版社,1994年。

71．宗白华《艺术与中国社会》:《宗白华全集》第2卷,安徽教育出版社,1994年。

72．宗白华《中国诗画中所表现的空间意识》:《宗白华全集》第2卷,安徽教育出版社,1994年。

73．宗白华《论中西画法的渊源与基础》:《宗白华全集》第2卷,安徽教育出版社,1994年。

74．宗白华《席勒的人文思想》:《宗白华全集》第2卷,安徽教育出版社,1994年。

75．宗白华《论〈世说新语〉和晋人的美》:《宗白华全集》第2卷,安徽教育出版社,1994年。

76．宗白华《中国艺术意境之诞生》:《宗白华全集》第2卷,安徽教育出版社,1994年。

77．宗白华《中国文化的美丽精神往那里去?》:《宗白华全集》第2卷,安徽教育出版社,1994年。

附录2：

初版序一

汝信

我十分高兴有机会预先阅读了金雅教授的新著《人生艺术化与当代生活》，这是她继几年前出版的《梁启超美学思想研究》一书后的又一力作。这两部著作的主题都是有关20世纪近现代中国美学的产生与发展的，只是以前的那部著作是对中国近代美学的一位重要代表人物梁启超的美学思想的全面系统的专门研究和评析，而现在这部著作则内容更为宽广，视野也更开阔，它以20世纪前半期中国美学的一个主要思潮即人生艺术化作为研究对象，对其理论和倡导的理论价值进行了深入的分析探讨，涉及包括梁启超在内的一批为近现代中国美学作出巨大贡献的著名学者，对这些学术前辈在美学研究上完成的光辉业绩作出了充分而又恰当的估价。特别给人以深刻印象的是，本书在探索这一中国美学思潮的思想渊源时，运用大量丰富资料，包括古今中外哲学和美学文献进行比较和辨析，可以说做到了持之有故、言之成理，这种严谨的学风和实事求是的科学态度是很值得提倡的。

众所周知，我国有历史悠久的学术文化传统和极其丰富的思想遗产。中国美学思想的渊源非常古老，可一直追溯到先秦时期。在先秦诸子留下的典籍中，就包含着许多关于审美和文艺的精彩论述，这一传统在以后延续两千多年而未中断,在世界历史上实属罕见。可是,在过去的中国传统学术文化中,美学并没有形成独立的专门学问。应该说,近现代意义上的美学学科是20世纪初才在中国诞生的,它基本上是当时"西学东渐"的产物。美学一旦在中国发端,其发展是相当迅速的,至40年代末已大体上实现美学的中国化,形成了一系列有中国特色的美学理论,产生了不同的美学学派。尤其是在新中国成立后,美学研究进入了新的大发展时期,几度出现"美学热",学术界对美学问题多次展开热烈讨论,出版了大量美学论文与专著,呈现出空前繁荣的景象。但是,考察和回顾一百多年来中国美学的发展历程,应该说20世纪前半期是启蒙、开拓和奠基的时期,对以后美学的发展具有关键性意义。如果没有王国维、梁启超、蔡元培、宗白华、朱光潜等大师们以筚路蓝缕的开创精神在美学园地上的辛勤耕耘,就很难想象以后的中国美学研究会有如此蓬勃的开展和丰盛的收获。值得庆幸的是,20世纪前半期中国美学的重要意义和价值近年来越来越被人们所认识,引起学术界很大的兴趣和关注。金雅教授的著作正是这方面研究的最新成果。

我以为,阅读本书可以给我们一些有益的启示,对美学学科建设颇有参考价值。

首先,中国美学要独立成长发展必须从中国的实际出发,深深地扎根于中国的土壤,从中华民族优秀的历史文化传统和文学艺术实践中吸取丰富的营养,才能开花结果,形成自己的中国特色。本书探讨的"人生艺术化"美学思潮及其理论创造,便是一个很好的例证。当然,从社会存在决定社会意识的观点去看,它也必然受当时中国社会环境的制约而带有时代的烙印,因此需要作马克思主义的具体分析。

其次,近代中国美学的茁壮成长,也是由于它利用和借鉴了外国哲学和美学思想的积极成果,正如蔡元培所说,"综观历史,凡不同的文化互相接触,必能产生一种新文化"。20世纪前半期中国的审美文化,正是中西文化接触和融会而产生的新文化。特别是在当今全球化的时代,中国美学决不能闭关自守,必须面向世界,加强对外交流和对话,吸取人类文明中一切优秀美学思想成果为我所用。创造出有中国特色的美学理论,方能在世界美学中取得应有的一席之地。

最后,历史的经验告诉我们,美学的繁荣和发展需要有良好的学术环境和氛围,使学术界勇于探索和创新的精神得以充分发扬。像人生与艺术、生活与美学这样一些重大问题上,人们必然会有各种不同的理解和看法,过去是这样,现在也仍然是这样。近年来我国美学界关于"生活审美化"的热烈论争即是证明。我以为,这是关系我国美学健康发展的好现象,只有坚决贯彻"百花齐放,百家争鸣"的方针,大力提倡学术民主,开展自由的学术讨论,才能把我们的美学研究提高到新的更高的水平。

金雅教授的这部著作富有创见,新意迭出,我相信一定会引起美学界同仁和广大读者的密切关注和评论,如能就此展开进一步的讨论,那就更显出本书具有的学术价值了。

2012 年 4 月

附录3：

初版序二

钱中文

金雅博士修改完后博士论文《梁启超美学思想研究》，就来文学研究所进行博士后专题研究，并且来时已初步确定研究方向，准备就趣味美学的角度深入我国现代美学思想的清理。我们觉得这一构思、选题很好，在现代美学的研究中，已有单个美学家的评述，有美学思想史式的著作，但流派式的研究则尚待进一步的探讨。不久金雅的《梁启超美学思想研究》于2005年出版，此书颇得学界好评。

随后，金雅于2007年提交了出站报告，经过4年的精打细磨，《人生艺术化与当代生活》这部专著与原稿相比，不仅增加了篇幅，而且在理论上更加丰富与严密，保持了她一贯严谨的学风。

这部专著就梁启超于后期提出的"趣味美"与"生活的艺术化"思想为主线，经过汰选与分析，延伸与深入到朱光潜的"人生的艺术化"、宗白华的"诗哲"人生与丰子恺的"真率"人生等一批美学家的思想与主张，突出了四位美学家的各自独特个性。当然在此之前，一些学者已经探讨了朱光潜的"人生的艺术化"美学思想，金雅的工作的特点，在于将四位美学家的美学思想，进行梳理与综合，汇集了他们美学思想的共同点，而将"人生艺术化"定为这一派别的中心范畴，在理论上做了界定，并且阐明了这一美学派别的萌发期、确立期与丰富、发展期。这一概述颇具目力,极有新意。同时这部专著探讨了"人生艺术化"这一思想的中西传统美学理论资源及其创化,颇有见地地揭示了其理论的民族精神特质及其理论价值旨趣。这些美学家们,根据自己的积学渊源、人生体验与人生感悟,将一种生存的自由、童心、真率、感情、情趣、生命、圆满、完整,融合到人生境界中去,目的在于通过"人生艺术化"这一独特的美学思想,提升民族素养与人格素养,使人成为既能享受审美人生,同时精神上又是高尚的人。也可以说,通过"人生艺术化"引导人们走向生命之归真,生命之和谐,生命之翔舞。这一美学思想的出现,自然无法直接介入当时的尖锐的民族斗争,但一旦时过境迁,它就立刻会彰显其自身的积极含义,以致使我们感到,它多么适合于我们今天的文化生活与人们的文化素养的提升。专著极有见地地将"人生艺术化"与过去流行一时的"生活艺术化"区别开来,将"人生艺术化"与现在流行的搁置意义、价值,一味追求感性、物欲享受,使人走向平庸的人的"日常生活审美化"区别开来,而具有积极的批判意义。

整体来说,这部著作发掘了我国现代美学中的"人生艺术化"一条重要线索,展现了现代美学的丰富的内涵独特的情致,提升了一个具有我国美学传统精神又有现代创新意义的派别,并对当代美学建设与我们的日常生活发生着积极的影响,因而在我国现代美学研究中有所拓展与丰富。

我以前只是阅读过上面提到的诸家的理论著作,但我对丰子恺先生情有独钟。主要是我少年时代即上世纪40年代下半期,很爱阅读文艺作品,特别是开明书店出版的作品,其中就有丰子恺先生的《缘缘堂随笔》与《缘缘堂再笔》。丰先生的散文随笔,取题平淡、随意,但写得真诚、直率,充满了生活的情趣与感悟。由文及画,我还爱看丰子恺先生的漫画(1947年开明书店出版的《子恺漫画全集》6册,《又生画集》与《漫画阿Q正传》,这些散文随笔与画册,我至今还保留着)。他的画与散文一样,可说充满了童心、真率与悲悯之情。在

《儿童相》的《给我的孩子们（代序）》一文中，丰先生一面将自己的未泯童心、真率，在文字上表现得淋漓尽致，同时在画中再现了赤子童心，把常人毫不在意的儿童的心理、劳作，看做他们认真而真率的创造，称赞他们是"身心全部公开的真人"，而胜于常人所说的"归自然"、"生活的艺术化"和"劳动的艺术化"。看着各种儿童相的画面，不由会让人发出会心的微笑，回忆起自己也曾是身心全部公开的、有情趣的"真人"。丰先生将拾掇的片片童心、童趣，通过他嘎嘎独造的画面，完全使之艺术化了，全都化做了艺术的情趣，这不就是"人生艺术化"的主张与艺术实践的完美结合，而会引起我们的向往的么！

2012 年 3 月

附录4：

初版序三

凌继尧（签名）

  金雅教授的《人生艺术化与当代生活》是她在商务印书馆出版的第二部著作。商务印书馆于2005年出版了她的第一部著作《梁启超美学思想研究》，这部著作由她的博士论文加工而成，她耗时两年多，对博士论文充实修改，在理论上深化提升，几易其稿，终于使这部著作以令人满意的形式呈现在读者面前。同时，这部著作也是她的国家社会科学基金青年项目的出色成果。

  金雅教授的博士生导师、浙江大学王元骧先生对《梁启超美学思想研究》一书作出高度评价，认为"这部专著对梁启超美学思想作出了全面系统的梳理，把梁启超前后期的美学思想作为一个整体来研究，潜心发掘其内在的思想脉络与逻辑联系，对于梁启超美学思想中的许多重要成果作出了深入的开掘与阐发，并对学界所存在的有争议的问题发表了自己中肯、有创见、有说服力的见解，且文风严谨、见解独到、分析透彻、文字晓畅，达到了相当高的学术水平。"凡是阅读过这部著作的读者，都会感到王元骧先生评价的中肯。

  《人生艺术化与当代生活》沿袭了作者在《梁启超美学思想研究》一书中体现出来的治学态度，并加以发扬光大。它的初稿是金雅教授师从合作导师中国社会科学院文学研究所钱中文先生、杜书瀛先生、党圣元先生,于2007年8月完成的出站报告。虽然当时商务印书馆已经接纳了她的选题并确定出版,但是她还是花了四年多的时间对出站报告作了认真的修改和补充。从博士论文的修改到博士后出站报告的修改,金雅教授表现出始终如一的、对学术一丝不苟的态度,这着实令人感佩!

从《梁启超美学思想研究》到《人生艺术化与当代生活》,不仅是金雅教授学术研究思路的一种延伸,而且表明她在学术造诣上也上了一个新的台阶。在《梁启超美学思想研究》一书中,金雅教授深刻地揭示了梁启超的美学体系:以"趣味"为核心,以"情感"为基石,以"力"为中介,以"移人"为目标的趣味主义人生论美学。在《人生艺术化与当代生活》一书中,金雅教授把梁启超的趣味美学摆在20世纪上半叶中国现代美学精神的确立和发展的背景中来考察,对中国现代"人生艺术化"理论资源进行深入的发掘和系统的梳理,阐述了由梁启超的"生活的艺术化"到朱光潜的"人生的艺术化"的演进轨迹。

《人生艺术化与当代生活》一书首次提出了"中国式人生艺术化精神"的问题,总结了中国式"人生艺术化"精神的特质。作者透辟地指出,梁启超提出了"生活的艺术化"的命题,并将其精神明确定位为不有之为的"趣味主义",在中国现代美学史上第一个明确开启了融哲思与意趣为一体的趣味生活的实践方向,由此也奠定了中国现代人生艺术化精神远功利而入世的核心旨趣。而"人生艺术化"命题的理论表述成型于朱光潜。20世纪30年代,朱光潜较为集中而具体地发挥丰富了有为无为的对立统一命题及其审美超越精神,并第一次明确将这一命题表述为"人生的艺术化",这一提法日后产生了广泛的影响并逐渐定型为中国现代美学与文艺思想中的一个重要命题。丰子恺、宗白华等从不同侧面不同程度地涉及了这一命题,并共同丰富拓深了这一命题的理论内涵与精神特质。作者深刻地提出:这种融审美与人生为一体、强调有为与无为的对立统一及其超越的远功利而入世的人生艺术化精神是中国现代美学最具特色的精神传统之一。

  "人生艺术化"不仅是一个理论问题,更是一个实践问题。《人生艺术化与当代生活》一书的研究对象之一朱光潜提出了"人生艺术化"的命题,同时,他的生活也富于情趣,因为他认为人生的艺术化就是人生的情趣化。他在理论上用"情趣"代替了梁启超的"趣味",在实践中则自觉地追求生活的情趣化,他善于从丰富华严的世界中随处吸取支持和推展生命的活力。金雅教授也追求学问与生命的相契,不仅孜孜不倦地治学,而且积极地践履人生艺术化的信条。我们祝愿金雅教授的生命之花在家乡西子湖畔更加美丽地绽放。

2012 年 3 月

附录5：

初版后记

本书完成初稿，是在2007年的8月。当时作为我的博士后出站报告，由我的博士后合作导师中国社会科学院文学所钱中文先生、杜书瀛先生、党圣元先生，以及中国社会科学院哲学所聂振斌先生、北京师范大学文艺学基地童庆炳先生、浙江大学中文系王元骧先生审阅。各位先生都认真提出了具体精辟的意见，并给予我热情的鼓励和肯定。虽然商务印书馆在当时就已接纳了我的选题并确定出版，但我不敢贸然交稿。因为对于其中的一些问题和先生们、包括其他师友们提出的一些具体意见，我还需要一个思考、清理的过程。这一改逾四年。修改的过程，时断时续。我的心境，也算宽松从容。一边修改，一边就其中的一些具体专题整理了部分论文，承《光明日报》、《文艺报》、《文学评论》、《学术月刊》、《社会科学战线》、《文艺争鸣》、《社会科学辑刊》、《浙江社会科学》、《天津社会科学》、《广州大学学报》等刊发，《复印报刊资料》、《文艺报》等也陆续转载摘编了部分文章和论点。

而论本书选题的源起，就更早一些了。准确说，这个选题始自我2000年开始的梁启超美学思想研究工作的一个延伸。对梁启超美学思想作相对系统的整理，拨开种种有意无意的遮蔽，还其客观面貌，思考其对中国现代美学发展的意义及其对中国当代美学与文化建设的价值，是我博士研究阶段的中心工作。虽然当时形成了《梁启超美学思想述评》的初稿,而实际上这个工作还远远没有完成。2004年10月,承钱中文、杜书瀛、党圣元、钱竞诸先生携纳,使我得有机会进入中国社会科学院文学所做博士后研究。当时,选定的研究课题就是梁启超美学思想与中国现代美学精神的关系问题,主要是想从梁启超美学思想的核心范畴"趣味"及其相关思想入手,探讨其与中国现代美学发展及其精神特征建构演化之间的关系,由此来梳理梁启超作为与王国维、蔡元培并举的中国现代美学与诗学的开端人物,主要为中国现代美学和民族文化精神贡献了什么,他对今天的启示和意义又是什么。事实上,对于学界公认的中国现代美学与诗学的三大开端人物,除王国维外,对梁启超、蔡元培的研究都相对滞后。尽管滞后的原因很复杂,但这种状况客观上制约了对于中国现代美学自身特征特质及其价值的发掘。2005年,我在商务印书馆出版了修改后的博士论文《梁启超美学思想研究》,主要的工作是对梁启超美学思想进行了相对系统的梳理。在研究中,我发现梁启超美学思想的最大特色与贡献并不是我们过去惯常所说的"功利主义美学思想",而是在于他的"趣味"范畴和相关的"趣味美"、"生活的艺术化"等富有人生论特质的思想论说。同时,通过对中国近现代美学思想文献资料的初步浏览,我意识到,"趣味"这个范畴及其"生活的艺术化"思想在中国现代美学的发展演化中有着尚未为我们认识的独特价值和重要意义。由此,我开始了梁启超"趣味"思想与中国现代美学精神关系的梳理,并逐渐集中到由梁启超"生活的艺术化"思想到朱光潜"人生的艺术化"理论这样一条从20世纪20年代到20世纪30至40年代中国现代人生论美学精神孕萌确立和发展演化的具体路径上。这条线索串联了梁启超、朱光潜、丰子恺、宗白华、田汉、郭沫若等现代美学、艺术、文化大家,向前可比照中国传统士大夫的艺术式生活方式,横向可比照林语堂、周作人等的生活艺术化作派。同时,这个命题也与西方唯美主义的"生活的艺术化"思潮、西方后现代"日常生活审美化"思潮等产生了多维的张力。对于这个问题的观照、梳理、批判不仅有助于对中国现代美学精神的深入研究、总结和中国现代美学自身特色特点的发现、发掘,也有助于我们在当下语境中对民族美学与文化资源的传承、重构和对人文理想人文精神的建构、推进。

事实上,自20世纪90年代以来,与本命题有关的一些问题已日渐引起国内学界的关注,出现了一批或直接或间接涉及与探讨这方面问题的论著。这些研究与论著给了我许多启发,同时也加深了我研究相关问题的兴趣。在研读这些论著、梳理相关原始文献的过程中,我不仅逐渐为人生艺术化精神所感发,也产生并日益加深了某些内心的困惑与疑虑。因为,不仅古今中西都有对相关问题的理论表述、思想阐发与实践践履,同时,这些表述、阐发与践履之间还存在着种种貌似而神异的复杂景况。我们的研究需要继续深入,需要予以辨析,需要确立自己的立场、方法和价值基点。

本书试图去思考这样一些问题:(1)如何对中国式"人生艺术化"精神予以界定?(2)如何对中国现代"人生艺术化"资源予以辨析整理?(3)如何对古今中西相关思想资源予以辨析梳理?(4)如何与中国当代生活实践相联系,重构践行现实图景中的"人生艺术化"?

几经易稿,本书最终确定以中国现代美学中的"人生艺术化"理论为出发点,遴选了理论成果更丰富、观点更具影响力、价值取向相对统一的四位中国现代"人生艺术化"代表理论家作为范例,比较了中西古今相关思想与思潮的不同特点,尝试对中国现代"人生艺术化"理论的整体特征、发展主脉、理论内涵、精神实质等进行较为系统的总结、辨析与发掘,并结合当下语境着重对中国式"人生艺术化"精神予以界定阐发,对其文化价值和人文意义进行研讨发掘。本书希望通过对上述问题的梳理与探讨,从一个侧面切入整理阐发民族美学与文化思想自身的成果与特色,发挥发扬其在当下的价值与作用。但因个人水平所限,疏谬难免,诚期方家批评提点!

学问与生命相契,是我非常憧憬的一种美好境界。记得2001年,我在个人的第一本小书的后记中写道:"我很欣慰我的职业包容了我的爱好。在有限的生命时空中,能做一点自己喜欢做的事,对于人生,未尝不是一种怡境。"这句话,当初轻轻说出,如今感慨万千。窗外,叶翠花绚,天空净远。生命,经历了许许多多,我尚在寻觅那个安放我心灵的所在。就如人生艺术化,我深信它不仅是一种理论的思考与学术的探索,也是生命与人生的感思与骐骥。我们如何建构自我?我们何处安放灵魂?生命个体和外部世界除了利益的纽带、效益的关联以外还有什么?伴随本书的写作,我常常叩问自己,纠结着,痛苦着,也豁然着。

在此,感谢我所尊敬的前辈学者汝信先生、钱中文先生、凌继尧先生赐序以勉!感谢一直以来给予我精神鼓励和具体帮助的亲爱家人、师友、领导、同事!感谢国家社会科学基金、中国博士后科学基金、浙江省提升地方高校办学水平专项浙江理工大学"美学—艺术学理论"学科建设项目对本研究的支持!

金　雅
2012年11月于杭州运河畔松风居

再版后记

本书的写作伴随着我独立承担的第二个国家社科基金项目"中国现代'人生艺术化'理论及其当代意义研究（06BZW013）"和我独立承担的第三十九批中国博士后科学基金项目"人生艺术化与当代生活（20060390118）"的研究，前后历时近 6 年。我在本书初版后记中交代过，若要论选题的源起，还得往前从我独立承担的第一个国家社科基金项目"梁启超美学思想研究（03CZW002）"说起。因为我对"人生艺术化"这个论题的思考，确切地说，正是从对梁启超的"趣味"范畴和"生活的艺术化"命题的研究中，延伸出来的。从梁启超的"趣味"范畴出发，进而考察他的"生活的艺术化"命题，比较与中国古代的、西方的相关思潮的异同，由此聚焦到"中国式人生艺术化"这一命题的系列资源、独有意趣、独特精神上，并进而叩问中国现代"人生艺术化"之主潮这一命题，继之展开相关的辨析，串联更具共同意趣的诸家，重点梳理代表性理论家的话语、思想、观点、学说，总结提炼他们的基本特点和核心精神。围绕"中国式人生艺术化精神"的核心论题及其阐释建构，本书展开了与中国古代文人士大夫的艺术化生活情趣、西方现代"生活艺术化"、西方后现代"日常生活审美化"等中西古今相关思潮、思想、思趣及其内在精神的辨析。特别是在研究的进展中，逐步意识到和明晰起来的对中国现代"人生艺术化"思潮内部意趣差异的辨析，及其逻辑生成的对"中国式人生艺术化精神"的提炼总结，我觉得恰恰是中国现代"人生艺术化"研究中，也是中国现代美学和文化思潮研究中，长期未能引起足够重视的根本性问题之一。这一问题的存在，使得关于中国现代"人生艺术化"问题的研究，长期缺少精神的辨析,缺乏内质的爬梳,缺失情怀的观照,或简单流于个案,或浮泛失于笼统,出现了凡是提及"人生艺术化"的语词或相关表述的,都一股脑归之于"人生艺术化"的思想学说,都笼统概之为"人生艺术化"的思想家理论家。此类似是而非的、流于浅表的认识和论断,正是本书力图予以分析、辨析、厘清的难点与要点之一。

本书出版以来,这类关于"人生艺术化"命题的认知模糊和实践困惑,在很长时间内并未得到较为彻底的解决。我身边,常常有亲朋好友,包括我的研究生,甚至长期在高校任教的艺术教授,向我提出与此相关的种种困惑,其中深层次的困惑大体是,在当代这样一个高度讲求效率、讲求效益、讲求技术、讲求实用的时代,艺术的意义是什么,美的意义是什么,它们的价值何在,它们又有何用?我以为,正是这些困惑的存在,正是对这些问题的质询,说明了这个论题的现实的存在。它来自对现实的回应,是真实的而非虚妄。古往今来,中西哲人都曾告诉我们,爱美是人类的天性!美和艺术的创造和赏悦,伴随着人类文明的诞生和人类前行的足迹,成为每一个人的生命中不可或缺的部分。事实上,不管人类社会发展到什么程度,不管时代前行到哪个阶段,缺失了美和艺术的滋养,缺失了精神、心灵、情感、感受、意义等的维度和张力,人恐怕只能沦落和异化为技术、经济、效率、利益等的工具。但我们每一个人,对于生命的状态,对于人生的意义,我们的践行、体认、困惑、思考,永远不会终止。我们永远期待在一个物质的世界中,解放精神;期待在一个技术的世界中,放飞心灵;期待在一个功利的世界中,寻觅自由!

这或许也是这本小书自问世以来,一直还能受到读者喜爱的原因之一。

人在途中,思在路上。

金雅壬寅
于运河畔松风居